编 委 会

黄河宁夏段
渔业资源调查与评价

邱小琮　苟金明　编著

黄河出版传媒集团
阳光出版社

图书在版编目（CIP）数据

　　黄河宁夏段渔业资源调查与评价 / 邱小琮，苟金明
编著. -- 银川：阳光出版社，2022.12
　　ISBN　978-7-5525-6641-3

　　Ⅰ.①黄… Ⅱ.①邱… ②苟… Ⅲ.①黄河－水产资
源－资源调查－宁夏②黄河－水产资源－资源评价－宁夏
Ⅳ.①S937

　　中国版本图书馆CIP数据核字(2023)第001163号

黄河宁夏段渔业资源调查与评价　　　　　邱小琮　苟金明　编著

责任编辑　马　晖
封面设计　赵　倩
责任印制　岳建宁

黄河出版传媒集团
阳　光　出　版　社　出版发行

出 版 人　薛文斌
地　　址　宁夏银川市北京东路139号出版大厦（750001）
网　　址　http://www.ygchbs.com
网上书店　http://shop129132959.taobao.com
电子信箱　yangguangchubanshe@163.com
邮购电话　0951-5047283
经　　销　全国新华书店
印刷装订　宁夏银报智能印刷科技有限公司
印刷委托书号　（宁）0025192

开　　本　787 mm×1092 mm　1/16
印　　张　20.75
字　　数　300千字
版　　次　2022年12月第1版
印　　次　2023年1月第1次印刷
书　　号　ISBN　978-7-5525-6641-3
定　　价　68.00元

前　言

黄河流经宁夏的 12 个县(市),水生态质量关乎宁夏高质量发展。黄河宁夏段的渔业资源丰富,有多种特有鱼类,为了对黄河宁夏段渔业资源有一个清楚的认识,我们于 2018—2020 年对黄河宁夏段(卫宁段和青石段)进行了系统的动态调查研究,充分考虑到公路跨越水域的形态特点、水文条件和水生生物特性等,在公路跨越河流处及上下游水域设置了 8 个监测点,调查了卫宁段和青石段水环境因子的时空分布特征,对水质进行了综合评价,确定了影响卫宁段和青石段水质的主要影响因子。分析了黄河卫宁段和青石段浮游植物、浮游动物、底栖动物、鱼类、水生植物及河岸带植物的种类组成、群落结构、密度、生物量以及生物多样性,充分掌握了黄河宁夏段的水生生物、鱼类种群资源、渔业水质环境状况,可为黄河宁夏段的水生态保护和渔业资源发展提供参考。

本书得到了宁夏高等学校一流学科建设(水利工程)资助项目(NXYLXK 2021A03)资助,适用于大中专院校、科研院所及相关政府部门从事水环境、水生态、植物保护等人群阅读。本书第一部分由邱小琮、赵睿智执笔,第二部分由苟金明、祁萍、赵睿智、吴尼尔、曹根宝、王晓娟、施永芳、张修海、王芳执笔,第三部分由邱小琮、赵睿智执笔。

由于作者水平有限,书中不足之处在所难免,望专家和同仁不吝指正。

编者

2022 年 5 月

目　录

第一部分　水生生物资源调查

1　工作方法

1.1　采样断面设置

为了满足样品的代表性和可比性，保证达到必要的精度和满足统计学样品数，保证垂线剖面站位上水质、底质、水生生物监测点的同一性和统一性，本次调查充分考虑到公路跨越水域的形态特点、水文条件和水生生物特性等，在公路跨越河流处及上下游水域设置8个监测点，采样断面所处断面、经纬度见表1-1-1。

表 1-1-1　水生生物监测点(除鱼类外)

序号	断面位置	断面	坐标
1	柳树村(西气东输管道)	卫宁段	37.436 2N　104.993 4E
2	上大湾(坝上)	卫宁段	37.459 3N　104.993 3E
3	石空(中宁大桥)	卫宁段	37.529 2N　105.672 2E
4	枣园	卫宁段	37.571 0N　105.792 6E
5	青铜峡坝下(铁桥)	青石段	37.893 5N　105.996 4E
6	永宁杨和镇	青石段	38.226 0E　106.265 1E
7	头道墩	青石段	38.661 6N　106.589 3E
8	陶乐渡口	青石段	38.812 0N　106.667 1E

水生生物监测点的具体位置见图 1-1-1。

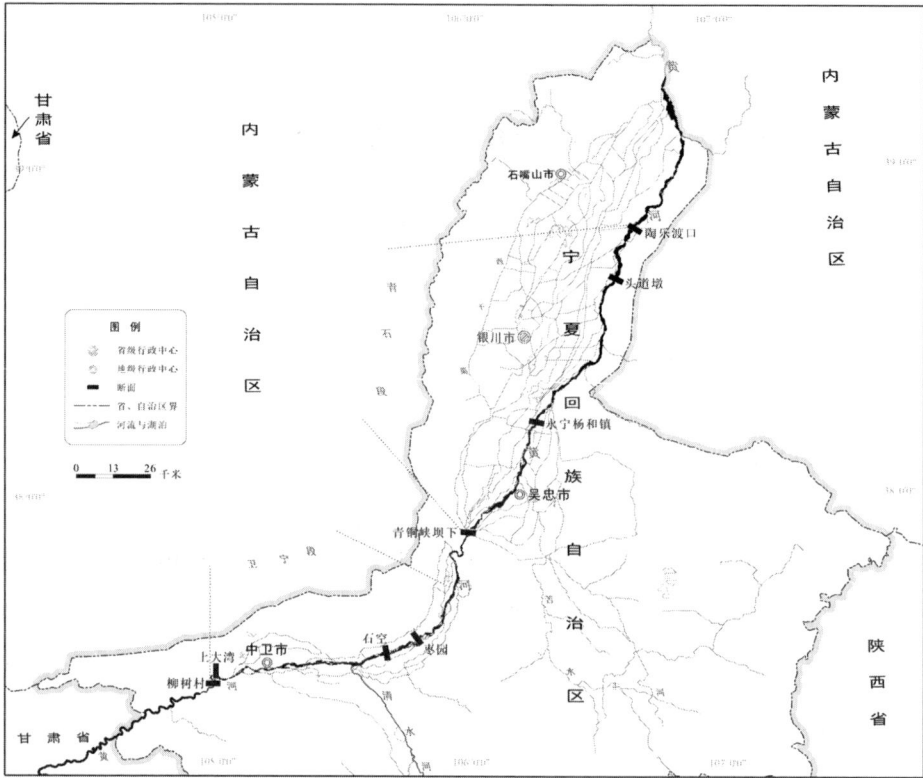

图 1-1-1　水生生物监测点位示意图

按照宁夏农业农村厅批复，确定鱼类采样点布设位置为中卫市沙坡头区高滩、青铜峡大坝坝下和平罗陶乐渡口。

1.2　采样时间及频次

2018 年 6—10 月各采样 1 次，2019 年 3—12 月各采样 1 次，2020 年 1—2 月各采样 1 次，共计 17 次。

1.3　调查内容及方法

1.3.1　浮游植物

用 25 号浮游生物网在水面和 0.5 m 深的水层中，以每秒 20~30 cm 的速度,作"∞"字形循环缓慢拖网 4 min 左右采样,样品用 4%福尔马林(甲醛)液固定,作为浮游植物定性样品。

测量采样点水深,按采样点水深(离底 1 m)的 0、1/4、1/2,1 倍采水,混合后,取 1 000 mL,用鲁哥氏液固定。将水样带回实验室后,摇匀水样,倒入固定在架子上的 1 000 mL 沉淀器中,经 2 h 后,将沉淀器轻轻旋转一会,使沉淀器壁上尽量少附着浮游植物,再静置 24 h。充分沉淀后,用虹吸管慢慢吸去上清液,至留下含沉淀物的水样 30 mL,放入 50 mL 的定量样品瓶中。用吸出的少量上清液冲洗沉淀器 2~3 次,一并放入样品瓶,定容 50 mL。沉淀和虹吸过程避免摇动,尽量不吸去浮游植物。如搅动了底部则重新沉淀。

定性定量样品在显微镜下观察、计数。计数前摇匀定量样本,迅速吸出 0.1 mL 置于 0.1 mL 计数框内(面积 20 mm × 20 mm)。盖上盖玻片后,计数框内无气泡,也无水样溢出。采用视野法计数。首先用台微尺测量所用显微镜在一定放大倍数下的视野直径,计算出面积。使计数的视野均匀分布在计数框内,根据水体中浮游植物的多少计数,视野数目一般为 100~300 个,并保证计数到的浮游植物总数达 100 个以上。每瓶样品计 2 次,取平均值,每次平均数之差均不大于±15%,否则应计数第三次。计数单位用细胞个数表示。对不易用细胞表示的群体或丝状体,则求平均细胞数。

1 L 水样中浮游植物的数量按下式计算:

$$N = \frac{C_s}{F_s \cdot F_n} \cdot \frac{V}{V_0} \cdot P_n$$

式中,N 为 1 L 水样中浮游植物的数量（个/L）;C 为计数框的面积(mm²);F_s 为视野面积（mm²）;F_n 为每片计数过的视野数;V 为 1 L 水样浓缩的体积(mL);V_0 为计数框容积(mL);P_n 为计数所获得的个数(个/L)。

浮游植物生物量的计算采用体积换算法。根据浮游植物的体形,按最近似的几何形测量体积,形状特殊的种类分解成几个部分测量,然后结果相加。根据浮游植物的相对丰度来确定优势种。

1.3.2 浮游动物

选择不同的水域区，用 25 号或 13 号浮游生物网在水面下 0.5 m 水深处拖动 2~3 min，将采得的水样装入编号瓶，加入 40%甲醛溶液，作为浮游动物定性样品。

用 1 000 mL 有机玻璃采水器采集水样 10 L，用 25 号浮游生物网过滤，留 1 L 水样装瓶，加入 40%甲醛溶液，作为浮游动物定量样品。将野外采集的水样，倒入沉淀器静置 48~72 h，让样品自然沉淀，然后用虹吸法吸去上层清水，浓缩至 30 mL。

定性定量样品在显微镜下观察、计数。计数前摇匀定量样本，迅速吸出 1 mL 置于计数框内，全液镜检。定性的样品，物种鉴定到属或种；定量的样品，在 10 × 10 倍的显微镜下，逐一统计浮游动物各种类的个体数量，每一水样的浮游动物连续计算 2 次，如 2 次计算结果差异很大，则需再计算 1~2 次，将各次数值平均，按下式计算每升水中的浮游生物数量：

$$N = \frac{V_s \cdot n}{V \cdot V_a}$$

式中，N 为 1 L 水样中浮游动物的数量（个/L）；V 为采样体积（mL）；V_s 为样品浓缩后的体积（mL）；V_a 为计数样品体积（mL）；n 为计数所获得的个数（个）。

运用 Shannon-Wiener 多样性指数（H）作为浮游生物群落多样性指数，公式如下：

$$H = -\Sigma(n_i/N)\ln(n_i/N)$$

式中，N 为浮游生物总个体数；n_i 为第 i 种浮游生物的个体数。

原生动物、轮虫生物量用体积法求得生物体积，比重取 1，再根据体积换算为重量。甲壳动物生物量用体长-体重回归方程，由体长求得体重湿重。无节幼体一个按湿重 0.003 mg 计算。根据浮游生物的出现频率及个体数量来确定优势种。

1.3.3 水生植物及河岸带植物

采用线路踏查法对水生植物进行调查,按照调查线路沿途记载水生植物种类、群落组成和优势种类。采用样方法对各监测点断面河岸带植被进行调查,每个断面视植被分布情况,分别设置1~4个样地,每个样地间间隔约500 m,共设置30个样地。每个样地设置4个样方,其中草本样方面积为2 m×2 m,灌木样方面积为5 m×5 m,分别记录植物种的名称、高度、株数、盖度等指标。对于现场可以辨识的植物尽量多识别,现场不能确定的植物或有疑问种类进行茎干、枝条、果实及其他宿存物等标本采集、照片拍摄,同时记录生境等内容,在室内通过进一步观察对比及参考工具书等手段进行种类准确鉴定。

重要值计算公式如下:

$$重要值=相对密度+相对频度+相对盖度$$

1.3.4 底栖动物

在监测点附近选取具有代表性的河滩,选取1 m²,将此1 m²内之石块捡出,用镊子夹取各种附着在石上的底栖动物,若底质为砂或泥则需用铁铲铲出泥沙,用40目分样筛小心淘洗和筛取出各类标本,如蛭、水蚯蚓或摇蚊幼虫等,放入编号瓶中用5%甲醛溶液固定保存。将每个断面采集的底栖动物样品,按采集编号逐号进行整理,所采标本鉴定到属或种,再分种逐一进行种类数量统计,继用电子天平称重,称重前需将标本放到吸水纸上,吸去虫体表面的水分,称出每种的湿重量,再换算成以平方米为单位的种类密度及生物量(湿重)。

1.3.5 鱼类

1.3.5.1 鱼类组成调查方法

根据鱼类调查方法,在不同断面设置站点,对调查范围内的鱼类资源进行全面调查。采取捕捞、市场调查和走访相结合的方法,采集鱼类标本、收集资料、做好记录,标本用福尔马林(甲醛)固定保存。通过对标本的分类鉴定、资料的分析整理,编制出鱼类名录。

1.3.5.2 鱼类资源现状调查方法

鱼类资源量的调查采取社会捕捞渔获物统计分析结合现场调查取样进行。采用访问调查和统计表调查方法,调查资源量和渔获量。向沿河渔业主管部门和渔政管理部门做域名调查,了解渔业资源现状以及鱼类资源管理中存在的问题。对渔获物资料进行整理分析,得出各工作站点主要捕捞对象及其在渔获物中所占比重、不同捕捞渔具渔获物的长度和重量组成,以判断鱼类资源状况。

2 调查结果

2.1 浮游植物

2.1.1 2018 年 6 月各监测点浮游植物详情

2.1.1.1 游植物种类组成

2018 年 6 月,黄河各监测点共检出浮游植物 5 门 27 种,见表 1-2-1。各监测点的种类变化范围为 5~8 种,习见硅藻、绿藻。各监测点浮游植物种类详情见表 1-2-2。

表 1-2-1 2018 年 6 月各监测点浮游植物种类组成

	柳树村	上大湾	石空	枣园	青铜峡坝下	永宁杨和镇	头道墩	陶乐渡口
蓝藻门 Cyanophyta			1		1			1
隐藻门 Cryptophyta								
甲藻门 Pyrrophyta	1			1				
金藻门 Chrysophyta								
黄藻门 Xanthophyta					1			
硅藻门 Bacillariophyta	3	3	4	4	3	6	4	5
裸藻门 Euglenophyta								
绿藻门 Chlorophyta	2	3	2	2	1	1	2	2
合　计	6	6	7	8	5	7	6	8

表 1-2-2　2018 年 6 月各监测点的浮游植物种类

	柳树村	上大湾	石空	枣园	青铜峡坝下	永宁杨和镇	头道墩	陶乐渡口
蓝藻门 Cyanophyta								
颤藻 *Oscillatoria* sp.			+		+			
鞘丝藻 *Lyngbya* sp.								+
甲藻门 Pyrrophyta								
薄甲藻 *Glenodinium* sp.					+			
角甲藻 *Ceratium* sp.	+							
黄藻门 Xanthophyta								
黄丝藻 *Tribonema* sp.					+			
硅藻门 Bacillariophyta								
小环藻 *Cyclotella* sp.	+		+					
直链藻 *Melosira* sp.		+		+	+	+	+	+
等片藻 *Diatoma* sp.					+		+	
针杆藻 *Synedra* sp.					+		+	+
脆杆藻 *Fragilaria* sp.		+	+			+		
舟形藻 *Nevicula* sp.			+					
异极藻 *Gomphonema* sp.	+							+
桥弯藻 *Cymbella* sp.					+			
布纹藻 *Gyrosigma* sp.					+	+	+	
菱形藻 *Nitzschia* sp.			+				+	
波缘藻 *Cymatopleura* sp.		+				+		+
星杆藻 *Asterionella* sp.	+				+	+		+
绿藻门 Chlorophyta								
月牙藻 *Selenastrum* sp.		+	+				+	
纤维藻 *Ankistrodesmus* sp.		+						
卵囊藻 *Oocystis* sp.			+					

	柳树村	上大湾	石空	枣园	青铜峡坝下	永宁杨和镇	头道墩	陶乐渡口
栅藻 *Scenedesmus* sp.								+
空星藻 *Coelastrum* sp.				+				
拟新月藻 *Closteriopsis* sp.						+		
绿梭藻 *Chlorogonium* sp.								+
鼓藻 *Cosmarium* sp.	+			+				
新月藻 *Closterium* sp.	+	+			+			
十字藻 *Crucigenia* sp.							+	

2.1.1.2 浮游植物密度与生物量

2018 年 6 月黄河各监测点浮游植物密度与生物量见表 1-2-3。浮游植物密度变化范围为 23.55×10⁴~47.48×10⁴ 个/L,陶乐渡口最低,青铜峡坝下最高。浮游植物生物量变化范围为 0.271~0.452 mg/L,永宁杨和镇最低,青铜峡坝下最高。

表 1-2-3 2018 年 6 月各监测点浮游植物密度与生物量

	密度/(10^4 ind·L^{-1})	生物量/(mg·L^{-1})
柳树村	31.34	0.451
上大湾	35.61	0.412
石空	28.56	0.357
枣园	37.51	0.385
青铜峡坝下	47.48	0.452
永宁杨和镇	25.32	0.271
头道墩	25.64	0.342
陶乐渡口	23.55	0.327

2.1.1.3　浮游植物多样性指数与优势种类

2018 年 6 月黄河各监测点浮游植物多样性指数与优势种类见表 1-2-4。多样性指数变化范围为 0.945~1.532,陶乐渡口最低,枣园最高。浮游植物的优势种类主要为硅藻门,如小环藻、直链藻及等片藻等。

表 1-2-4　2018 年 6 月各监测点浮游植物多样性指数与优势种类

	多样性指数	优势种
柳树村	1.147	小环藻 Cyclotella sp. 星杆藻 Asterionella sp.
上大湾	1.023	脆杆藻 Fragilaria sp.
石空	1.248	小环藻 Cyclotella sp. 舟形藻 Nevicula sp.
枣园	1.532	直链藻 Melosira sp. 等片藻 Diatoma sp.
青铜峡坝下	1.413	直链藻 Melosira sp. 桥弯藻 Cymbella sp.
永宁杨和镇	1.332	等片藻 Diatoma sp. 直链藻 Melosira sp.
头道墩	1.141	小环藻 Cyclotella sp. 直链藻 Melosira sp.
陶乐渡口	0.945	直链藻 Melosira sp.

2.1.2　2018 年 7 月各监测点浮游植物详情

2.1.2.1　浮游植物种类组成

2018 年 7 月,黄河各监测点共检出浮游植物 7 门 35 种,见表 1-2-5。各监测点的种类变化范围为 8~13 种,硅藻、蓝藻和绿藻种类占优,偶见甲藻门、黄藻门种类。各监测点浮游植物种类详情见表 1-2-6。

表 1-2-5　2018 年 7 月各监测点浮游植物种类组成

	柳树村	上大湾	石空	枣园	青铜峡坝下	永宁杨和镇	头道墩	陶乐渡口
蓝藻门 Cyanophyta	2	3	3	2	1	3	4	1
隐藻门 Cryptophyta				1				
甲藻门 Pyrrophyta		1			1		1	
金藻门 Chrysophyta								

续表

	柳树村	上大湾	石空	枣园	青铜峡坝下	永宁杨和镇	头道墩	陶乐渡口
黄藻门 Xanthophyta							1	1
硅藻门 Bacillariophyta	5	7	4	4	3	6	4	5
裸藻门 Euglenophyta	1							
绿藻门 Chlorophyta	3	2	4	3	2	1		2
合　计	11	13	11	10	7	11	10	8

表 1-2-6　2018 年 7 月各监测点的浮游植物种类

	柳树村	上大湾	石空	枣园	青铜峡坝下	永宁杨和镇	头道墩	陶乐渡口
蓝藻门 Cyanophyta								
色球藻 *Chroocaoccus* sp.								
束球藻 *Gomphosphaeria* sp.			+				+	
平列藻 *Merismpedia* sp.							+	
席藻 *Phormidium* sp.		+				+		+
颤藻 *Oscillatoria* sp.		+	+		+		+	
鞘丝藻 *Lyngbya* sp.						+		
棒胶藻 *Rhabdogloea* sp.			+	+		+		
长孢藻 *Dolichospermum* sp.				+	+		+	
拟鱼腥藻 *Anabaenopsis* sp.						+		
束丝藻 *Aphanizomenon* sp.			+					
隐藻门 Cryptophyta								
隐藻 *Cryptomonas* sp.					+			
甲藻门 Pyrrophyta								
薄甲藻 *Glenodinium* sp.					+			
角甲藻 *Ceratium* sp.			+				+	
黄藻门 Xanthophyta								
黄丝藻 *Tribonema* sp.							+	+

	柳树村	上大湾	石空	枣园	青铜峡坝下	永宁杨和镇	头道墩	陶乐渡口
硅藻门 Bacillariophyta								
小环藻 Cyclotella sp.	+	+		+	+	+		+
直链藻 Melosira sp.	+	+	+		+	+		
等片藻 Diatoma sp.	+	+			+		+	+
针杆藻 Synedra sp.	+		+			+	+	+
脆杆藻 Fragilaria sp.		+					+	+
舟形藻 Nevicula sp.	+	+		+		+		
异极藻 Gomphonema sp.						+	+	+
桥弯藻 Cymbella sp.			+			+		
布纹藻 Gyrosigma sp.		+		+				
波缘藻 Cymatopleura sp.			+					
羽纹藻 Pinnularia sp.		+						
星杆藻 Asterionella sp.					+			
裸藻门 Euglenophyta								
裸藻 Euglena sp.	+							
绿藻门 Chlorophyta								
月牙藻 Selenastrum sp.		+						
纤维藻 Ankistrodesmus sp.	+							
四角藻 Tetraedron sp.			+					
栅藻 Scenedesmus sp.		+		+		+		
空星藻 Coelastrum sp.			+	+				
盘星藻 Pediastrum sp.	+		+	+				
绿梭藻 Chlorogonium sp.			+					
鼓藻 Cosmarium sp.	+				+			
新月藻 Closterium sp.					+			

2.1.2.2 浮游植物密度与生物量

2018 年 7 月黄河各监测点浮游植物密度与生物量见表 1-2-7。浮游植物密度变化范围为 29.51×10⁴~45.76×10⁴ 个/L，浮游植物生物量变化范围为 0.308~0.549 mg/L，密度和生物量最低的监测点是陶乐渡口，密度最高的是青铜峡坝下，生物量最高的是柳树村。

表 1-2-7　2018 年7 月各监测点浮游植物密度与生物量

	密度/(10^4 ind.$\cdot$L^{-1})	生物量/(mg$\cdot$L^{-1})
柳树村	37.51	0.549
上大湾	38.41	0.488
石空	30.55	0.367
枣园	31.05	0.401
青铜峡坝下	45.76	0.431
永宁杨和镇	31.60	0.336
头道墩	34.56	0.412
陶乐渡口	29.51	0.308

2.1.2.3 浮游植物多样性指数与优势种类

2018 年 7 月黄河各监测点浮游植物多样性指数与优势种类见表 1-2-8。

表 1-2-8　2018 年 7 月各监测点浮游植物多样性指数与优势种类

	多样性指数	优势种
柳树村	1.348	小环藻 Cyclotella sp. 针杆藻 Synedra sp.
上大湾	1.332	小环藻 Cyclotella sp. 等片藻 Diatoma sp.
石空	1.441	针杆藻 Synedra sp. 桥弯藻 Cymbella sp.
枣园	1.147	小环藻 Cyclotella sp. 长孢藻 Anabaena sp.
青铜峡坝下	1.313	小环藻 Cyclotella sp.
永宁杨和镇	1.235	小环藻 Cyclotella sp. 直链藻 Melosira sp.
头道墩	0.974	针杆藻 Synedra sp.
陶乐渡口	0.733	小环藻 Cyclotella sp.

多样性指数变化范围为0.733~1.441,陶乐渡口最小,石空最大。浮游植物的优势种类主要为硅藻门,如小环藻、针杆藻及等片藻等。

2.1.3　2018年8月各监测点浮游植物详情

2.1.3.1　浮游植物种类组成

2018年8月,黄河各监测点共检出浮游植物5门30种,见表1-2-9。各监测点的种类变化范围为4~11种,硅藻和绿藻种类占优,偶见甲藻门、黄藻门种类。各监测点浮游植物种类详情见表1-2-10。

表1-2-9　2018年8月各监测点浮游植物种类组成

	柳树村	上大湾	石空	枣园	青铜峡坝下	永宁杨和镇	头道墩	陶乐渡口
蓝藻门 Cyanophyta	1	1		2		1	2	1
隐藻门 Cryptophyta								
甲藻门 Pyrrophyta	1		1					
金藻门 Chrysophyta								
黄藻门 Xanthophyta			1			1		
硅藻门 Bacillariophyta	5	3	4	3	2	1	3	4
裸藻门 Euglenophyta								
绿藻门 Chlorophyta	4	1	3	6	2	4	3	2
合　计	11	5	9	11	4	7	8	7

表1-2-10　2018年8月各监测点的浮游植物种类

	柳树村	上大湾	石空	枣园	青铜峡坝下	永宁杨和镇	头道墩	陶乐渡口
蓝藻门 Cyanophyta								
平列藻 *Merismpedia* sp.					+			
席藻 *Phormidium* sp.								+
颤藻 *Oscillatoria* sp.	+					+	+	
棒胶藻 *Rhabdogloea* sp.		+						

续表

	柳树村	上大湾	石空	枣园	青铜峡坝下	永宁杨和镇	头道墩	陶乐渡口
尖头藻 *Raphidiopsis* sp.							+	
螺旋藻 *Spirulina* sp.								
长孢藻 *Dolichospermum* sp.				+				
甲藻门 Pyrrophyta								
薄甲藻 *Glenodinium* sp.	+		+					
黄藻门 Xanthophyta								
黄丝藻 *Tribonema* sp.			+			+		
硅藻门 Bacillariophyta								
小环藻 *Cyclotella* sp.		+	+	+				+
直链藻 *Melosira* sp.	+			+				
等片藻 *Diatoma* sp.	+	+	+	+				+
针杆藻 *Synedra* sp.			+		+		+	
脆杆藻 *Fragilaria* sp.								+
舟形藻 *Nevicula* sp.	+	+					+	
异极藻 *Gomphonema* sp.			+		+			
桥弯藻 *Cymbella* sp.				+		+		
布纹藻 *Gyrosigma* sp.	+							
菱形藻 *Nitzschia* sp.								+
羽纹藻 *Pinnularia* sp.	+			+				
星杆藻 *Asterionella* sp.							+	
绿藻门 Chlorophyta								
小球藻 *Chlorella* sp.						+		
月牙藻 *Selenastrum* sp.				+				+
纤维藻 *Ankistrodesmus* sp.						+		
卵囊藻 *Oocystis* sp.								
四角藻 *Tetraedron* sp.				+				+

	柳树村	上大湾	石空	枣园	青铜峡坝下	永宁杨和镇	头道墩	陶乐渡口
栅藻 *Scenedesmus* sp.				+				
空星藻 *Coelastrum* sp.						+		
盘星藻 *Pediastrum* sp.			+	+		+		
绿梭藻 *Chlorogonium* sp.					+			
鼓藻 *Cosmarium* sp.			+	+			+	
新月藻 *Closterium* sp.				+	+		+	
十字藻 *Crucigenia* sp.			+				+	

2.1.3.2　浮游植物密度与生物量

2018 年 8 月黄河各监测点浮游植物密度与生物量,见表 1-2-11。浮游植物密度变化范围为 25.33×10^4~56.17×10^4 个/L,永宁杨和镇最低,青铜峡坝下最高。浮游植物生物量变化范围为 0.299~0.592 mg/L,头道墩最低,柳树村最高。

表 1-2-11　2018 年 8 月各监测点浮游植物密度与生物量

	密度/(10^4 ind.·L^{-1})	生物量/(mg·L^{-1})
柳树村	42.51	0.592
上大湾	34.77	0.447
石空	37.43	0.538
枣园	51.35	0.550
青铜峡坝下	56.17	0.578
永宁杨和镇	25.33	0.371
头道墩	26.57	0.299
陶乐渡口	30.14	0.345

2.1.3.3　浮游植物多样性指数与优势种类

2018 年 8 月黄河各监测点浮游植物多样性指数与优势种类见表 1-2-12。

多样性指数变化范围为 0.935~1.337,上大湾最小,柳树村最大。浮游植物优势种类为硅藻门的直链藻、羽纹藻等,绿藻门的盘星藻等。

表 1-2-12　2018 年 8 月各监测点浮游植物多样性指数与优势种类

	多样性指数	优势种
柳树村	1.337	直链藻 *Melosira* sp. 羽纹藻 *Pinnularia* sp.
上大湾	0.935	异极藻 *Gomphonema* sp.
石空	1.033	针杆藻 *Synedra* sp. 盘星藻 *Pediastrum* sp.
枣园	1.214	羽纹藻 *Pinnularia* sp.
青铜峡坝下	1.119	针杆藻 *Synedra* sp.
永宁杨和镇	1.201	盘星藻 *Pediastrum* sp.
头道墩	1.051	针杆藻 *Synedra* sp.
陶乐渡口	1.131	脆杆藻 *Fragilaria* sp.

2.1.4　2018 年 9 月各监测点浮游植物详情

2.1.4.1　浮游植物种类组成

2018 年 9 月,黄河各监测点共检出浮游植物 1 门 8 种,见表 1-2-13。各监

表 1-2-13　2018 年 9 月各监测点浮游植物种类组成

	柳树村	上大湾	石空	枣园	青铜峡坝下	永宁杨和镇	头道墩	陶乐渡口
蓝藻门 Cyanophyta								
隐藻门 Cryptophyta								
甲藻门 Pyrrophyta								
金藻门 Chrysophyta								
黄藻门 Xanthophyta								
硅藻门 Bacillariophyta	3	2	4	4			3	2
裸藻门 Euglenophyta								
绿藻门 Chlorophyta								
合　计	3	2	4	4	0	0	3	2

测点的种类变化范围为 0~4 种,硅藻占绝对优势,未见其他门类的浮游植物。各监测点浮游植物种类详情见表 1-2-14。

表 1-2-14　2018 年 9 月各监测点的浮游植物种类

	柳树村	上大湾	石空	枣园	青铜峡坝下	永宁杨和镇	头道墩	陶乐渡口
硅藻门 Bacillariophyta								
小环藻 *Cyclotella* sp.	+		+				+	
直链藻 *Melosira* sp.		+		+				+
等片藻 *Diatoma* sp.		+	+	+				
针杆藻 *Synedra* sp.	+		+	+			+	
脆杆藻 *Fragilaria* sp.				+			+	
舟形藻 *Nevicula* sp.			+					
异极藻 *Gomphonema* sp.								
桥弯藻 *Cymbella* sp.	+							
波缘藻 *Cymatopleura* sp.								+

2.1.4.2　浮游植物密度与生物量

2018 年 9 月黄河各监测点浮游植物密度与生物量见表 1-2-15。浮游植物密度变化范围为 10.93×10^4~21.47×10^4 个/L,除青铜峡坝下、永宁杨和镇未镜检出浮游植物外,陶乐渡口浮游植物的密度最小,枣园最大。浮游植物生物量变化范围为 0.095~0.223 mg/L,石空最小,枣园最大。

表 1-2-15　2018 年 9 月各监测点浮游植物密度与生物量

	密度/(10^4 ind.·L^{-1})	生物量/(mg·L^{-1})
柳树村	14.31	0.174
上大湾	18.29	0.144
石空	13.79	0.095
枣园	21.47	0.223

续表

	密度/(10^4 ind·L^{-1})	生物量/(mg·L^{-1})
青铜峡坝下	0.00	0
永宁杨和镇	0.00	0
头道墩	15.81	0.152
陶乐渡口	10.93	0.123

2.1.4.3 浮游植物多样性指数与优势种类

2018年9月黄河各监测点浮游植物多样性指数与优势种类见表1-2-16。多样性指数变化范围为0.231~0.577,上大湾最小,枣园最大。浮游植物优势种类主要为硅藻门的针杆藻、直链藻。

表1-2-16 2018年9月各监测点的浮游植物种类

	多样性指数	优势种
柳树村	0.517	针杆藻 *Synedra* sp.
上大湾	0.231	等片藻 *Diatoma* sp.
石空	0.312	针杆藻 *Synedra* sp.
枣园	0.577	直链藻 *Melosira* sp.
青铜峡坝下	无	无
永宁杨和镇	无	无
头道墩	0.433	针杆藻 *Synedra* sp.
陶乐渡口	0.364	直链藻 *Melosira* sp.

2.1.5 2018年10月各监测点浮游植物详情

2.1.5.1 浮游植物种类组成

2018年10月,黄河各监测点共检出浮游植物5门27种,见表1-2-17。各监测点的种类变化范围为7~12种,硅藻和绿藻出现次数较多,偶见甲藻门、隐藻门浮游植物。各监测点浮游植物种类详情见表1-2-18。

表 1-2-17 2018 年 10 月各监测点浮游植物种类组成

	柳树村	上大湾	石空	枣园	青铜峡坝下	永宁杨和镇	头道墩	陶乐渡口
蓝藻门 Cyanophyta								1
隐藻门 Cryptophyta		1						
甲藻门 Pyrrophyta	1	1		1		1	2	
金藻门 Chrysophyta								
黄藻门 Xanthophyta	1							
硅藻门 Bacillariophyta	5	6	4	5	4	2	5	6
裸藻门 Euglenophyta								
绿藻门 Chlorophyta	4	3	4	6	3	4	3	5
合　计	11	11	8	12	7	7	10	12

表 1-2-18 2018 年 10 月各监测点的浮游植物种类

	柳树村	上大湾	石空	枣园	青铜峡坝下	永宁杨和镇	头道墩	陶乐渡口
蓝藻门 Cyanophyta								
颤藻 *Oscillatoria* sp.								+
隐藻门 Cryptophyta								
隐藻 *Cryptomonas* sp.		+						
甲藻门 Pyrrophyta								
薄甲藻 *Glenodinium* sp.	+	+				+	+	
角甲藻 *Ceratium* sp.					+		+	
黄藻门 Xanthophyta								
黄丝藻 *Tribonema* sp.	+							
硅藻门 Bacillariophyta								
小环藻 *Cyclotella* sp.		+	+	+			+	+
直链藻 *Melosira* sp.	+	+			+	+		+
等片藻 *Diatoma* sp.		+				+	+	+	+

续表

	柳树村	上大湾	石空	枣园	青铜峡坝下	永宁杨和镇	头道墩	陶乐渡口
针杆藻 Synedra sp.	+		+	+	+			+
脆杆藻 Fragilaria sp.		+		+			+	
舟形藻 Nevicula sp.	+	+	+		+			+
异极藻 Gomphonema sp.						+	+	
桥弯藻 Cymbella sp.		+	+				+	
布纹藻 Gyrosigma sp.	+							
菱形藻 Nitzschia sp.					+			
羽纹藻 Pinnularia sp.	+							+
绿藻门 Chlorophyta								
月牙藻 Selenastrum sp.	+							
纤维藻 Ankistrodesmus sp.				+		+		+
四角藻 Tetraedron sp.							+	+
栅藻 Scenedesmus sp.	+		+	+			+	
空星藻 Coelastrum sp.	+							
盘星藻 Pediastrum sp.			+	+	+			+
拟新月藻 Closteriopsis sp.		+		+	+	+		
绿梭藻 Chlorogonium sp.								+
鼓藻 Cosmarium sp.	+	+	+		+		+	
新月藻 Closterium sp.		+	+	+		+		+
十字藻 Crucigenia sp.					+	+		

2.1.5.2 浮游植物密度与生物量

2018 年 10 月黄河各监测点浮游植物密度与生物量见表 1-2-19。浮游植物密度变化范围为 $17.93 \times 10^4 \sim 36.31 \times 10^4$ 个/L,石空最小,青铜峡坝下最大。浮游植物生物量变化范围为 0.198~0.443 mg/L,柳树村最小,青铜峡坝下最大。

表 1-2-19 2018 年 10 月各监测点浮游植物密度与生物量

	密度/(10⁴ ind.·L⁻¹)	生物量/(mg·L⁻¹)
柳树村	21.37	0.198
上大湾	27.52	0.248
石空	17.93	0.243
枣园	25.38	0.342
青铜峡坝下	36.31	0.443
永宁杨和镇	18.82	0.255
头道墩	23.17	0.241
陶乐渡口	28.93	0.345

2.1.5.3 浮游植物多样性指数与优势种类

2018 年 10 月黄河各监测点浮游植物多样性指数与优势种类见表 1-2-20。多样性指数变化范围为 0.993~1.561,青铜峡坝下最小,枣园最大。浮游植物优势种类为硅藻门的针杆藻、小环藻、舟形藻及绿藻门盘星藻。

表 1-2-20 2018 年 10 月各监测点的浮游植物种类

	多样性指数	优势种
柳树村	1.551	针杆藻 *Synedra* sp. 舟形藻 *Nevicula* sp.
上大湾	1.342	小环藻 *Cyclotella* sp. 舟形藻 *Nevicula* sp.
石空	1.133	小环藻 *Cyclotella* sp. 盘星藻 *Pediastrum* sp.
枣园	1.561	小环藻 *Cyclotella* sp. 盘星藻 *Pediastrum* sp.
青铜峡坝下	0.993	针杆藻 *Synedra* sp.
永宁杨和镇	1.101	十字藻 *Crucigenia* sp.
头道墩	1.341	脆杆藻 *Fragilaria* sp. 鼓藻 *Cosmarium* sp.
陶乐渡口	1.447	针杆藻 *Synedra* sp. 小环藻 *Cyclotella* sp.

2.1.6　2019 年 3 月各监测点浮游植物详情

2.1.6.1　浮游植物种类组成

2019 年 3 月,黄河各监测点共检出浮游植物 2 门 14 种,见表 1-2-21。各监测点的种类变化范围为 2~5 种,习见硅藻、甲藻。各监测点浮游植物种类详情见表 1-2-22。

表 1-2-21　2019 年 3 月各监测点浮游植物种类组成

	柳树村	上大湾	石空	枣园	青铜峡坝下	永宁杨和镇	头道墩	陶乐渡口
蓝藻门 Cyanophyta								
隐藻门 Cryptophyta								
甲藻门 Pyrrophyta				1	1		2	
金藻门 Chrysophyta								
黄藻门 Xanthophyta								
硅藻门 Bacillariophyta	4	2	3	4	3	3	2	3
裸藻门 Euglenophyta								
绿藻门 Chlorophyta								
合　计	4	2	3	5	4	3	4	3

表 1-2-22　2019 年 3 月各监测点的浮游植物种类

	柳树村	上大湾	石空	枣园	青铜峡坝下	永宁杨和镇	头道墩	陶乐渡口
甲藻门 Pyrrophyta								
薄甲藻 *Glenodinium* sp.							+	
角甲藻 *Ceratium* sp.					+	+	+	
硅藻门 Bacillariophyta								
小环藻 *Cyclotella* sp.	+		+	+				
直链藻 *Melosira* sp.					+	+	+	+
等片藻 *Diatoma* sp.				+				

	柳树村	上大湾	石空	枣园	青铜峡坝下	永宁杨和镇	头道墩	陶乐渡口
针杆藻 *Synedra* sp.	+				+		+	+
脆杆藻 *Fragilaria* sp.		+	+					
舟形藻 *Nevicula* sp.					+			
异极藻 *Gomphonema* sp.	+							+
桥弯藻 *Cymbella* sp.		+						
布纹藻 *Gyrosigma* sp.					+	+		
菱形藻 *Nitzschia* sp.			+					
羽纹藻 *Pinnularia* sp.	+					+		
星杆藻 *Asterionella* sp.							+	

2.1.6.2　浮游植物密度与生物量

2019 年 3 月黄河各监测点浮游植物密度与生物量见表 1-2-23。浮游植物密度变化范围为 $11.33×10^4$~$27.77×10^4$ 个/L，浮游植物生物量变化范围为 0.095~0.275 mg/L，枣园的浮游植物密度和生物量均为最小，青铜峡坝下均为最大。

表 1-2-23　2019 年 3 月各监测点浮游植物密度与生物量

	密度/(10^4 ind.·L^{-1})	生物量/(mg·L^{-1})
柳树村	18.93	0.154
上大湾	19.77	0.173
石空	12.54	0.123
枣园	11.33	0.095
青铜峡坝下	27.77	0.275
永宁杨和镇	21.56	0.176
头道墩	17.72	0.133
陶乐渡口	17.03	0.114

2.1.6.3 浮游植物多样性指数与优势种类

2019年3月黄河各监测点浮游植物多样性指数与优势种类见表1-2-24。多样性指数变化范围为0.334~0.557,枣园最大,上大湾最小。浮游植物优势种类主要为硅藻门,如小环藻、直链藻等。

表1-2-24 2019年3月各监测点浮游植物多样性指数与优势种类

	多样性指数	优势种
柳树村	0.532	小环藻 *Cyclotella* sp.
上大湾	0.334	脆杆藻 *Fragilaria* sp.
石空	0.413	小环藻 *Cyclotella* sp.
枣园	0.557	小环藻 *Cyclotella* sp.
青铜峡坝下	0.441	直链藻 *Melosira* sp.
永宁杨和镇	0.407	直链藻 *Melosira* sp.
头道墩	0.433	直链藻 *Melosira* sp.
陶乐渡口	0.414	针杆藻 *Synedra* sp.

2.1.7 2019年4月各监测点浮游植物详情

2.1.7.1 浮游植物种类组成

2019年4月,黄河各监测点共检出浮游植物2门14种,见表1-2-25。各监测点的种类变化范围为3~5种,硅藻种类占优,偶见甲藻门种类。各监测点浮游植物种类详情见表1-2-26。

表1-2-25 2019年4月各监测点浮游植物种类组成

	柳树村	上大湾	石空	枣园	青铜峡坝下	永宁杨和镇	头道墩	陶乐渡口
蓝藻门 Cyanophyta								
隐藻门 Cryptophyta								
甲藻门 Pyrrophyta	1		1		1		1	
金藻门 Chrysophyta								

	柳树村	上大湾	石空	枣园	青铜峡坝下	永宁杨和镇	头道墩	陶乐渡口
黄藻门 Xanthophyta								
硅藻门 Bacillariophyta	4	5	3	4	4	3	4	5
裸藻门 Euglenophyta								
绿藻门 Chlorophyta								
合　计	5	5	4	4	5	3	5	5

表 1-2-26　2019 年 4 月各监测点的浮游植物种类

	柳树村	上大湾	石空	枣园	青铜峡坝下	永宁杨和镇	头道墩	陶乐渡口
甲藻门 Pyrrophyta								
薄甲藻 *Glenodinium* sp.					+			
角甲藻 *Ceratium* sp.	+		+				+	
硅藻门 Bacillariophyta								
小环藻 *Cyclotella* sp.	+	+		+	+	+		+
直链藻 *Melosira* sp.		+	+		+	+		
等片藻 *Diatoma* sp.	+	+			+		+	+
针杆藻 *Synedra* sp.	+		+			+		+
脆杆藻 *Fragilaria* sp.		+					+	+
舟形藻 *Nevicula* sp.					+			
异极藻 *Gomphonema* sp.							+	
桥弯藻 *Cymbella* sp.	+		+					
布纹藻 *Gyrosigma* sp.					+			
波缘藻 *Cymatopleura* sp.					+			
羽纹藻 *Pinnularia* sp.		+						
星杆藻 *Asterionella* sp.					+			+

2.1.7.2 浮游植物密度与生物量

2019年4月黄河各监测点浮游植物密度与生物量见表1-2-27。浮游植物密度变化范围为20.48×10⁴~41.25×10⁴个/L，浮游植物生物量变化范围为0.157~0.334 mg/L，上大湾的浮游植物密度和生物量均为最小，青铜峡坝下均为最大。

表1-2-27　2019年4月各监测点浮游植物密度与生物量

	密度/(10^4 ind.·L^{-1})	生物量/(mg·L^{-1})
柳树村	31.43	0.241
上大湾	20.48	0.157
石空	31.22	0.271
枣园	32.19	0.313
青铜峡坝下	41.25	0.334
永宁杨和镇	31.04	0.213
头道墩	30.60	0.291
陶乐渡口	31.11	0.244

2.1.7.3 浮游植物多样性指数与优势种类

2019年4月黄河各监测点浮游植物多样性指数与优势种类见表1-2-28。

表1-2-28　2019年4月各监测点浮游植物多样性指数与优势种类

	多样性指数	优势种
柳树村	0.731	小环藻 *Cyclotella* sp.
上大湾	0.641	等片藻 *Diatoma* sp.
石空	0.573	针杆藻 *Synedra* sp.
枣园	0.463	小环藻 *Cyclotella* sp.
青铜峡坝下	0.717	小环藻 *Cyclotella* sp.
永宁杨和镇	0.469	直链藻 *Melosira* sp.
头道墩	0.703	针杆藻 *Synedra* sp.
陶乐渡口	0.660	等片藻 *Diatoma* sp.

多样性指数变化范围为 0.463~0.731，枣园最小，柳树村最大。浮游植物优势种类主要为硅藻门，如小环藻、等片藻等。

2.1.8　2019 年 5 月各监测点浮游植物详情

2.1.8.1　浮游植物种类组成

2019 年 5 月，黄河各监测点共检出浮游植物 4 门 11 种，见表 1-2-29。各监测点的种类变化范围为 2~8 种，硅藻种类占优，偶见绿藻门、黄藻门种类。各监测点浮游植物种类详情见表 1-2-30。

表 1-2-29　2019 年 5 月各监测点浮游植物种类组成

	柳树村	上大湾	石空	枣园	青铜峡坝下	永宁杨和镇	头道墩	陶乐渡口
蓝藻门 Cyanophyta								
隐藻门 Cryptophyta								
甲藻门 Pyrrophyta	1		1					
金藻门 Chrysophyta								
黄藻门 Xanthophyta	1		1			1		
硅藻门 Bacillariophyta	5	3	4	3	2	1	3	4
裸藻门 Euglenophyta								
绿藻门 Chlorophyta	1	1						1
合　计	8	4	6	3	2	2	3	5

表 1-2-30　2019 年 5 月各监测点的浮游植物种类

	柳树村	上大湾	石空	枣园	青铜峡坝下	永宁杨和镇	头道墩	陶乐渡口
甲藻门 Pyrrophyta								
薄甲藻 *Glenodinium* sp.	+							
角甲藻 *Ceratium* sp.			+					
黄藻门 Xanthophyta								
黄丝藻 *Tribonema* sp.			+			+		

	柳树村	上大湾	石空	枣园	青铜峡坝下	永宁杨和镇	头道墩	陶乐渡口
硅藻门 Bacillariophyta								
小环藻 *Cyclotella* sp.	+	+	+		+	+		+
直链藻 *Melosira* sp.	+			+			+	+
等片藻 *Diatoma* sp.	+		+					+
针杆藻 *Synedra* sp.		+		+				
脆杆藻 *Fragilaria* sp.				+				
舟形藻 *Nevicula* sp.	+	+						
桥弯藻 *Cymbella* sp.	+				+		+	+
绿藻门 Chlorophyta								
纤维藻 *Ankistrodesmus* sp.	+	+						+

2.1.8.2 浮游植物密度与生物量

2019 年 5 月黄河各监测点浮游植物密度与生物量见表 1-2-31。浮游植物密度变化范围为 27.58×10⁴~56.48×10⁴ 个/L，上大湾最小，青铜峡坝下最大。浮游植物生物量变化范围为 0.018~0.096 mg/L，石空最小，头道墩最大。

表 1-2-31 2019 年 5 月各监测点浮游植物密度与生物量

	密度/(10^4 ind.·L^{-1})	生物量/(mg·L^{-1})
柳树村	44.56	0.072
上大湾	27.58	0.062
石空	33.69	0.018
枣园	43.71	0.029
青铜峡坝下	56.48	0.069
永宁杨和镇	37.44	0.075
头道墩	37.47	0.096
陶乐渡口	35.61	0.095

2.1.8.3　浮游植物多样性指数与优势种类

2019 年 5 月黄河各监测点浮游植物多样性指数与优势种类见表 1-2-32。多样性指数变化范围为 0.307~1.134,永宁杨和镇最小,柳树村最大。浮游植物优势种类为硅藻门的小环藻、针杆藻等。

表 1-2-32　2019 年 5 月各监测点浮游植物多样性指数与优势种类

	多样性指数	优势种
柳树村	1.134	小环藻 *Cyclotella* sp.
上大湾	0.761	针杆藻 *Synedra* sp.
石空	1.067	小环藻 *Cyclotella* sp.
枣园	0.527	直链藻 *Melosira* sp.
青铜峡坝下	0.346	针杆藻 *Synedra* sp.
永宁杨和镇	0.307	小环藻 *Cyclotella* sp.
头道墩	0.614	针杆藻 *Synedra* sp.
陶乐渡口	0.937	等片藻 *Diatoma* sp.

2.1.9　2019 年 6 月各监测点浮游植物详情

2.1.9.1　浮游植物种类组成

2019 年 6 月,黄河各监测点共检出浮游植物 6 门 24 种,见表 1-2-33。各监测点的种类变化范围为 5~13 种,硅藻占优势,蓝藻、绿藻均有出现。各监测点浮游植物种类详情见表 1-2-34。

表 1-2-33　2019 年 6 月各监测点浮游植物种类组成

	柳树村	上大湾	石空	枣园	青铜峡坝下	永宁杨和镇	头道墩	陶乐渡口
蓝藻门 Cyanophyta	2		2		3		1	
隐藻门 Cryptophyta								
甲藻门 Pyrrophyta	1	1	2	1	2	2	1	1
金藻门 Chrysophyta	1							

续表

	柳树村	上大湾	石空	枣园	青铜峡坝下	永宁杨和镇	头道墩	陶乐渡口
黄藻门 Xanthophyta	1	1	1		1		1	
硅藻门 Bacillariophyta	3	2	4	4	3	4	3	2
裸藻门 Euglenophyta								
绿藻门 Chlorophyta	2	3	2	1	4	3	1	2
合　计	10	7	11	6	13	9	7	5

表 1-2-34　2019 年 6 月各监测点的浮游植物种类

	柳树村	上大湾	石空	枣园	青铜峡坝下	永宁杨和镇	头道墩	陶乐渡口
蓝藻门 Cyanophyta								
平列藻 *Merismpedia* sp.	+		+		+			
席藻 *Phormidium* sp.			+		+			
尖头藻 *Raphidiopsis* sp.	+				+		+	
甲藻门 Pyrrophyta								
薄甲藻 *Glenodinium* sp.	+	+	+	+	+	+		
角甲藻 *Ceratium* sp.			+		+	+	+	+
金藻门 Chrysophyta								
棕鞭藻 *Ochromonas* sp.		+						
黄藻门 Xanthophyta								
黄丝藻 *Tribonema* sp.	+	+			+		+	
硅藻门 Bacillariophyta								
小环藻 *Cyclotella* sp.		+		+	+		+	
直链藻 *Melosira* sp.			+		+	+		+
等片藻 *Diatoma* sp.			+		+	+		
针杆藻 *Synedra* sp.		+		+	+		+	+
脆杆藻 *Fragilaria* sp.					+		+	

	柳树村	上大湾	石空	枣园	青铜峡坝下	永宁杨和镇	头道墩	陶乐渡口
舟形藻 *Nevicula* sp.					+			
异极藻 *Gomphonema* sp.			+					
桥弯藻 *Cymbella* sp.	+						+	
星杆藻 *Asterionella* sp.				+				+
绿藻门 Chlorophyta								
小球藻 *Chlorella* sp.				+		+		+
月牙藻 *Selenastrum* sp.								
纤维藻 *Ankistrodesmus* sp.		+	+	+	+		+	+
卵囊藻 *Oocystis* sp.								
四角藻 *Tetraedron* sp.	+							
空星藻 *Coelastrum* sp.		+			+	+		
绿梭藻 *Chlorogonium* sp.						+		
鼓藻 *Cosmarium* sp.	+	+			+			
新月藻 *Closterium* sp.					+			

2.1.9.2　浮游植物密度与生物量

2019 年 6 月黄河各监测点浮游植物密度与生物量见表 1–2–35。浮游植物密度变化范围为 $30.75×10^4~68.70×10^4$ 个/L，浮游植物生物量变化范围为 0.213~0.494 mg/L，头道墩的浮游植物密度和生物量均为最小，青铜峡坝下均为最高。

2.1.9.3　浮游植物多样性指数与优势种类

2019 年 6 月黄河各监测点浮游植物多样性指数与优势种类见表 1–2–36。多样性指数变化范围为 1.032~1.437，上大湾最小，青铜峡坝下最大。浮游植物优势种类主要为硅藻门的小环藻、针杆藻、直链藻。

表 1-2-35　2019 年 6 月各监测点浮游植物密度与生物量

	密度/(10⁴ ind.·L⁻¹)	生物量/(mg·L⁻¹)
柳树村	46.77	0.313
上大湾	43.50	0.346
石空	39.79	0.307
枣园	46.71	0.335
青铜峡坝下	68.70	0.494
永宁杨和镇	41.45	0.385
头道墩	30.75	0.213
陶乐渡口	37.36	0.292

表 1-2-36　2019 年 6 月各监测点的浮游植物种类

	多样性指数	优势种
柳树村	1.339	小环藻 *Cyclotella* sp.
上大湾	1.032	直链藻 *Melosira* sp.
石空	1.412	小环藻 *Cyclotella* sp.
枣园	1.041	针杆藻 *Synedra* sp.
青铜峡坝下	1.437	针杆藻 *Synedra* sp.
永宁杨和镇	1.133	直链藻 *Melosira* sp.
头道墩	1.247	小环藻 *Cyclotella* sp.
陶乐渡口	1.096	直链藻 *Melosira* sp.

2.1.10　2019 年 7 月各监测点浮游植物详情

2.1.10.1　浮游植物种类组成

2019 年 7 月,黄河各监测点共检出浮游植物 8 门 36 种,见表 1-2-37。各监测点的种类变化范围为 12~20 种,硅藻和绿藻出现频率较高,偶见隐藻门、裸藻门浮游植物。各监测点浮游植物种类详情见表 1-2-38。

表 1-2-37 2019 年 7 月各监测点浮游植物种类组成

	柳树村	上大湾	石空	枣园	青铜峡坝下	永宁杨和镇	头道墩	陶乐渡口
蓝藻门 Cyanophyta	4	3	3	5	4	2	4	5
隐藻门 Cryptophyta	1	1		1		1		
甲藻门 Pyrrophyta	1	1	2	1	1	1	2	2
金藻门 Chrysophyta					1	1	1	
黄藻门 Xanthophyta	1	1	1				1	1
硅藻门 Bacillariophyta	7	4	6	4	6	3	2	5
裸藻门 Euglenophyta			2	2			2	1
绿藻门 Chlorophyta	6	4	5	6	4	5	4	6
合 计	20	14	19	20	16	12	16	20

表 1-2-38 2019 年 7 月各监测点的浮游植物种类

	柳树村	上大湾	石空	枣园	青铜峡坝下	永宁杨和镇	头道墩	陶乐渡口
蓝藻门 Cyanophyta								
色球藻 *Chroocaoccus* sp.	+		+		+			+
束球藻 *Gomphosphaeria* sp.					+		+	
平列藻 *Merismpedia* sp.	+	+		+	+	+		+
席藻 *Phormidium* sp..			+	+			+	+
颤藻 *Oscillatoria* sp.		+			+	+		+
鞘丝藻 *Lyngbya* sp.								
尖头藻 *Raphidiopsis* sp.	+	+		+	+	+		
长孢藻 *Dolichospermum* sp.			+				+	
束丝藻 *Aphanizomenon* sp.	+						+	+
隐藻门 Cryptophyta								
隐藻 *Cryptomonas* sp.	+	+			+			
甲藻门 Pyrrophyta								

续表

	柳树村	上大湾	石空	枣园	青铜峡坝下	永宁杨和镇	头道墩	陶乐渡口
薄甲藻 *Glenodinium* sp.			+	+		+	+	+
角甲藻 *Ceratium* sp.	+	+	+		+		+	+
金藻门 Chrysophyta								
棕鞭藻 *Ochromonas* sp.				+	+		+	
黄藻门 Xanthophyta								
黄丝藻 *Tribonema* sp.	+	+	+				+	+
硅藻门 Bacillariophyta								
小环藻 *Cyclotella* sp.	+		+	+	+			+
直链藻 *Melosira* sp.	+	+		+	+	+	+	
等片藻 *Diatoma* sp.	+		+			+		+
针杆藻 *Synedra* sp.	+	+	+	+	+	+	+	+
脆杆藻 *Fragilaria* sp.	+			+	+			+
舟形藻 *Nevicula* sp.	+	+	+		+			
桥弯藻 *Cymbella* sp.		+	+		+			+
菱形藻 *Nitzschia* sp.	+							
星杆藻 *Asterionella* sp.			+					
裸藻门 Euglenophyta								
裸藻 *Euglena* sp.			+	+			+	+
囊裸藻 *Trachelomonas* sp.			+	+			+	
绿藻门 Chlorophyta								
小球藻 *Chlorella* sp.	+		+	+		+		
月牙藻 *Selenastrum* sp.	+		+			+		
纤维藻 *Ankistrodesmus* sp.	+	+		+	+	+		+
四角藻 *Tetraedron* sp.		+		+		+	+	
栅藻 *Scenedesmus* sp.							+	

	柳树村	上大湾	石空	枣园	青铜峡坝下	永宁杨和镇	头道墩	陶乐渡口
空星藻 *Coelastrum* sp.	+				+			+
四鞭藻 *Carteria* sp.		+					+	+
拟新月藻 *Closteriopsis* sp.					+			
绿梭藻 *Chlorogonium* sp.							+	+
鼓藻 *Cosmarium* sp.			+			+	+	+
新月藻 *Closterium* sp.	+	+	+	+				
十字藻 *Crucigenia* sp.	+		+	+	+			+

2.1.10.2　浮游植物密度与生物量

2019 年 7 月黄河各监测点浮游植物密度与生物量见表 1–2–39。浮游植物密度变化范围为 $37.15×10^4 \sim 60.54×10^4$ 个/L，陶乐渡口最小，青铜峡坝下最大。浮游植物生物量变化范围为 $0.293 \sim 0.533$ mg/L，永宁杨和镇最小，青铜峡坝下最大。

表 1–2–39　2019 年 7 月各监测点浮游植物密度与生物量

	密度/(10^4 ind.·L^{-1})	生物量/(mg·L^{-1})
柳树村	49.47	0.323
上大湾	44.57	0.347
石空	49.13	0.413
枣园	45.79	0.411
青铜峡坝下	60.54	0.533
永宁杨和镇	37.55	0.293
头道墩	38.67	0.310
陶乐渡口	37.15	0.301

2.1.10.3　浮游植物多样性指数与优势种类

2019 年 7 月黄河各监测点浮游植物多样性指数与优势种类见表 1–2–40。

多样性指数变化范围为 1.550~1.774,陶乐渡口最小,柳树村最大。浮游植物优势种类为硅藻门的针杆藻、小环藻、脆杆藻、直链藻及绿藻门的纤维藻。

表 1-2-40 2019 年 7 月各监测点的浮游植物种类

	多样性指数	优势种
柳树村	1.774	针杆藻 *Synedra* sp. 脆杆藻 *Fragilaria* sp.
上大湾	1.567	小环藻 *Cyclotella* sp. 针杆藻 *Synedra* sp.
石空	1.591	小环藻 *Cyclotella* sp. 针杆藻 *Synedra* sp.
枣园	1.647	小环藻 *Cyclotella* sp. 纤维藻 *Ankistrodesmus* sp.
青铜峡坝下	1.572	针杆藻 *Synedra* sp. 直链藻 *Melosira* sp.
永宁杨和镇	1.413	直链藻 *Melosira* sp. 针杆藻 *Synedra* sp.
头道墩	1.678	针杆藻 *Synedra* sp.
陶乐渡口	1.550	针杆藻 *Synedra* sp. 纤维藻 *Ankistrodesmus* sp.

2.1.11 2019 年 8 月各监测点浮游植物详情

2.1.11.1 浮游植物种类组成

2019 年 8 月,黄河各监测点共检出浮游植物 7 门 34 种,见表 1-2-41。各监测点的种类变化范围为 5~13 种,硅藻门和绿藻门种类出现频率较高,偶见隐藻门、裸藻门浮游植物。各监测点浮游植物种类详情见表 1-2-42。

表 1-2-41 2019 年 8 月各监测点浮游植物种类组成

	柳树村	上大湾	石空	枣园	青铜峡坝下	永宁杨和镇	头道墩	陶乐渡口
蓝藻门 Cyanophyta	2	2	1	2	1	1	2	1
隐藻门 Cryptophyta	1				1			
甲藻门 Pyrrophyta	1		1				1	
金藻门 Chrysophyta								
黄藻门 Xanthophyta	1			1		1		1
硅藻门 Bacillariophyta	4	4	3	4	1	3	4	3

续表

	柳树村	上大湾	石空	枣园	青铜峡坝下	永宁杨和镇	头道墩	陶乐渡口
裸藻门 Euglenophyta	1			1			1	
绿藻门 Chlorophyta	3	2	3	5	2	4	4	2
合　计	13	8	8	13	5	9	12	7

表 1-2-42　2019 年 8 月各监测点的浮游植物种类

	柳树村	上大湾	石空	枣园	青铜峡坝下	永宁杨和镇	头道墩	陶乐渡口
蓝藻门 Cyanophyta								
色球藻 *Chroocaoccus* sp.			+					
束球藻 *Gomphosphaeria* sp.							+	
平列藻 *Merismpedia* sp.	+							
席藻 *Phormidium* sp.		+			+	+	+	
颤藻 *Oscillatoria* sp.		+			+			
尖头藻 *Raphidiopsis* sp.	+							+
拟鱼腥藻 *Anabaenopsis* sp.					+			
隐藻门 Cryptophyta								
隐藻 *Cryptomonas* sp.	+				+			
甲藻门 Pyrrophyta								
薄甲藻 *Glenodinium* sp.			+					
角甲藻 *Ceratium* sp.	+							
黄藻门 Xanthophyta								
黄丝藻 *Tribonema* sp.					+			+
硅藻门 Bacillariophyta								
小环藻 *Cyclotella* sp.	+				+		+	
直链藻 *Melosira* sp.					+			+
等片藻 *Diatoma* sp.		+				+		+

	柳树村	上大湾	石空	枣园	青铜峡坝下	永宁杨和镇	头道墩	陶乐渡口
针杆藻 *Synedra* sp.	+	+	+		+	+		
脆杆藻 *Fragilaria* sp.							+	
舟形藻 *Nevicula* sp.	+		+			+		+
异极藻 *Gomphonema* sp.				+				
桥弯藻 *Cymbella* sp.	+	+					+	
布纹藻 *Gyrosigma* sp.			+					
菱形藻 *Nitzschia* sp.							+	
羽纹藻 *Pinnularia* sp.		+						
星杆藻 *Asterionella* sp.				+				
裸藻门 Euglenophyta								
囊裸藻 *Trachelomonas* sp.				+			+	
绿藻门 Chlorophyta								
小球藻 *Chlorella* sp.						+		
月牙藻 *Selenastrum* sp.							+	
纤维藻 *Ankistrodesmus* sp.	+		+	+		+	+	
卵囊藻 *Oocystis* sp.								
四角藻 *Tetraedron* sp.	+			+		+	+	
栅藻 *Scenedesmus* sp.			+					
空星藻 *Coelastrum* sp.			+			+		
盘星藻 *Pediastrum* sp.		+						+
鼓藻 *Cosmarium* sp.				+	+			+
新月藻 *Closterium* sp.		+		+				
十字藻 *Crucigenia* sp.	+			+	+		+	

2.1.11.2 浮游植物密度与生物量

2019 年 8 月黄河各监测点浮游植物密度与生物量见表 1-2-43。浮游植物密

度变化范围为 27.69×10⁴~65.78×10⁴ 个/L，浮游植物生物量变化范围为 0.245~
0.543 mg/L，头道墩的浮游植物密度和生物量均为最小，青铜峡坝下均为最高。

表 1-2-43　2019 年 8 月各监测点浮游植物密度与生物量

	密度/(10^4 ind.·L^{-1})	生物量/(mg·L^{-1})
柳树村	54.67	0.418
上大湾	41.56	0.313
石空	57.69	0.441
枣园	51.41	0.422
青铜峡坝下	65.78	0.541
永宁杨和镇	41.24	0.348
头道墩	27.69	0.245
陶乐渡口	30.47	0.278

2.1.11.3　浮游植物多样性指数与优势种类

2019 年 8 月黄河各监测点浮游植物多样性指数与优势种类见表 1-2-44。
多样性指数变化范围为 0.797~1.366，头道墩最大，青铜峡坝下最小。浮游植物
优势种类为硅藻门的舟形藻、桥弯藻、针杆藻等，绿藻门的纤维藻、十字藻等。

表 1-2-44　2019 年 8 月各监测点浮游植物多样性指数与优势种类

	多样性指数	优势种
柳树村	1.331	舟形藻 *Nevicula* sp.　纤维藻 *Ankistrodesmus* sp.
上大湾	1.213	桥弯藻 *Cymbella* sp.
石空	1.074	针杆藻 *Synedra* sp.　纤维藻 *Ankistrodesmus* sp.
枣园	1.441	直链藻 *Melosira* sp.　十字藻 *Crucigenia* sp.
青铜峡坝下	0.797	针杆藻 *Synedra* sp.
永宁杨和镇	1.115	直链藻 *Melosira* sp.　纤维藻 *Ankistrodesmus* sp.
头道墩	1.366	脆杆藻 *Fragilaria* sp.　十字藻 *Crucigenia* sp.
陶乐渡口	1.077	舟形藻 *Nevicula* sp.

2.1.12 2019年9月各监测点浮游植物详情

2.1.12.1 浮游植物种类组成

2019年9月,黄河各监测点共检出浮游植物6门38种,见表1-2-45。各监测点的种类变化范围为6~10种,硅藻门和绿藻门种类出现频率较高,偶见甲藻门、裸藻门种类。各监测点浮游植物种类详情见表1-2-46。

表1-2-45 2019年9月各监测点浮游植物种类组成

	柳树村	上大湾	石空	枣园	青铜峡坝下	永宁杨和镇	头道墩	陶乐渡口
蓝藻门 Cyanophyta	1	2	1	1	1	1	2	3
隐藻门 Cryptophyta								
甲藻门 Pyrrophyta	1	2		1	1	1	1	
金藻门 Chrysophyta								
黄藻门 Xanthophyta	1		1		1			1
硅藻门 Bacillariophyta	4	3	3	4	3	2	2	2
裸藻门 Euglenophyta		1						1
绿藻门 Chlorophyta	1	1	2	2	3	2	2	3
合 计	8	9	7	8	9	6	7	10

表1-2-46 2019年9月各监测点的浮游植物种类

	柳树村	上大湾	石空	枣园	青铜峡坝下	永宁杨和镇	头道墩	陶乐渡口
蓝藻门 Cyanophyta								
色球藻 *Chroocaoccus* sp.			+					
平列藻 *Merismpedia* sp.							+	+
席藻 *Phormidium* sp.	+	+						
颤藻 *Oscillatoria* sp.								+
鞘丝藻 *Lyngbya* sp.					+			
尖头藻 *Raphidiopsis* sp.					+	+	+	

	柳树村	上大湾	石空	枣园	青铜峡坝下	永宁杨和镇	头道墩	陶乐渡口
螺旋藻 *Spirulina* sp.		+						
拟鱼腥藻 *Anabaenopsis* sp.								+
甲藻门 Pyrrophyta								
薄甲藻 *Glenodinium* sp.	+	+				+		
角甲藻 *Ceratium* sp.		+		+	+		+	
黄藻门 Xanthophyta								
黄丝藻 *Tribonema* sp.			+		+			+
硅藻门 Bacillariophyta								
小环藻 *Cyclotella* sp.					+	+	+	
等片藻 *Diatoma* sp.		+		+				
针杆藻 *Synedra* sp.	+		+	+		+		
脆杆藻 *Fragilaria* sp.	+	+					+	+
舟形藻 *Nevicula* sp.			+	+				
异极藻 *Gomphonema* sp.					+			
桥弯藻 *Cymbella* sp.	+				+			
布纹藻 *Gyrosigma* sp.		+						
菱形藻 *Nitzschia* sp.								+
波缘藻 *Cymatopleura* sp.			+					
羽纹藻 *Pinnularia* sp.	+				+			
星杆藻 *Asterionella* sp.				+				
裸藻门 Euglenophyta								
裸藻 *Euglena* sp.								+
囊裸藻 *Trachelomonas* sp.		+						
绿藻门 Chlorophyta								
小球藻 *Chlorella* sp.				+				

	柳树村	上大湾	石空	枣园	青铜峡坝下	永宁杨和镇	头道墩	陶乐渡口
月牙藻 *Selenastrum* sp.					+			
纤维藻 *Ankistrodesmus* sp.			+					+
卵囊藻 *Oocystis* sp.								+
四角藻 *Tetraedron* sp.					+			
栅藻 *Scenedesmus* sp.			+					+
空星藻 *Coelastrum* sp.							+	
衣藻 *Amydomonas* sp.						+		
四鞭藻 *Carteria* sp.					+			
盘星藻 *Pediastrum* sp.					+			
绿梭藻 *Chlorogonium* sp.	+						+	
鼓藻 *Cosmarium* sp.		+						
新月藻 *Closterium* sp.							+	

2.1.12.2　浮游植物密度与生物量

2019 年 9 月黄河各监测点浮游植物密度与生物量见表 1-2-47。浮游植物

表 1-2-47　2019 年 9 月各监测点浮游植物密度与生物量

	密度/（10^4 ind.·L^{-1}）	生物量/（mg·L^{-1}）
柳树村	40.07	0.345
上大湾	37.46	0.357
石空	33.79	0.352
枣园	37.56	0.295
青铜峡坝下	58.75	0.487
永宁杨和镇	49.39	0.375
头道墩	36.41	0.313
陶乐渡口	34.17	0.338

密度变化范围为 33.79×10⁴~58.75×10⁴ 个/L,石空最小,青铜峡坝下最大。浮游植物生物量变化范围为 0.295~0.487 mg/L,枣园最小,青铜峡坝下最大。

2.1.12.3　浮游植物多样性指数与优势种类

2019 年 9 月黄河各监测点浮游植物多样性指数与优势种类见表 1-2-48。多样性指数变化范围为 0.967~1.514,永宁杨和镇最小,青铜峡坝下最大。浮游植物优势种类主要为硅藻门的针杆藻、脆杆藻、等片藻等,绿藻门的盘星藻、纤维藻。

表 1-2-48　2019 年 9 月各监测点的浮游植物种类

	多样性指数	优势种
柳树村	1.227	针杆藻 *Synedra* sp. 脆杆藻 *Fragilaria* sp.
上大湾	1.314	等片藻 *Diatoma* sp.
石空	1.069	针杆藻 *Synedra* sp.
枣园	1.263	针杆藻 *Synedra* sp. 等片藻 *Diatoma* sp.
青铜峡坝下	1.514	盘星藻 *Pediastrum* sp. 桥弯藻 *Cymbella* sp.
永宁杨和镇	0.967	针杆藻 *Synedra* sp.
头道墩	1.132	脆杆藻 *Fragilaria* sp.
陶乐渡口	1.227	脆杆藻 *Fragilaria* sp. 纤维藻 *Ankistrodesmus* sp.

2.1.13　2019 年 10 月各监测点浮游植物详情

2.1.13.1　浮游植物种类组成

2019 年 10 月,黄河各监测点共检出浮游植物 5 门 23 种,见表 1-2-49。各监测点的种类变化范围为 6~10 种,硅藻门、绿藻门种类出现频率较高,偶见甲藻门、金藻门种类。各监测点浮游植物种类详情见表 1-2-50。

2.1.13.2　浮游植物密度与生物量

2019 年 10 月黄河各监测点浮游植物密度与生物量见表 1-2-51。浮游植物密度变化范围为 20.70×10⁴~47.56×10⁴ 个/L,头道墩最小,青铜峡坝下最大。浮游植物生物量变化范围为 0.215~0.399 mg/L,石空最小,青铜峡坝下最大。

表 1-2-49　2019 年 10 月各监测点浮游植物种类组成

	柳树村	上大湾	石空	枣园	青铜峡坝下	永宁杨和镇	头道墩	陶乐渡口
蓝藻门 Cyanophyta		1	1		1			1
隐藻门 Cryptophyta								
甲藻门 Pyrrophyta		1				1	2	1
金藻门 Chrysophyta								
黄藻门 Xanthophyta	1			1				
硅藻门 Bacillariophyta	5	5	4	5	4	4	5	4
裸藻门 Euglenophyta								
绿藻门 Chlorophyta	2	2	3	4	1	2	2	4
合　计	8	9	8	10	6	7	9	10

表 1-2-50　2019 年 10 月各监测点的浮游植物种类

	柳树村	上大湾	石空	枣园	青铜峡坝下	永宁杨和镇	头道墩	陶乐渡口
蓝藻门 Cyanophyta								
平列藻 Merismpedia sp.					+			
席藻 Phormidium sp.		+						
颤藻 Oscillatoria sp.								+
尖头藻 Raphidiopsis sp.			+					
甲藻门 Pyrrophyta								
薄甲藻 Glenodinium sp.		+					+	
角甲藻 Ceratium sp.						+	+	+
黄藻门 Xanthophyta								
黄丝藻 Tribonema sp.	+				+			
硅藻门 Bacillariophyta								
小环藻 Cyclotella sp.	+	+	+	+			+	
直链藻 Melosira sp.	+	+			+	+	+	+

	柳树村	上大湾	石空	枣园	青铜峡坝下	永宁杨和镇	头道墩	陶乐渡口
等片藻 Diatoma sp.	+	+	+	+		+	+	+
针杆藻 Synedra sp.	+	+		+	+	+		+
脆杆藻 Fragilaria sp.		+	+	+		+		
舟形藻 Nevicula sp.					+	+		+
异极藻 Gomphonema sp.				+				
桥弯藻 Cymbella sp.	+						+	
羽纹藻 Pinnularia sp.					+			+
绿藻门 Chlorophyta								
纤维藻 Ankistrodesmus sp.	+			+		+		+
栅藻 Scenedesmus sp.				+		+		+
空星藻 Coelastrum sp.				+				+
四鞭藻 Carteria sp.							+	
拟新月藻 Closteriopsis sp.				+				
绿梭藻 Chlorogonium sp.								
鼓藻 Cosmarium sp.		+	+	+				+
新月藻 Closterium sp.		+		+	+			
十字藻 Crucigenia sp.	+						+	

表 1-2-51　2019 年 10 月各监测点浮游植物密度与生物量

	密度/(10^4 ind.·L^{-1})	生物量/(mg·L^{-1})
柳树村	29.81	0.241
上大湾	30.41	0.285
石空	24.43	0.215
枣园	31.07	0.274
青铜峡坝下	47.56	0.399

	密度/(10^4 ind.·L^{-1})	生物量/(mg·L^{-1})
永宁杨和镇	30.48	0.265
头道墩	20.70	0.221
陶乐渡口	31.33	0.315

2.1.13.3 浮游植物多样性指数与优势种类

2019 年 10 月黄河各监测点浮游植物多样性指数与优势种类见表 1-2-52。多样性指数变化范围为 0.864~1.231，永宁杨和镇最低，柳树村最高。浮游植物优势种类为硅藻门的针杆藻、小环藻、直链藻等，绿藻门的鼓藻。

表 1-2-52　2019 年 10 月各监测点的浮游植物种类

	多样性指数	优势种
柳树村	1.231	小环藻 *Cyclotella* sp. 针杆藻 *Synedra* sp.
上大湾	0.994	针杆藻 *Synedra* sp. 直链藻 *Melosira* sp.
石空	1.027	小环藻 *Cyclotella* sp. 等片藻 *Diatoma* sp.
枣园	1.204	小环藻 *Cyclotella* sp. 鼓藻 *Cosmarium* sp.
青铜峡坝下	0.937	直链藻 *Melosira* sp.
永宁杨和镇	0.864	等片藻 *Diatoma* sp.
头道墩	0.967	小环藻 *Cyclotella* sp. 等片藻 *Diatoma* sp.
陶乐渡口	1.141	直链藻 *Melosira* sp. 等片藻 *Diatoma* sp.

2.1.14　2019 年 11 月各监测点浮游植物详情

2.1.14.1　浮游植物种类组成

2019 年 11 月，黄河各监测点共检出浮游植物 4 门 12 种，见表 1-2-53。各监测点的种类变化范围为 3~8 种，硅藻门、甲藻门种类出现频率较高，偶见蓝藻门、金藻门种类。各监测点浮游植物种类详情见表 1-2-54。

表 1-2-53　2019 年 11 月各监测点浮游植物种类组成

	柳树村	上大湾	石空	枣园	青铜峡坝下	永宁杨和镇	头道墩	陶乐渡口
蓝藻门 Cyanophyta							1	
隐藻门 Cryptophyta								
甲藻门 Pyrrophyta	1	1	1		2	1	1	1
金藻门 Chrysophyta								
黄藻门 Xanthophyta	1					1		
硅藻门 Bacillariophyta	6	4	5	3	6	3	2	4
裸藻门 Euglenophyta								
绿藻门 Chlorophyta								
合　计	8	5	6	3	8	5	3	6

表 1-2-54　2019 年 11 月各监测点的浮游植物种类

	柳树村	上大湾	石空	枣园	青铜峡坝下	永宁杨和镇	头道墩	陶乐渡口
蓝藻门 Cyanophyta								
尖头藻 *Raphidiopsis* sp.							+	
甲藻门 Pyrrophyta								
薄甲藻 *Glenodinium* sp.	+	+	+		+	+	+	+
角甲藻 *Ceratium* sp.					+			
黄藻门 Xanthophyta								
黄丝藻 *Tribonema* sp.	+					+		
硅藻门 Bacillariophyta								
小环藻 *Cyclotella* sp.	+	+	+	+	+	+	+	+
直链藻 *Melosira* sp.	+	+	+	+	+			
等片藻 *Diatoma* sp.	+	+	+	+	+	+		+
针杆藻 *Synedra* sp.	+	+			+	+	+	
脆杆藻 *Fragilaria* sp.								

	柳树村	上大湾	石空	枣园	青铜峡坝下	永宁杨和镇	头道墩	陶乐渡口
舟形藻 *Nevicula* sp.	+		+		+			+
异极藻 *Gomphonema* sp.					+			
桥弯藻 *Cymbella* sp.	+							
布纹藻 *Gyrosigma* sp.								+
菱形藻 *Nitzschia* sp.			+					

2.1.14.2 浮游植物密度与生物量

2019 年 11 月黄河各监测点浮游植物密度与生物量见表 1-2-55。浮游植物密度变化范围为 $11.34×10^4$~$27.33×10^4$ 个/L,柳树村最小,青铜峡坝下最高。浮游植物生物量变化范围为 0.097~0.242 mg/L,头道墩最小,青铜峡坝下最高。

表 1-2-55　2019 年 11 月各监测点浮游植物密度与生物量

	密度/(10^4 ind.·L^{-1})	生物量/(mg·L^{-1})
柳树村	11.34	0.114
上大湾	14.56	0.107
石空	14.31	0.113
枣园	18.71	0.101
青铜峡坝下	27.33	0.242
永宁杨和镇	14.66	0.133
头道墩	15.77	0.097
陶乐渡口	11.56	0.113

2.1.14.3 浮游植物多样性指数与优势种类

2019 年 11 月黄河各监测点浮游植物多样性指数与优势种类见表 1-2-56。多样性指数变化范围为 0.513~1.143,头道墩最小,青铜峡坝下最高。浮游植物优势种类为硅藻门的小环藻、直链藻等。

表 1-2-56　2019 年 11 月各监测点的浮游植物种类

	多样性指数	优势种
柳树村	1.014	小环藻 *Cyclotella* sp.
上大湾	0.831	小环藻 *Cyclotella* sp.
石空	0.914	等片藻 *Diatoma* sp.
枣园	0.624	小环藻 *Cyclotella* sp.
青铜峡坝下	1.143	针杆藻 *Synedra* sp.
永宁杨和镇	0.881	小环藻 *Cyclotella* sp.
头道墩	0.513	等片藻 *Diatoma* sp.
陶乐渡口	0.994	直链藻 *Melosira* sp.

2.1.15　2019 年 12 月各监测点浮游植物详情

2.1.15.1　浮游植物种类组成

2019 年 12 月,黄河各监测点共检出浮游植物 1 门 9 种,见表 1-2-57。各监测点的种类变化范围为 3~5 种,且均为硅藻门种类。各监测点浮游植物种类详情见表 1-2-58。

表 1-2-57　2019 年 12 月各监测点浮游植物种类组成

	柳树村	上大湾	石空	枣园	青铜峡坝下	永宁杨和镇	头道墩	陶乐渡口
蓝藻门 Cyanophyta								
隐藻门 Cryptophyta								
甲藻门 Pyrrophyta								
金藻门 Chrysophyta								
黄藻门 Xanthophyta								
硅藻门 Bacillariophyta	3	3	4	4	5	3	2	4
裸藻门 Euglenophyta								
绿藻门 Chlorophyta								
合　计	3	3	4	4	5	3	2	4

表 1-2-58 2019 年 12 月各监测点的浮游植物种类

	柳树村	上大湾	石空	枣园	青铜峡坝下	永宁杨和镇	头道墩	陶乐渡口
硅藻门 Bacillariophyta								
小环藻 Cyclotella sp.	+		+	+	+		+	
直链藻 Melosira sp.		+	+		+	+		+
等片藻 Diatoma sp.	+		+	+	+	+		
针杆藻 Synedra sp.	+	+	+		+		+	+
脆杆藻 Fragilaria sp.				+	+			+
舟形藻 Nevicula sp.								+
异极藻 Gomphonema sp.					+			
桥弯藻 Cymbella sp.		+						

2.1.15.2 浮游植物密度与生物量

2019 年 12 月黄河各监测点浮游植物密度与生物量见表 1-2-59。浮游植物密度变化范围为 $10.57 \times 10^4 \sim 25.78 \times 10^4$ 个/L，柳树村最小，青铜峡坝下最大。浮游植物生物量变化范围为 0.046~0.223 mg/L，枣园最小，青铜峡坝下最大。

表 1-2-59 2019 年 12 月各监测点浮游植物密度与生物量

	密度/(10^4 ind.·L^{-1})	生物量/(mg·L^{-1})
柳树村	10.57	0.079
上大湾	12.31	0.088
石空	15.71	0.076
枣园	17.37	0.046
青铜峡坝下	25.78	0.223
永宁杨和镇	17.39	0.081
头道墩	11.33	0.077
陶乐渡口	12.54	0.075

2.1.15.3　浮游植物多样性指数与优势种类

2019 年 12 月黄河各监测点浮游植物多样性指数与优势种类见表 1-2-60。多样性指数变化范围为 0.151~0.612，头道墩最小，青铜峡坝下最大。浮游植物优势种类为硅藻门的直链藻、小环藻、等片藻。

表 1-2-60　2019 年 12 月各监测点的浮游植物种类

	多样性指数	优势种
柳树村	0.503	等片藻 *Diatoma* sp.
上大湾	0.414	直链藻 *Melosira* sp.
石空	0.551	直链藻 *Melosira* sp.
枣园	0.493	小环藻 *Cyclotella* sp.
青铜峡坝下	0.612	小环藻 *Cyclotella* sp.
永宁杨和镇	0.401	直链藻 *Melosira* sp.
头道墩	0.151	小环藻 *Cyclotella* sp.
陶乐渡口	0.447	直链藻 *Melosira* sp.

2.1.16　2020 年 1 月各监测点浮游植物详情

2.1.16.1　浮游植物种类组成

2020 年 1 月，黄河各监测点共检出浮游植物 2 门 8 种，见表 1-2-61。各监测点的种类变化范围为 2~6 种，硅藻门种类较多，偶见甲藻门。各监测点浮游植物种类详情见表 1-2-62。

表 1-2-61　2020 年 1 月各监测点浮游植物种类组成

	柳树村	上大湾	石空	枣园	青铜峡坝下	永宁杨和镇	头道墩	陶乐渡口
蓝藻门 Cyanophyta								
隐藻门 Cryptophyta								
甲藻门 Pyrrophyta					1		1	
金藻门 Chrysophyta								

	柳树村	上大湾	石空	枣园	青铜峡坝下	永宁杨和镇	头道墩	陶乐渡口
黄藻门 Xanthophyta								
硅藻门 Bacillariophyta	4	3	5	5	5	2	2	3
裸藻门 Euglenophyta								
绿藻门 Chlorophyta								
合　计	4	3	5	5	6	2	3	3

表 1-2-62　2020 年 1 月各监测点的浮游植物种类

	柳树村	上大湾	石空	枣园	青铜峡坝下	永宁杨和镇	头道墩	陶乐渡口
甲藻门 Pyrrophyta								
薄甲藻 *Glenodinium* sp.					+		+	
硅藻门 Bacillariophyta								
小环藻 *Cyclotella* sp.		+	+	+	+		+	+
直链藻 *Melosira* sp.	+		+	+		+		+
等片藻 *Diatoma* sp.	+	+	+		+	+	+	+
针杆藻 *Synedra* sp.	+	+	+	+	+			
脆杆藻 *Fragilaria* sp.	+				+			
舟形藻 *Nevicula* sp.			+	+	+			
桥弯藻 *Cymbella* sp.					+			

2.1.16.2　浮游植物密度与生物量

2020 年 1 月黄河各监测点浮游植物密度与生物量见表 1-2-63。浮游植物密度变化范围为 $9.58 \times 10^4 \sim 21.88 \times 10^4$ 个/L,陶乐渡口最小,青铜峡坝下最大。浮游植物生物量变化范围为 0.052~0.231 mg/L,枣园最小,青铜峡坝下最大。

2.1.16.3　浮游植物多样性指数与优势种类

2020 年 1 月黄河各监测点浮游植物多样性指数与优势种类见表 1-2-64。

表 1-2-63　2020 年 1 月各监测点浮游植物密度与生物量

	密度/(10^4 ind.·L^{-1})	生物量/(mg·L^{-1})
柳树村	12.51	0.067
上大湾	11.53	0.073
石空	13.75	0.068
枣园	11.25	0.052
青铜峡坝下	21.88	0.231
永宁杨和镇	11.28	0.065
头道墩	13.41	0.074
陶乐渡口	9.58	0.064

多样性指数变化范围为 0.267~0.795，头道墩最小，青铜峡坝下最大。浮游植物优势种类为硅藻门的直链藻、小环藻、等片藻。

表 1-2-64　2020 年 1 月各监测点的浮游植物种类

	多样性指数	优势种
柳树村	0.713	直链藻 *Melosira* sp.
上大湾	0.461	等片藻 *Diatoma* sp.
石空	0.427	等片藻 *Diatoma* sp.
枣园	0.623	直链藻 *Melosira* sp.
青铜峡坝下	0.795	小环藻 *Cyclotella* sp.
永宁杨和镇	0.330	等片藻 *Diatoma* sp.
头道墩	0.267	小环藻 *Cyclotella* sp.
陶乐渡口	0.411	直链藻 *Melosira* sp.

2.1.17　2020 年 2 月各监测点浮游植物详情

2.1.17.1　浮游植物种类组成

2020 年 2 月，黄河各监测点共检出浮游植物 2 门 7 种，见表 1-2-65。各监测点的种类变化范围为 2~5 种，硅藻门种类较多，偶见甲藻门。各监测点浮游植物种类详情见表1-2-66。

表 1-2-65   2020 年 2 月各监测点浮游植物种类组成

	柳树村	上大湾	石空	枣园	青铜峡坝下	永宁杨和镇	头道墩	陶乐渡口
蓝藻门 Cyanophyta								
隐藻门 Cryptophyta								
甲藻门 Pyrrophyta					1			
金藻门 Chrysophyta								
黄藻门 Xanthophyta								
硅藻门 Bacillariophyta	3	2	4	3	4	2	3	3
裸藻门 Euglenophyta								
绿藻门 Chlorophyta								
合　计	3	2	4	3	5	2	3	3

表 1-2-66   2020 年 2 月各监测点的浮游植物种类

	柳树村	上大湾	石空	枣园	青铜峡坝下	永宁杨和镇	头道墩	陶乐渡口
甲藻门 Pyrrophyta								
薄甲藻 Glenodinium sp.					+			
硅藻门 Bacillariophyta								
小环藻 Cyclotella sp.	+		+	+	+		+	+
直链藻 Melosira sp.	+		+	+		+		
针杆藻 Synedra sp.		+	+		+		+	
脆杆藻 Fragilaria sp.	+	+				+	+	+
桥弯藻 Cymbella sp.					+			
布纹藻 Gyrosigma sp.			+	+	+			+

2.1.17.2　浮游植物密度与生物量

2020 年 2 月黄河各监测点浮游植物密度与生物量见表 1-2-67。浮游植物密度变化范围为 11.07×10⁴~24.33×10⁴ 个/L,陶乐渡口最小,青铜峡坝下最大。浮游植物生物量变化范围为 0.095~0.320 mg/L,永宁杨和镇最小,青铜峡坝下最大。

表1-2-67　2020 年 2 月各监测点浮游植物密度与生物量

	密度/(10^4 ind.·L^{-1})	生物量/(mg·L^{-1})
柳树村	14.36	0.097
上大湾	13.14	0.105
石空	11.37	0.138
枣园	12.56	0.146
青铜峡坝下	24.33	0.320
永宁杨和镇	13.44	0.095
头道墩	12.74	0.106
陶乐渡口	11.07	0.123

2.1.17.3　浮游植物多样性指数与优势种类

2020 年 2 月黄河各监测点浮游植物多样性指数与优势种类见表 1-2-68。多样性指数变化范围为 0.402~0.648,永宁杨和镇最小,青铜峡坝下最大。浮游

表 1-2-68　2020 年 2 月各监测点的浮游植物种类

	多样性指数	优势种
柳树村	0.445	小环藻 *Cyclotella* sp.
上大湾	0.329	针杆藻 *Synedra* sp.
石空	0.546	直链藻 *Melosira* sp.
枣园	0.525	直链藻 *Melosira* sp.
青铜峡坝下	0.648	针杆藻 *Synedra* sp.
永宁杨和镇	0.402	脆杆藻 *Fragilaria* sp.
头道墩	0.441	小环藻 *Cyclotella* sp.
陶乐渡口	0.415	脆杆藻 *Fragilaria* sp.

植物优势种类为硅藻门的小环藻、直链藻、针杆藻。

2.1.18 浮游植物的群落结构及数量变化

2018 年 6 月—2018 年 10 月,2019 年 3 月至 2019 年 12 月,2020 年 1—2 月,在黄河宁夏段布设的 8 个点位采集浮游植物样品 17 次。经镜检鉴定,共发现 8 门 47 种浮游植物,其中蓝藻门 12 种、隐藻门 1 种、甲藻门 2 种、金藻门 1 种、黄藻门 1 种、硅藻门 13 种、裸藻门 2 种、绿藻门 15 种。

统计分析了黄河宁夏段浮游植物的密度、生物量及多样性指数,结果如下:

除 2018 年 9 月青铜峡坝下和永宁杨和镇未镜检到浮游植物外,黄河宁夏段各监测点浮游植物密度范围为 $9.58 \times 10^4 \sim 68.70 \times 10^4$ 个/L,生物量范围为 $0.064 \sim 0.571$ mg/L。浮游植物密度和生物量的峰值出现在 2019 年 6 月青铜峡坝下监测点,在 2018 年 9 月出现谷值,见图 1-2-1、图 1-2-2。各监测点浮游植物的平均密度范围为 $24.65 \times 10^4 \sim 41.87 \times 10^4$ 个/L,平均生物量范围为 $0.213 \sim 0.356$ mg/L,其中青铜峡坝下浮游植物平均密度和平均生物量最高,头道墩最低。

黄河各监测点浮游植物的多样性指数范围为 $0.151 \sim 1.647$,见图 1-2-3。各监测点浮游植物的平均多样性指数为 $0.798 \sim 1.051$,其中柳树村的平均多样性指数最大,永宁杨和镇最小。总体来看,在黄河各监测点中硅藻门种类占有较大的优势,具有代表性的优势种为小环藻、等片藻、直链藻、针杆藻。

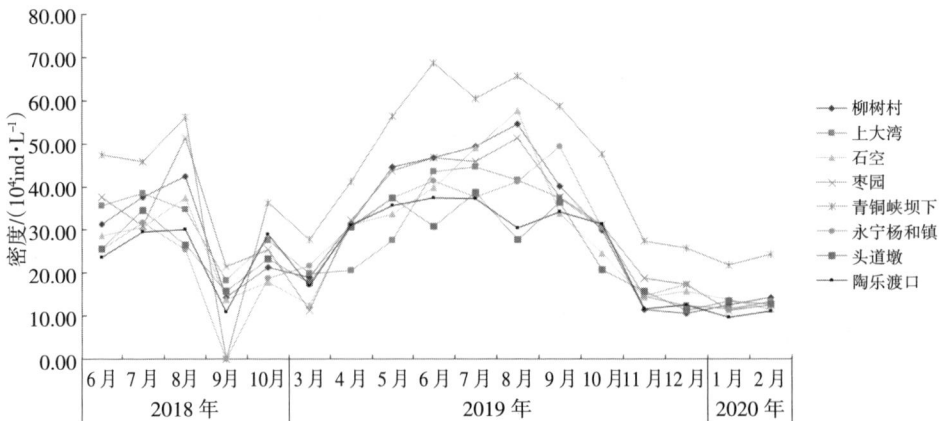

图 1-2-1 各监测点浮游植物密度变化曲线

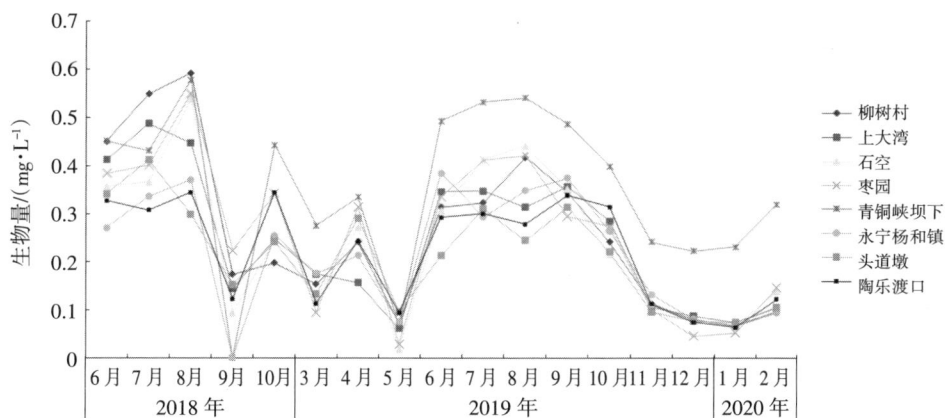

图 1-2-2 各监测点浮游植物生物量变化曲线

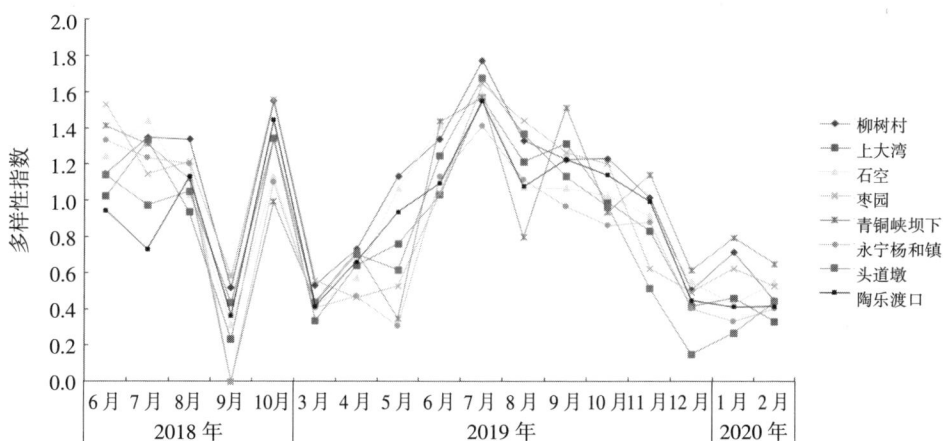

图 1-2-3 各监测点浮游植物多样性指数变化曲线

2.2 浮游动物

2.2.1 2018年6月各监测点浮游动物详情

2.2.1.1 浮游动物种类组成

2018 年 6 月,黄河各监测点共检出浮游动物 4 类 11 种,主要由轮虫和桡足类组成,偶见枝角类。各监测点浮游动物种类组成情况见表 1-2-69,各监测点具体检出种类见表 1-2-70。

2.2.1.2 浮游动物密度与生物量

2018 年 6 月,黄河各监测点的浮游动物密度变化范围为 75~255 个/L,上

表 1-2-69　2018 年 6 月各监测点浮游动物种类组成

	柳树村	上大湾	石空	枣园	青铜峡坝下	永宁杨和镇	头道墩	陶乐渡口
原生动物 Protozoa	1	1	1	1		1	1	1
轮虫 Rotifera	1		3	2	2	3		
枝角类 Cladocera						1	1	2
桡足类 Copepoda	1	1		2	2	1	2	1
合　计	3	2	4	5	4	5	4	4

表 1-2-70　2018 年 6 月各监测点浮游动物检出种类

	柳树村	上大湾	石空	枣园	青铜峡坝下	永宁杨和镇	头道墩	陶乐渡口
原生动物 Protozoa								
砂壳虫 *Difflugia* sp.	+	+	+	+		+	+	+
轮虫 Rotifera								
臂尾轮科 Brachionidae								
角突臂尾轮虫 *Brachionus angularis*			+	+	+	+		
萼花臂尾轮虫 *B.calyciflorus*						+		
壶状臂尾轮虫 *B.urceus*				+				
矩形臂尾轮虫 *B.leydigi*	+		+		+			
晶囊轮科 Asplanchnidae								
晶囊轮虫 *Asplanchna* sp.						+		
鼠轮科 Trichocercidae								
异尾轮虫 *Trichocera* sp.			+					+
疣毛轮科 Synchaetidae								
多肢轮虫 *Polyarthra* sp.								+
枝角类 Cladocera								
尖额溞 *Alona* sp.						+	+	
桡足类 Copepoda								

	柳树村	上大湾	石空	枣园	青铜峡坝下	永宁杨和镇	头道墩	陶乐渡口
剑水蚤科 Cyclopidae								
剑水蚤 Cyclops sp.		+		+	+		+	
无节幼体 Nauplius	+			+	+	+		+	+

大湾最小,永宁杨和镇最大。浮游动物生物量变化范围为 0.110~1.342 mg/L,石空最小,永宁杨和镇最大。各监测点浮游动物的密度与生物量详情见表 1-2-71。

表 1-2-71 2018 年 6 月各监测点浮游动物密度与生物量

	密度/(ind.·L^{-1})	生物量/(mg·L^{-1})
柳树村	195	0.473
上大湾	75	0.227
石空	150	0.110
枣园	165	0.262
青铜峡坝下	145	0.702
永宁杨和镇	255	1.342
头道墩	150	0.401
陶乐渡口	225	1.282

2.2.1.3 浮游动物多样性指数与优势种类

2018 年 6 月,黄河各监测点的浮游动物 Shannon-Wiener 多样性指数变化范围为 0.500~1.233,上大湾最小,青铜峡坝下最大。浮游动物以无节幼体为主要优势种类。各监测点浮游动物多样性指数与优势种类详情见表 1-2-72。

2.2.2 2018 年 7 月各监测点浮游动物详情

2.2.2.1 浮游动物种类组成

2018 年 7 月,黄河各监测点共检出浮游动物 4 类 11 种,主要由轮虫和桡足类组成,偶见枝角类。各监测点浮游动物种类组成情况见表 1-2-73,各监测

表 1-2-72　2018 年 6 月各监测点浮游动物多样性指数与优势种类

	多样性指数	优势种
柳树村	0.770	无节幼体 Nauplius
上大湾	0.500	砂壳虫 Difflugia sp.
石空	1.112	角突臂尾轮虫 Brachionus angularis
枣园	0.859	角突臂尾轮虫 Brachionus angularis
青铜峡坝下	1.233	无节幼体 Nauplius
永宁杨和镇	1.187	角突臂尾轮虫 Brachionus angularis
头道墩	0.806	无节幼体 Nauplius
陶乐渡口	1.084	无节幼体 Nauplius

点具体检出种类见表 1-2-74。

表 1-2-73　2018 年 7 月各监测点浮游动物种类组成

	柳树村	上大湾	石空	枣园	青铜峡坝下	永宁杨和镇	头道墩	陶乐渡口
原生动物 Protozoa		1		1			1	1
轮虫 Rotifera	2	2	1	2		3	2	2
枝角类 Cladocera						1	2	
桡足类 Copepoda	1		1		1			1
合　计	3	3	2	3	1	4	5	4

表 1-2-74　2018 年 7 月各监测点浮游动物检出种类

	柳树村	上大湾	石空	枣园	青铜峡坝下	永宁杨和镇	头道墩	陶乐渡口
原生动物 Protozoa								
砂壳虫 Difflugia sp.		+		+			+	+
轮虫 Rotifera								
臂尾轮科 Brachionidae								
角突臂尾轮虫 Brachionus angularis	+							+

	柳树村	上大湾	石空	枣园	青铜峡坝下	永宁杨和镇	头道墩	陶乐渡口
萼花臂尾轮虫 B.calyciflorus					+		+	+	
壶状臂尾轮虫 B.urceus		+						+
矩形臂尾轮虫 B.leydigi		+		+			+	
晶囊轮科 Asplanchnidae								
晶囊轮虫 Asplanchna sp.						+		
鼠轮科 Trichocercidae								
异尾轮虫 Trichocera sp.	+					+		
疣毛轮科 Synchaetidae								
多肢轮虫 Polyarthra sp.			+					
枝角类 Cladocera								
溞科 Daphniidae								
大型溞 Daphnia magna							+	
盘肠溞科 Chydoridae								
尖额溞 Alona sp.							+	
桡足类 Copepoda								
无节幼体 Nauplius	+			+		+	+	+

2.2.2.2　浮游动物密度与生物量

2018 年 7 月,黄河各监测点的浮游动物密度变化范围为 30~315 个/L,永宁杨和镇最大,青铜峡坝下最小。浮游动物生物量变化范围为 0.090~2.160 mg/L,青铜峡坝下最小,永宁杨和镇最大。各监测点浮游动物的密度与生物量详情见表 1-2-75。

2.2.2.3　浮游动物多样性指数与优势种类

2018 年 7 月,黄河各监测点的浮游动物 Shannon-Wiener 多样性指数变化范围为 0~1.319,青铜峡坝下最小,永宁杨和镇最高。浮游动物以无节幼体、矩

表 1-2-75 2018 年 7 月各监测点浮游动物密度与生物量

	密度/(ind.·L⁻¹)	生物量/(mg·L⁻¹)
柳树村	150	0.313
上大湾	90	0.108
石空	195	0.464
枣园	270	0.713
青铜峡坝下	30	0.090
永宁杨和镇	315	2.160
头道墩	225	1.411
陶乐渡口	255	0.485

形臂尾轮虫为主要优势种类。各监测点浮游动物的多样性指数和优势种类详情见表 1-2-76。

表 1-2-76 2018 年 7 月各监测点浮游动物多样性指数与优势种类

	多样性指数	优势种
柳树村	0.950	无节幼体 Nauplius
上大湾	0.684	矩形臂尾轮虫 B.leydigi
石空	0.540	无节幼体 Nauplius
枣园	0.887	矩形臂尾轮虫 B.leydigi
青铜峡坝下	0	无
永宁杨和镇	1.319	萼花臂尾轮虫 B.calyciflorus
头道墩	0.783	矩形臂尾轮虫 B.leydigi
陶乐渡口	1.084	无节幼体 Nauplius

2.2.3 2018 年 8 月各监测点浮游动物详情

2.2.3.1 浮游动物种类组成

2018 年 8 月,黄河各监测点共检出浮游动物 4 类 12 种,主要由轮虫和桡足类组成,偶见枝角类。各监测点浮游动物种类组成情况见表 1-2-77,各监测点具体检出种类见表 1-2-78。

表 1-2-77　2018 年 8 月各监测点浮游动物种类组成

	柳树村	上大湾	石空	枣园	青铜峡坝下	永宁杨和镇	头道墩	陶乐渡口
原生动物 Protozoa	1	1				1		1
轮虫 Rotifera	2	2	1	3	1	2	2	2
枝角类 Cladocera				1			1	
桡足类 Copepoda	1	1	2	1	1			1
合　计	4	4	3	5	2	3	3	4

表 1-2-78　2018 年 8 月各监测点浮游动物检出种类

	柳树村	上大湾	石空	枣园	青铜峡坝下	永宁杨和镇	头道墩	陶乐渡口
原生动物 Protozoa								
砂壳虫 *Difflugia* sp.	+	+				+		+
轮虫 Rotifera								
臂尾轮科 Brachionidae								
角突臂尾轮虫 *Brachionus angularis*	+	+		+		+	+	+
萼花臂尾轮虫 *B.calyciflorus*		+				+		
壶状臂尾轮虫 *B.urceus*	+			+				
矩形臂尾轮虫 *B.leydigi*								+
晶囊轮科 Asplanchnidae								
晶囊轮虫 *Asplanchna* sp.							+	
鼠轮科 Trichocercidae								
异尾轮虫 *Trichocera* sp.			+	+				
疣毛轮科 Synchaetidae								
多肢轮虫 *Polyarthra* sp.					+			
枝角类 Cladocera								

	柳树村	上大湾	石空	枣园	青铜峡坝下	永宁杨和镇	头道墩	陶乐渡口
溞科 Daphniidae								
低额溞 Simocephalus sp.							+	
盘肠溞科 Chydoridae								
尖额溞 Alona sp.					+			
桡足类 Copepoda								
剑水蚤科 Cyclopidae								
剑水蚤 Cyclops sp.		+	+					
无节幼体 Nauplius	+			+	+	+		+

2.2.3.2 浮游动物密度与生物量

2018 年 8 月,黄河各监测点的浮游动物密度变化范围为 90~150 个/L,头道墩最小,石空最大。浮游动物生物量变化范围为 0.218~0.804 mg/L,永宁杨和镇最小,头道墩最大。各监测点浮游动物的密度与生物量详情见表 1-2-79。

表 1-2-79　2018 年 8 月各监测点浮游动物密度与生物量

	密度/(ind.·L^{-1})	生物量/(mg·L^{-1})
柳树村	135	0.252
上大湾	113	0.617
石空	150	0.318
枣园	135	0.319
青铜峡坝下	120	0.279
永宁杨和镇	113	0.218
头道墩	90	0.804
陶乐渡口	128	0.260

2.2.3.3　浮游动物多样性指数与优势种类

2018 年 8 月，黄河各监测点的浮游动物 Shannon-Wiener 多样性指数变化范围为 0.426~1.303，头道墩最小，枣园最大。浮游动物以无节幼体、角突臂尾轮虫为主要优势种类。各监测点浮游动物的多样性指数和优势种类详情见表 1-2-80。

表 1-2-80　2018 年 8 月各监测点浮游动物多样性指数与优势种类

	多样性指数	优势种
柳树村	1.166	无节幼体 Nauplius
上大湾	1.082	角突臂尾轮虫 Brachionus angularis
石空	0.811	无节幼体 Nauplius
枣园	1.303	无节幼体 Nauplius
青铜峡坝下	0.562	无节幼体 Nauplius
永宁杨和镇	0.847	角突臂尾轮虫 Brachionus angularis
头道墩	0.426	角突臂尾轮虫 Brachionus angularis
陶乐渡口	1.094	无节幼体 Nauplius

2.2.4　2018 年 9 月各监测点浮游动物详情

2.2.4.1　浮游动物种类组成

2018 年 9 月，黄河各监测点共检出浮游动物 3 类 6 种，主要由轮虫和桡足类组成。各监测点浮游动物种类组成情况见表 1-2-81。各监测点具体检出种类见表 1-2-82。

2.2.4.2　浮游动物密度与生物量

2018 年 9 月，黄河各监测点的浮游动物密度变化范围为 20~90 个/L，柳树村最小，石空最大。浮游动物生物量变化范围为 0.001~0.876 mg/L，柳树村最小，枣园最大。各监测点浮游动物的密度与生物量详情见表 1-2-83。

表 1-2-81　2018 年 9 月各监测点浮游动物种类组成

	柳树村	上大湾	石空	枣园	青铜峡坝下	永宁杨和镇	头道墩	陶乐渡口
原生动物 Protozoa	1	1	1		1		1	
轮虫 Rotifera		1		2		1	2	2
枝角类 Cladocera								
桡足类 Copepoda		1					1	1
合　计	1	3	2	2	1	2	3	3

表 1-2-82　2018 年 9 月各监测点浮游动物检出种类

	柳树村	上大湾	石空	枣园	青铜峡坝下	永宁杨和镇	头道墩	陶乐渡口
原生动物 Protozoa								
砂壳虫 *Difflugia* sp.	+	+	+	+			+	
轮虫 Rotifera								
臂尾轮科 Brachionidae								
角突臂尾轮虫 *Brachionus angularis*						+	+	
萼花臂尾轮虫 *B.calyciflorus*					+			+
壶状臂尾轮虫 *B.urceus*		+						
矩形臂尾轮虫 *B.leydigi*							+	+
晶囊轮科 Asplanchnidae								
晶囊轮虫 *Asplanchna* sp.								
桡足类 Copepoda								
无节幼体 Nauplius		+	+		+	+		+

2.2.4.3　浮游动物多样性指数与优势种类

2018 年 9 月,黄河各监测点的浮游动物 Shannon-Wiener 多样性指数变化范围为 0~0.956,柳树村和青铜峡坝下最小,上大湾最大。浮游动物以无节幼体为主要优势种类。各监测点浮游动物的多样性指数和优势种类详情见表 1-2-84。

表 1-2-83　2018 年 9 月各监测点浮游动物密度与生物量

	密度/(ind.·L⁻¹)	生物量/(mg·L⁻¹)
柳树村	20	0.001
上大湾	45	0.070
石空	90	0.181
枣园	60	0.876
青铜峡坝下	30	0.090
永宁杨和镇	30	0.035
头道墩	60	0.134
陶乐渡口	45	0.279

表 1-2-84　2018 年 9 月各监测点浮游动物多样性指数与优势种类

	多样性指数	优势种
柳树村	0	无
上大湾	0.956	无节幼体 Nauplius
石空	0.637	无节幼体 Nauplius
枣园	0.679	萼花臂尾轮虫 B.calyciflorus
青铜峡坝下	0	无
永宁杨和镇	0.637	无节幼体 Nauplius
头道墩	0.886	角突臂尾轮虫 Brachionus angularis
陶乐渡口	0.868	无节幼体 Nauplius

2.2.5　2018 年 10 月各监测点浮游动物详情

2.2.5.1　浮游动物种类组成

2018 年 10 月,黄河各监测点共检出浮游动物 4 类 11 种,主要由轮虫和桡足类组成,偶见枝角类。各监测点浮游动物种类组成情况见表 1-2-85。各监测点具体检出种类见表 1-2-86。

表 1-2-85　2018 年 10 月各监测点浮游动物种类组成

	柳树村	上大湾	石空	枣园	青铜峡坝下	永宁杨和镇	头道墩	陶乐渡口
原生动物 Protozoa	1	1		1	1		1	
轮虫 Rotifera	2	3	4	4	2	2		3
枝角类 Cladocera						2	1	
桡足类 Copepoda	1	2	1	1	1			2
合　计	4	6	5	6	4	4	2	5

表 1-2-86　2018 年 10 月各监测点浮游动物检出种类

	柳树村	上大湾	石空	枣园	青铜峡坝下	永宁杨和镇	头道墩	陶乐渡口
原生动物 Protozoa								
砂壳虫 *Difflugia* sp.	+	+			+	+	+	
轮虫 Rotifera								
臂尾轮科 Brachionidae								
角突臂尾轮虫 *Brachionus angularis*	+	+	+		+			
萼花臂尾轮虫 *B.calyciflorus*		+		+				+
矩形臂尾轮虫 *B.leydigi*	+		+	+		+		
晶囊轮科 Asplanchnidae								
晶囊轮虫 *Asplanchna* sp.				+				+
鼠轮科 Trichocercidae								
异尾轮虫 *Trichocera* sp.		+	+			+		+
疣毛轮科 Synchaetidae								
多肢轮虫 *Polyarthra* sp.			+	+				
枝角类 Cladocera								
溞科 Daphniidae								
低额溞 *Simocephalus* sp.						+		
盘肠溞科 Chydoridae								

	柳树村	上大湾	石空	枣园	青铜峡坝下	永宁杨和镇	头道墩	陶乐渡口
尖额溞 *Alona* sp.						+	+	
桡足类 Copepoda								
剑水蚤科 Cyclopidae								
剑水蚤 *Cyclops* sp.		+	+					+
无节幼体 Nauplius	+	+			+			+

2.2.5.2　浮游动物密度与生物量

2018 年 10 月,黄河各监测点的浮游动物密度变化范围为 68~143 个/L,头道墩最小, 上大湾和青铜峡坝下最大。浮游动物生物量变化范围为 0.079~0.709 mg/L,石空最小,陶乐渡口最大。各监测点浮游动物的密度与生物量详情见表 1-2-87。

表1-2-87　2018 年 10 月各监测点浮游动物密度与生物量

	密度/(ind·L⁻¹)	生物量/(mg·L⁻¹)
柳树村	128	0.249
上大湾	143	0.468
石空	83	0.079
枣园	120	0.437
青铜峡坝下	143	0.137
永宁杨和镇	105	0.533
头道墩	68	0.340
陶乐渡口	113	0.709

2.2.5.3　浮游动物多样性指数与优势种类

2018 年 10 月, 黄河各监测点的浮游动物 Shannon-Wiener 多样性指数变化范围为 0.252~1.380,以无节幼体、角突臂尾轮虫为主要优势种类。各监测点浮游动物的多样性指数和优势种类详情见表1-2-88。

表1-2-88　2018年10月各监测点浮游动物多样性指数与优势种类

	多样性指数	优势种
柳树村	1.133	无节幼体 Nauplius
上大湾	1.380	无节幼体 Nauplius
石空	1.345	角突臂尾轮虫 Brachionus angularis
枣园	1.035	无节幼体 Nauplius
青铜峡坝下	1.202	角突臂尾轮虫 Brachionus angularis
永宁杨和镇	0.735	矩形臂尾轮虫 B. leydigi
头道墩	0.252	尖额溞 Alona sp.
陶乐渡口	0.875	无节幼体 Nauplius

2.2.6　2019年3月各监测点浮游动物详情

2.2.6.1　浮游动物种类组成

2019年3月,除石空、枣园、青铜峡坝下、头道墩未检出浮游动物外,黄河各监测点共检出浮游动物2类2种,为砂壳虫和异尾轮虫。各监测点浮游动物种类组成情况见表1-2-89,各监测点具体检出种类见表1-2-90。

表1-2-89　2019年3月各监测点浮游动物种类组成

	柳树村	上大湾	石空	枣园	青铜峡坝下	永宁杨和镇	头道墩	陶乐渡口
原生动物 Protozoa	1	1				1		1
轮虫 Rotifera		1						
枝角类 Cladocera								
桡足类 Copepoda								
合　计	1	2	0	0	0	1	0	1

表 1-2-90 2019 年 3 月各监测点浮游动物检出种类

	柳树村	上大湾	石空	枣园	青铜峡坝下	永宁杨和镇	头道墩	陶乐渡口
原生动物 Protozoa								
砂壳虫 *Difflugia* sp.	+	+					+	+
轮虫 Rotifera								
异尾轮虫 *Trichocera* sp.		+						

2.2.6.2 浮游动物密度与生物量

2019 年 3 月,除石空、枣园、青铜峡坝下、头道墩未检出浮游动物外,黄河各监测点的浮游动物密度变化范围为 15~30 个/L,柳树村和陶乐渡口最小,上大湾和永宁杨和镇最大。浮游动物生物量变化范围为 0.001~0.009 mg/L,柳树村和陶乐渡口最小,永宁杨和镇最大。各监测点浮游动物的密度与生物量详情见表 1-2-91。

表 1-2-91 2019 年 3 月各监测点浮游动物密度与生物量

	密度/(ind.·L^{-1})	生物量/(mg·L^{-1})
柳树村	15	0.001
上大湾	30	0.002
石空	0	0
枣园	0	0
青铜峡坝下	0	0
永宁杨和镇	30	0.009
头道墩	0	0
陶乐渡口	15	0.001

2.2.6.3 浮游动物多样性指数与优势种类

2019 年 3 月,除石空、枣园、青铜峡坝下、头道墩未检出浮游动物外,黄河各监测点的浮游动物 Shannon-Wiener 多样性指数变化范围为 0~0.637,以砂壳虫为优势种类。各监测点浮游动物的多样性指数和优势种类详情见表 1-2-92。

表 1-2-92　2019 年 3 月各监测点浮游动物多样性指数与优势种类

	多样性指数	优势种
柳树村	0	无
上大湾	0.637	砂壳虫 *Difflugia* sp.
石空	无	无
枣园	无	无
青铜峡坝下	无	无
永宁杨和镇	0	无
头道墩	无	无
陶乐渡口	0	无

2.2.7　2019 年 4 月各监测点浮游动物详情

2.2.7.1　浮游动物种类组成

2019 年 4 月,除青铜峡坝下和永宁头道墩未检出浮游动物外,黄河各监测点共检出浮游动物 2 类 2 种,分别为砂壳虫和无节幼体。各监测点浮游动物种类组成情况见表 1-2-93,各监测点具体检出种类见表 1-2-94。

表 1-2-93　2019 年 4 月各监测点浮游动物种类组成

	柳树村	上大湾	石空	枣园	青铜峡坝下	永宁杨和镇	头道墩	陶乐渡口
原生动物 Protozoa	1	1	1	1			1	1
轮虫 Rotifera								
枝角类 Cladocera								
桡足类 Copepoda	1							
合　计	1	1	1	1	0	0	1	1

表 1-2-94　2019 年 4 月各监测点浮游动物检出种类

	柳树村	上大湾	石空	枣园	青铜峡坝下	永宁杨和镇	头道墩	陶乐渡口
原生动物 Protozoa								
砂壳虫 *Difflugia* sp.	+	+	+	+			+	+
桡足类 Copepoda								
剑水蚤科 Cyclopidae								
无节幼体 Nauplius	+							

2.2.7.2　浮游动物密度与生物量

2019 年 4 月,除青铜峡坝下和永宁杨和镇未检出浮游动物外,黄河各监测点的浮游动物密度变化范围为 10~60 个/L,上大湾最小,头道墩最大。浮游动物生物量变化范围为 0.000 3~0.045 5 mg/L,上大湾最小,柳树村最大。各监测点浮游动物的密度与生物量详情见表 1-2-95。

表 1-2-95　2019 年 4 月各监测点浮游动物密度与生物量

	密度/(ind.·L^{-1})	生物量/(mg·L^{-1})
柳树村	30	0.045 5
上大湾	10	0.000 3
石空	18	0.000 5
枣园	45	0.001 4
青铜峡坝下	0	0
永宁杨和镇	0	0
头道墩	60	0.001 8
陶乐渡口	30	0.000 9

2.2.7.3　浮游动物多样性指数与优势种类

2019 年 4 月,黄河各监测点的浮游动物 Shannon-Wiener 多样性指数变化范围为 0~0.561,柳树村最大。浮游动物以砂壳虫为主要优势种类。各监测点浮游动物的多样性指数和优势种类详情见表1-2-96。

表1-2-96　2019年4月各监测点浮游动物多样性指数与优势种类

	多样性指数	优势种
柳树村	0.561	砂壳虫 Difflugia sp.
上大湾	0	无
石空	0	无
枣园	0	无
青铜峡坝下	无	无
永宁杨和镇	无	无
头道墩	0	无
陶乐渡口	0	无

2.2.8　2019年5月各监测点浮游动物详情

2.2.8.1　浮游动物种类组成

2019年5月,黄河各监测点共检出浮游动物3类4种,主要为砂壳虫和无节幼体,偶见轮虫。各监测点浮游动物种类组成情况见表1-2-97。各监测点具体检出种类见表1-2-98。

表1-2-97　2019年5月各监测点浮游动物种类组成

	柳树村	上大湾	石空	枣园	青铜峡坝下	永宁杨和镇	头道墩	陶乐渡口
原生动物 Protozoa	1	1	1	1	1	1	1	1
轮虫 Rotifera	1	1	1					
枝角类 Cladocera								
桡足类 Copepoda	1	1		1	1		1	1
合　计	3	3	2	2	2	1	2	2

表 1-2-98　2019 年 5 月各监测点浮游动物检出种类

	柳树村	上大湾	石空	枣园	青铜峡坝下	永宁杨和镇	头道墩	陶乐渡口
原生动物 Protozoa								
砂壳虫 *Difflugia* sp.	+	+	+	+	+	+	+	+
轮虫 Rotifera								
腔轮科 Lecanide								
月形腔轮虫 *Lecane luna*	+		+					
鼠轮科 Trichocercidae								
异尾轮虫 *Trichocera* sp.		+						
桡足类 Copepoda								
剑水蚤科 Cyclopidae								
剑水蚤 *Cyclops* sp.								
无节幼体 Nauplius	+	+		+	+		+	+

2.2.8.2　浮游动物密度与生物量

2019 年 5 月,黄河各监测点的浮游动物密度变化范围为 45~135 个/L,陶乐渡口最小,青铜峡坝下最大。浮游动物生物量变化范围为 0.002~0.138 mg/L,永宁杨和镇最小,柳树村最大。各监测点浮游动物的密度与生物量详情见表 1-2-99。

表 1-2-99　2019 年 5 月各监测点浮游动物密度与生物量

	密度/(ind.·L^{-1})	生物量/(mg·L^{-1})
柳树村	75	0.138
上大湾	90	0.092
石空	90	0.011
枣园	75	0.091
青铜峡坝下	135	0.138
永宁杨和镇	60	0.002
头道墩	75	0.091
陶乐渡口	45	0.046

2.2.8.3 浮游动物多样性指数与优势种类

2019 年 5 月,黄河各监测点的浮游动物 Shannon-Wiener 多样性指数变化范围为 0~1.099,永宁杨和镇最小,上大湾最大。浮游动物以砂壳虫为主要优势种类,各监测点浮游动物的多样性指数和优势种类详情见表1-2-100。

表 1-2-100 2019 年 5 月各监测点浮游动物多样性指数与优势种类

	多样性指数	优势种
柳树村	0.950	无节幼体 Nauplius
上大湾	1.099	砂壳虫 *Difflugia* sp.
石空	0.637	月形腔轮虫 *Lecane luna*
枣园	0.673	砂壳虫 *Difflugia* sp.
青铜峡坝下	0.577	砂壳虫 *Difflugia* sp.
永宁杨和镇	0	无
头道墩	0.067	砂壳虫 *Difflugia* sp.
陶乐渡口	0.592	砂壳虫 *Difflugia* sp.

2.2.9 2019 年 6 月各监测点浮游动物详情

2.2.9.1 浮游动物种类组成

2019 年 6 月,黄河各监测点共检出浮游动物 3 类 10 种,以砂壳虫和无节幼体为主,偶见轮虫、剑水蚤。各监测点浮游动物种类组成情况见表 1-2-101,

表 1-2-101 2019 年 6 月各监测点浮游动物种类组成

	柳树村	上大湾	石空	枣园	青铜峡坝下	永宁杨和镇	头道墩	陶乐渡口
原生动物 Protozoa		1	1	1	1	1	1	1
轮虫 Rotifera	1		2	2	1	2		1
枝角类 Cladocera								
桡足类 Copepoda	1	1		1		1	2	1
合 计	2	2	3	4	2	4	3	3

各监测点具体检出种类见表 1-2-102。

表 1-2-102　2019 年 6 月各监测点浮游动物检出种类

	柳树村	上大湾	石空	枣园	青铜峡坝下	永宁杨和镇	头道墩	陶乐渡口
原生动物 Protozoa								
砂壳虫 *Difflugia* sp.		+	+	+	+		+	+
轮虫 Rotifera								
臂尾轮科 Brachionidae								
角突臂尾轮虫 *Brachionus angularis*						+	+	
萼花臂尾轮虫 *B.calyciflorus*				+				
壶状臂尾轮虫 *B.urceus*							+	
矩形臂尾轮虫 *B. leydigi*			+				+	+
腔轮科 Lecanide								
月形腔轮虫 *Lecane luna*					+			
晶囊轮科 Asplanchnidae								
晶囊轮虫 *Asplanchna* sp.					+			
鼠轮科 Trichocercidae								
异尾轮虫 *Trichocera* sp.	+		+					
桡足类 Copepoda								
剑水蚤科 Cyclopidae								
剑水蚤 *Cyclops* sp.		+						
无节幼体 Nauplius	+			+		+		+

2.2.9.2　浮游动物密度与生物量

2019 年 6 月，黄河各监测点的浮游动物密度变化范围为 60~225 个/L，上大湾最小，永宁杨和镇最大。浮游动物生物量变化范围为 0.008~0.755 mg/L，青铜峡坝下最小，石空最大。各监测点浮游动物的密度与生物量详情见表 1-2-103。

表 1-2-103　2019 年 6 月各监测点浮游动物密度与生物量

	密度/(ind.·L⁻¹)	生物量/(mg·L⁻¹)
柳树村	165	0.274
上大湾	60	0.226
石空	135	0.755
枣园	150	0.423
青铜峡坝下	120	0.008
永宁杨和镇	225	0.384
头道墩	210	0.142
陶乐渡口	195	0.335

2.2.9.3　浮游动物多样性指数与优势种类

2019 年 6 月，黄河各监测点的浮游动物 Shannon-Wiener 多样性指数变化范围为 0.538~1.137，上大湾最小，永宁杨和镇最大。浮游动物以砂壳虫、无节幼体为主要优势种类。各监测点浮游动物的多样性指数和优势种类详情见表 1-2-104。

表 1-2-104　2019 年 6 月各监测点浮游动物多样性指数与优势种类

	多样性指数	优势种
柳树村	0.689	无节幼体 Nauplius
上大湾	0.538	砂壳虫 Difflugia sp.
石空	0.995	异尾轮虫 Trichocera gracilis
枣园	0.688	砂壳虫 Difflugia sp.
青铜峡坝下	0.562	砂壳虫 Difflugia sp.
永宁杨和镇	1.137	无节幼体 Nauplius
头道墩	0.730	砂壳虫 Difflugia sp.
陶乐渡口	1.063	无节幼体 Nauplius

2.2.10　2019年7月各监测点浮游动物详情

2.2.10.1　浮游动物种类组成

2019年7月,黄河各监测点共检出浮游动物4类11种,轮虫和桡足类出现频率较高,偶见枝角类。各监测点浮游动物种类组成情况见表1-2-105,各监测点具体检出种类见表1-2-106。

表 1-2-105　2019年7月各监测点浮游动物种类组成

	柳树村	上大湾	石空	枣园	青铜峡坝下	永宁杨和镇	头道墩	陶乐渡口
原生动物 Protozoa		1		1	1		1	1
轮虫 Rotifera	2	2	2	2	1	2	2	1
枝角类 Cladocera						1	1	
桡足类 Copepoda	2	1	1	1	1			1
合　计	4	4	3	4	3	3	4	3

表 1-2-106　2019年7月各监测点浮游动物检出种类

	柳树村	上大湾	石空	枣园	青铜峡坝下	永宁杨和镇	头道墩	陶乐渡口
原生动物 Protozoa								
砂壳虫 *Difflugia* sp.		+		+	+		+	+
轮虫 Rotifera								
臂尾轮科 Brachionidae								
角突臂尾轮虫 *Brachionus angularis*	+				+	+	+	
萼花臂尾轮虫 *B. calyciflorus*		+		+				
壶状臂尾轮虫 *B. urceus*	+			+		+		
腔轮科 Lecanide								
月形腔轮虫 *Lecane luna*			+					+
晶囊轮科 Asplanchnidae								
晶囊轮虫 *Asplanchna* sp.		+						

	柳树村	上大湾	石空	枣园	青铜峡坝下	永宁杨和镇	头道墩	陶乐渡口
疣毛轮科 Synchaetidae								
多肢轮虫 Polyarthra sp.			+				+	
枝角类 Cladocera								
溞科 Daphniidae								
低额溞 Simocephalus sp.						+		
尖额溞 Alona sp.							+	
桡足类 Copepoda								
剑水蚤科 Cyclopidae								
剑水蚤 Cyclops sp.	+	+		+	+			+
无节幼体 Nauplius	+		+					

2.2.10.2　浮游动物密度与生物量

2019 年 7 月,黄河各监测点的浮游动物密度变化范围为 165~375 个/L,上大湾最小,陶乐渡口最大。浮游动物生物量变化范围为 0.278~2.502 mg/L,头道墩最小,枣园最大。各监测点浮游动物的密度与生物量详情见表 1-2-107。

表 1-2-107　2019 年 7 月各监测点浮游动物密度与生物量

	密度/(ind.·L^{-1})	生物量/(mg·L^{-1})
柳树村	240	0.622
上大湾	165	0.964
石空	315	0.476
枣园	330	2.502
青铜峡坝下	210	0.560
永宁杨和镇	345	2.354
头道墩	360	0.278
陶乐渡口	375	1.522

2.2.10.3　浮游动物多样性指数与优势种类

2019 年 7 月,黄河各监测点的浮游动物 Shannon-Wiener 多样性指数变化范围为 0.597~1.188,青铜峡坝下最小,枣园最大。浮游动物以无节幼体、角突臂尾轮虫为主要优势种类。各监测点浮游动物的多样性指数和优势种类详情见表 1-2-108。

表 1-2-108　2019 年 7 月各监测点浮游动物多样性指数与优势种类

	多样性指数	优势种
柳树村	1.061	无节幼体 Nauplius
上大湾	0.886	砂壳虫 Difflugia sp.
石空	1.063	无节幼体 Nauplius
枣园	1.188	萼花臂尾轮虫 B. calyciflorus
青铜峡坝下	0.597	角突臂尾轮虫 Brachionus angularis
永宁杨和镇	0.803	角突臂尾轮虫 Brachionus angularis
头道墩	0.673	角突臂尾轮虫 Brachionus angularis
陶乐渡口	1.060	砂壳虫 Difflugia sp.

2.2.11　2019 年 8 月各监测点浮游动物详情

2.2.11.1　浮游动物种类组成

2019 年 8 月,黄河各监测点共检出浮游动物 4 类 12 种,轮虫和桡足类出现频率较高,偶见枝角类。各监测点浮游动物种类组成情况见表 1-2-109,各

表 1-2-109　2019 年 8 月各监测点浮游动物种类组成

	柳树村	上大湾	石空	枣园	青铜峡坝下	永宁杨和镇	头道墩	陶乐渡口
原生动物 Protozoa	1	1			1			1
轮虫 Rotifera	3	3	2	2	3	1	2	2
枝角类 Cladocera			1	2	1		1	1
桡足类 Copepoda	1	1	1		1	2		
合　计	5	5	4	4	6	3	3	4

监测点具体检出种类见表 1-2-110。

表 1-2-110　2019 年 8 月各监测点浮游动物检出种类

	柳树村	上大湾	石空	枣园	青铜峡坝下	永宁杨和镇	头道墩	陶乐渡口
原生动物 Protozoa								
砂壳虫 *Difflugia* sp.	+	+			+			+
轮虫 Rotifera								
臂尾轮科 Brachionidae								
角突臂尾轮虫 *Brachionus angularis*	+	+					+	+
萼花臂尾轮虫 *B. calyciflorus*		+		+	+	+		
壶状臂尾轮虫 *B. urceus*	+		+	+				
矩形臂尾轮虫 *B. leydigi*					+			+
晶囊轮科 Asplanchnidae								
晶囊轮虫 *Asplanchna* sp.			+		+		+	
鼠轮科 Trichocercidae								
异尾轮虫 *Trichocera* sp.		+	+					
疣毛轮科 Synchaetidae								
多肢轮虫 *Polyarthra* sp.	+				+			
枝角类 Cladocera								
溞科 Daphniidae								
低额溞 *Simocephalus* sp.				+			+	
尖额溞 *Alona* sp.			+	+				
桡足类 Copepoda								
剑水蚤科 Cyclopidae								
剑水蚤 *Cyclops* sp.		+	+			+		
无节幼体 Nauplius	+				+	+		+

2.2.11.2 浮游动物密度与生物量

2019 年 8 月，黄河各监测点的浮游动物密度变化范围为 120~200 个/L，头道墩最小，石空最大。浮游动物生物量变化范围为 0.304~1.670 mg/L，柳树村最小，永宁杨和镇最大。各监测点浮游动物的密度与生物量详情见表 1-2-111。

表 1-2-111 2019 年 8 月各监测点浮游动物密度与生物量

	密度/(ind.·L⁻¹)	生物量/(mg·L⁻¹)
柳树村	180	0.304
上大湾	150	0.794
石空	200	0.867
枣园	180	1.375
青铜峡坝下	160	0.810
永宁杨和镇	150	1.670
头道墩	120	0.979
陶乐渡口	170	0.357

2.2.11.3 浮游动物多样性指数与优势种类

2019 年 8 月，黄河各监测点的浮游动物 Shannon-Wiener 多样性指数变化范围为 0.544~1.471，头道墩最小，上大湾最大。浮游动物以无节幼体、壶状臂尾轮虫为主要优势种类。各监测点浮游动物的多样性指数和优势种类详情见表 1-2-112。

表 1-2-112 2019 年 8 月各监测点浮游动物多样性指数与优势种类

	多样性指数	优势种
柳树村	1.378	无节幼体 Nauplius
上大湾	1.471	角突臂尾轮虫 Brachionus angularis
石空	1.079	壶状臂尾轮虫 B.urceus
枣园	0.595	壶状臂尾轮虫 B.urceus

续表

	多样性指数	优势种
青铜峡坝下	1.451	无节幼体 Nauplius
永宁杨和镇	0.853	无节幼体 Nauplius
头道墩	0.544	角突臂尾轮虫 Brachionus angularis
陶乐渡口	1.038	无节幼体 Nauplius

2.2.12　2019 年 9 月各监测点浮游动物详情

2.2.12.1　浮游动物种类组成

2019 年 9 月,黄河各监测点共检出浮游动物 4 类 10 种,轮虫和桡足类出现频率较高,偶见枝角类。各监测点浮游动物种类组成情况见表 1-2-113,各监测点具体检出种类见表 1-2-114。

表 1-2-113　2019 年 9 月各监测点浮游动物种类组成

	柳树村	上大湾	石空	枣园	青铜峡坝下	永宁杨和镇	头道墩	陶乐渡口
原生动物 Protozoa	1	1	1		1	1	1	1
轮虫 Rotifera	2	2	1	2		1	1	2
枝角类 Cladocera				1				1
桡足类 Copepoda	1	1	1	1	1	1	2	1
合　计	4	4	3	4	2	3	4	5

表 1-2-114　2019 年 9 月各监测点浮游动物检出种类

	柳树村	上大湾	石空	枣园	青铜峡坝下	永宁杨和镇	头道墩	陶乐渡口
原生动物 Protozoa								
砂壳虫 Difflugia sp.	+	+	+		+	+	+	+
轮虫 Rotifera								
臂尾轮科 Brachionidae								
角突臂尾轮虫 Brachionus angularis		+		+			+	+

	柳树村	上大湾	石空	枣园	青铜峡坝下	永宁杨和镇	头道墩	陶乐渡口
萼花臂尾轮虫 *B. calyciflorus*						+		
壶状臂尾轮虫 *B. urceus*		+		+				
矩形臂尾轮虫 *B. leydigi*			+					+
月形腔轮虫 *Lecane luna*	+							
鼠轮科 Trichocercidae								
异尾轮虫 *Trichocera* sp.	+							
枝角类 Cladocera								
盘肠溞科 Chydoridae								
尖额溞 *Alona* sp.					+			+
桡足类 Copepoda								
剑水蚤科 Cyclopidae								
剑水蚤 *Cyclops* sp.		+					+	+
无节幼体 Nauplius	+		+	+	+	+	+	

2.2.12.2　浮游动物密度与生物量

2019 年 9 月，黄河各监测点的浮游动物密度变化范围为 82.5~157.5 个/L，柳树村最小，上大湾最大。浮游动物生物量变化范围为 0.138~0.461 mg/L，柳树村最小，永宁杨和镇最大。各监测点浮游动物的密度与生物量详情见表 1–2–115。

表 1–2–115　2019 年 9 月各监测点浮游动物密度与生物量

	密度/(ind.·L^{-1})	生物量/(mg·L^{-1})
柳树村	82.5	0.138
上大湾	157.5	0.205
石空	150.0	0.217
枣园	120.0	0.157

	密度/(ind.·L⁻¹)	生物量/(mg·L⁻¹)
青铜峡坝下	112.5	0.226
永宁杨和镇	120.0	0.461
头道墩	135.0	0.257
陶乐渡口	135.0	0.327

2.2.12.3 浮游动物多样性指数与优势种类

2019 年 9 月，黄河各监测点的浮游动物 Shannon-Wiener 多样性指数变化范围为 0.637~1.285，青铜峡坝下最小，陶乐渡口最大。浮游动物以无节幼体、角突臂尾轮虫为主要优势种类。各监测点浮游动物的多样性指数和优势种类详情见表 1-2-116。

表 1-2-116 2019 年 9 月各监测点浮游动物多样性指数与优势种类

	多样性指数	优势种
柳树村	1.169	无节幼体 Nauplius
上大湾	1.108	角突臂尾轮虫 *Brachionus angularis*
石空	0.950	矩形臂尾轮虫 *B. leydigi*
枣园	0.873	角突臂尾轮虫 *Brachionus angularis*
青铜峡坝下	0.637	无节幼体 Nauplius
永宁杨和镇	0.888	无节幼体 Nauplius
头道墩	1.112	角突臂尾轮虫 *Brachionus angularis*
陶乐渡口	1.285	矩形臂尾轮虫 *B. leydigi*

2.2.13 2019 年 10 月各监测点浮游动物详情

2.2.13.1 浮游动物种类组成

2019 年 10 月，黄河各监测点共检出浮游动物 4 类 11 种，轮虫和桡足类出现频率较高，偶见枝角类。各监测点浮游动物种类组成情况见表 1-2-117，各监测点具体检出种类见表 1-2-118。

表 1-2-117　2019 年 10 月各监测点浮游动物种类组成

	柳树村	上大湾	石空	枣园	青铜峡坝下	永宁杨和镇	头道墩	陶乐渡口
原生动物 Protozoa	1	1		1	1	1	1	1
轮虫 Rotifera	1	2	2	2	2	1	1	1
枝角类 Cladocera						1	1	
桡足类 Copepoda	1	1	1	1	1			1
合　计	3	4	3	4	4	3	3	3

表 1-2-118　2019 年 10 月各监测点浮游动物检出种类

	柳树村	上大湾	石空	枣园	青铜峡坝下	永宁杨和镇	头道墩	陶乐渡口
原生动物 Protozoa								
砂壳虫 *Difflugia* sp.	+	+		+	+	+	+	+
轮虫 Rotifera								
臂尾轮科 Brachionidae								
角突臂尾轮虫 *Brachionus angularis*		+	+		+	+		
萼花臂尾轮虫 *B.calyciflorus*								+
壶状臂尾轮虫 *B.urceus*					+			
矩形臂尾轮虫 *B.leydigi*	+			+				
晶囊轮科 Asplanchnidae								
晶囊轮虫 *Asplanchna* sp.				+				
鼠轮科 Trichocercidae								
异尾轮虫 *Trichocera* sp.								
疣毛轮科 Synchaetidae								
多肢轮虫 *Polyarthra* sp.		+	+					
枝角类 Cladocera								

	柳树村	上大湾	石空	枣园	青铜峡坝下	永宁杨和镇	头道墩	陶乐渡口
溞科 Daphniidae								
低额溞 Simocephalus sp.						+		
盘肠溞科 Chydoridae								
尖额溞 Alona sp.							+	
桡足类 Copepoda								
剑水蚤科 Cyclopidae								
剑水蚤 Cyclops sp.			+				+	
无节幼体 Nauplius	+	+		+	+			+

2.2.13.2　浮游动物密度与生物量

2019 年 10 月，黄河各监测点的浮游动物密度变化范围为 135~195 个/L，永宁杨和镇最小，青铜峡坝下最大。浮游动物生物量变化范围为 0.148~0.724 mg/L，石空最小，永宁杨和镇最大。各监测点浮游动物的密度与生物量详情见表 1-2-119。

表 1-2-119　2019 年 10 月各监测点浮游动物密度与生物量

	密度/(ind.·L⁻¹)	生物量/(mg·L⁻¹)
柳树村	165	0.382
上大湾	180	0.287
石空	150	0.148
枣园	165	0.607
青铜峡坝下	195	0.263
永宁杨和镇	135	0.724
头道墩	150	0.503
陶乐渡口	165	0.662

2.2.13.3　浮游动物多样性指数与优势种类

2019 年 10 月，黄河各监测点的浮游动物 Shannon–Wiener 多样性指数变化范围为 0.719~1.242，永宁杨和镇最小，上大湾最大。浮游动物以无节幼体、角突臂尾轮虫为主要优势种类。各监测点浮游动物的多样性指数和优势种类详情见表 1–2–120。

表 1–2–120　2019 年 10 月各监测点浮游动物多样性指数与优势种类

	多样性指数	优势种
柳树村	0.760	无节幼体 Nauplius
上大湾	1.242	无节幼体 Nauplius
石空	0.928	角突臂尾轮虫 Brachionus angularis
枣园	0.722	无节幼体 Nauplius
青铜峡坝下	1.067	角突臂尾轮虫 Brachionus angularis
永宁杨和镇	0.719	角突臂尾轮虫 Brachionus angularis
头道墩	0.928	砂壳虫 Difflugia sp.
陶乐渡口	0.902	无节幼体 Nauplius

2.2.14　2019 年 11 月各监测点浮游动物详情

2.2.14.1　浮游动物种类组成

2019 年 11 月，除头道墩未检出浮游动物外，黄河各监测点共检出浮游动物 3 类 4 种，原生动物和桡足类出现频率较高，偶见轮虫。各监测点浮游动物种类组成情况见表 1–2–121，各监测点具体检出种类见表 1–2–122。

2.2.14.2　浮游动物密度与生物量

2019 年 11 月，除头道墩未检出浮游动物外，黄河各监测点的浮游动物密度变化范围为个 30~90 个/L，陶乐渡口最小，青铜峡坝下最大。浮游动物生物量变化范围为 0.025~0.283 mg/L，石空最小，青铜峡坝下最大。各监测点浮游动物的密度与生物量详情见表 1–2–123。

表 1-2-121　2019 年 11 月各监测点浮游动物种类组成

	柳树村	上大湾	石空	枣园	青铜峡坝下	永宁杨和镇	头道墩	陶乐渡口
原生动物 Protozoa	1		1		1	1		1
轮虫 Rotifera					1			
枝角类 Cladocera								
桡足类 Copepoda	1	1	1	1	2			1
合　计	2	1	2	1	5	1	0	3

表 1-2-122　2019 年 11 月各监测点浮游动物检出种类

	柳树村	上大湾	石空	枣园	青铜峡坝下	永宁杨和镇	头道墩	陶乐渡口
原生动物 Protozoa								
砂壳虫 *Difflugia* sp.	+		+		+	+		+
轮虫 Rotifera								
鼠轮科 Trichocercidae								
异尾轮虫 *Trichocera* sp.					+			
桡足类 Copepoda								
剑水蚤科 Cyclopidae								
剑水蚤 *Cyclops* sp.					+			+
无节幼体 Nauplius	+	+	+	+	+	+		

表 1-2-123　2019 年 11 月各监测点浮游动物密度与生物量

	密度/(ind·L⁻¹)	生物量/(mg·L⁻¹)
柳树村	34	0.031
上大湾	60	0.180
石空	38	0.025
枣园	65	0.195
青铜峡坝下	90	0.283

	密度/(ind.·L⁻¹)	生物量/(mg·L⁻¹)
永宁杨和镇	38	0.090
头道墩	0	0
陶乐渡口	30	0.031

2.2.14.3　浮游动物多样性指数与优势种类

2019 年 11 月，除头道墩未检出浮游动物外，黄河各监测点的浮游动物 Shannon-Wiener 多样性指数变化范围为 0~0.926，上大湾、枣园最小，青铜峡坝下最大。浮游动物以无节幼体、砂壳虫为主要优势种类。各监测点浮游动物的多样性指数和优势种类详情见表 1-2-124。

表 1-2-124　2019 年 11 月各监测点浮游动物多样性指数与优势种类

	多样性指数	优势种
柳树村	0.606	砂壳虫 *Difflugia* sp.
上大湾	0	无
石空	0.515	砂壳虫 *Difflugia* sp.
枣园	0	无节幼体 Nauplius
青铜峡坝下	0.926	无节幼体 Nauplius
永宁杨和镇	0.515	无节幼体 Nauplius
头道墩	0	无
陶乐渡口	0.245	砂壳虫 *Difflugia* sp.

2.2.15　2019 年 12 月各监测点浮游动物详情

2.2.15.1　浮游动物种类组成

2019 年 12 月，黄河各监测点共检出浮游动物 2 类 3 种，桡足类和原生动物出现频率较高。各监测点浮游动物种类组成情况见表 1-2-125，各监测点具体检出种类见表 1-2-126。

表 1-2-125　2019 年 12 月各监测点浮游动物种类组成

	柳树村	上大湾	石空	枣园	青铜峡坝下	永宁杨和镇	头道墩	陶乐渡口
原生动物 Protozoa	1				1	1	1	1
轮虫 Rotifera								
枝角类 Cladocera								
桡足类 Copepoda	1	1	1	1	2		1	1
合　计	2	1	1	1	3	1	2	2

表 1-2-126　2019 年 12 月各监测点浮游动物检出种类

	柳树村	上大湾	石空	枣园	青铜峡坝下	永宁杨和镇	头道墩	陶乐渡口
原生动物 Protozoa								
砂壳虫 Difflugia sp.	+				+	+	+	+
桡足类 Copepoda								
剑水蚤科 Cyclopidae								
剑水蚤 Cyclops sp.					+		+	
无节幼体 Nauplius	+	+	+	+	+			+

2.2.15.2　浮游动物密度与生物量

2019 年 12 月，黄河各监测点的浮游动物密度变化范围为 32~68 个/L，石空最小，青铜峡坝下最大。浮游动物生物量变化范围为 0.001~0.196 mg/L，永宁杨和镇最小，青铜峡坝下最大。各监测点浮游动物的密度与生物量详情见表 1-2-127。

2.2.15.3　浮游动物多样性指数与优势种类

2019 年 12 月，黄河各监测点的浮游动物 Shannon-Wiener 多样性指数变化范围为 0~0.697，上大湾、石空、枣园和永宁杨和镇最小，青铜峡坝下最大。浮游动物以无节幼体为主要优势种类。各监测点浮游动物的多样性指数和优势种类详情见表 1-2-128。

表 1-2-127 2019 年 12 月各监测点浮游动物密度与生物量

	密度/(ind.·L⁻¹)	生物量/(mg·L⁻¹)
柳树村	38	0.090
上大湾	45	0.135
石空	32	0.096
枣园	53	0.159
青铜峡坝下	68	0.196
永宁杨和镇	45	0.001
头道墩	53	0.047
陶乐渡口	60	0.121

表 1-2-128 2019 年 12 月各监测点浮游动物多样性指数与优势种类

	多样性指数	优势种
柳树村	0.515	无节幼体 Nauplius
上大湾	0	无
石空	0	无
枣园	0	无
青铜峡坝下	0.697	无节幼体 Nauplius
永宁杨和镇	0	无
头道墩	0.218	砂壳虫 *Difflugia* sp.
陶乐渡口	0.637	无节幼体 Nauplius

2.2.16 2020 年 1 月各监测点浮游动物详情

2.2.16.1 浮游动物种类组成

2020 年 1 月,黄河各监测点共检出浮游动物 2 类 3 种,桡足类出现的频率较高。各监测点浮游动物种类组成情况见表 1-2-129,各监测点具体检出种类见表 1-2-130。

表 1-2-129　2020 年 1 月各监测点浮游动物种类组成

	柳树村	上大湾	石空	枣园	青铜峡坝下	永宁杨和镇	头道墩	陶乐渡口
原生动物 Protozoa					1		1	1
轮虫 Rotifera								
枝角类 Cladocera								
桡足类 Copepoda	1	1	1	1	2	2		1
合　　计	1	1	1	1	3	2	1	2

表 1-2-130　2020 年 1 月各监测点浮游动物检出种类

	柳树村	上大湾	石空	枣园	青铜峡坝下	永宁杨和镇	头道墩	陶乐渡口
原生动物 Protozoa								
砂壳虫 *Difflugia* sp.					+		+	+
桡足类 Copepoda								
剑水蚤科 Cyclopidae								
剑水蚤 *Cyclops* sp.					+	+		
无节幼体 Nauplius	+	+	+	+	+	+		+

2.2.16.2　浮游动物密度与生物量

2020 年 1 月,黄河各监测点的浮游动物密度变化范围为 22.5~60 个/L,头道墩最小,青铜峡坝下最大。浮游动物生物量变化范围为 0.001~0.210 mg/L,头道墩最小,青铜峡坝下最大。各监测点浮游动物的密度与生物量详情见表 1-2-131。

2.2.16.3　浮游动物多样性指数与优势种类

2020 年 1 月,黄河各监测点的浮游动物 Shannon-Wiener 多样性指数变化范围为 0~0.721,柳树村、上大湾、石空、枣园和头道墩最小,青铜峡坝下最大。浮游动物以无节幼体为主要优势种类。各监测点浮游动物的多样性指数和优势种类详情见表 1-2-132。

表 1-2-131 2020 年 1 月各监测点浮游动物密度与生物量

	密度/(ind.·L⁻¹)	生物量/(mg·L⁻¹)
柳树村	24.0	0.072
上大湾	30.0	0.090
石空	45.0	0.135
枣园	37.5	0.113
青铜峡坝下	60.0	0.210
永宁杨和镇	45.0	0.075
头道墩	22.5	0.001
陶乐渡口	30.0	0.075

表 1-2-132 2020 年 1 月各监测点浮游动物多样性指数与优势种类

	多样性指数	优势种
柳树村	0	无
上大湾	0	无
石空	0	无
枣园	0	无
青铜峡坝下	0.721	无节幼体 Nauplius
永宁杨和镇	0.244	无节幼体 Nauplius
头道墩	0	无
陶乐渡口	0.451	无节幼体 Nauplius

2.2.17 2020 年 2 月各监测点浮游动物详情

2.2.17.1 浮游动物种类组成

2020 年 2 月,黄河各监测点共检出浮游动物 3 类 4 种,桡足类出现的频率较高。各监测点浮游动物种类组成情况见表 1-2-133,各监测点具体检出种类见表 1-2-134。

表 1-2-133   2020 年 2 月各监测点浮游动物种类组成

	柳树村	上大湾	石空	枣园	青铜峡坝下	永宁杨和镇	头道墩	陶乐渡口
原生动物 Protozoa				1	1	1	1	
轮虫 Rotifera	1		1					1
枝角类 Cladocera								
桡足类 Copepoda	1	1	1	1	1	1	1	1
合　计	2	1	2	2	2	2	1	2

表 1-2-134   2020 年 2 月各监测点浮游动物检出种类

	柳树村	上大湾	石空	枣园	青铜峡坝下	永宁杨和镇	头道墩	陶乐渡口
原生动物 Protozoa								
砂壳虫 Difflugia sp.				+	+	+	+	
轮虫 Rotifera								
鼠轮科 Trichocercidae								
异尾轮虫 Trichocera sp.	+		+					+
桡足类 Copepoda								
剑水蚤科 Cyclopidae								
剑水蚤 Cyclops sp.						+		
无节幼体 Nauplius	+	+	+	+	+			+

2.2.17.2　浮游动物密度与生物量

2020 年 2 月,黄河各监测点的浮游动物密度变化范围为 30~70 个/L,柳树村最小,青铜峡坝下最大。浮游动物生物量变化范围为 0.002~0.151 mg/L,头道墩最小,青铜峡坝下最大。各监测点浮游动物的密度与生物量详情见表 1-2-135。

2.2.17.3　浮游动物多样性指数与优势种类

2020 年 2 月,黄河各监测点的浮游动物 Shannon-Wiener 多样性指数变化

表 1-2-135　2020 年 2 月各监测点浮游动物密度与生物量

	密度/(ind.·L⁻¹)	生物量/(mg·L⁻¹)
柳树村	30	0.061
上大湾	40	0.120
石空	50	0.091
枣园	55	0.106
青铜峡坝下	70	0.151
永宁杨和镇	35	0.075
头道墩	50	0.002
陶乐渡口	45	0.032

范围为 0~0.673,柳树村、上大湾和头道墩最小,石空最大。浮游动物以无节幼体为主要优势种类。各监测点浮游动物的多样性指数和优势种类详情见表 1-2-136。

表 1-2-136　2020 年 2 月各监测点浮游动物多样性指数与优势种类

	多样性指数	优势种
柳树村	0.637	无节幼体 Nauplius
上大湾	0	无
石空	0.673	无节幼体 Nauplius
枣园	0.655	无节幼体 Nauplius
青铜峡坝下	0.598	无节幼体 Nauplius
永宁杨和镇	0.410	砂壳虫 Difflugia sp.
头道墩	0	无
陶乐渡口	0.530	异尾轮虫 Trichocera sp.

2.2.18　浮游动物的群落结构及数量变化

2018 年 6 月—2018 年 10 月,2019 年 3 月至 2019 年 12 月,2020 年 1—2 月,在黄河宁夏段布设的 8 个点位采集浮游动物样品 17 次。经镜检鉴定,共发现 4 类 14 种浮游动物,其中原生动物 1 种、轮虫 8 种、枝角类 3 种、桡足类 2 种。

统计分析了黄河宁夏段浮游动物的密度、生物量及多样性指数,结果如下:

除 2019 年 3 月石空、枣园、青铜峡坝下、头道墩,2019 年 4 月青铜峡坝下、永宁杨和镇,2019 年 11 月头道墩未检出浮游动物外,各监测点浮游动物密度范围为 10~375 个/L,生物量范围为 0.000 3~2.501 5 mg/L。浮游动物密度的峰值出现在 2019 年 7 月陶乐渡口监测点,生物量的峰值出现在 2019 年 7 月枣园监测点。浮游动物密度和生物量在 2018 年 9 月、2019 年 3 月、2019 年 4 月、2019 年 11 月出现谷值,见图 1-2-4、图 1-2-5。各监测点浮游动物的平均密度在 100~121 个/L,其中上大湾监测点最小,陶乐渡口最大。平均生物量为

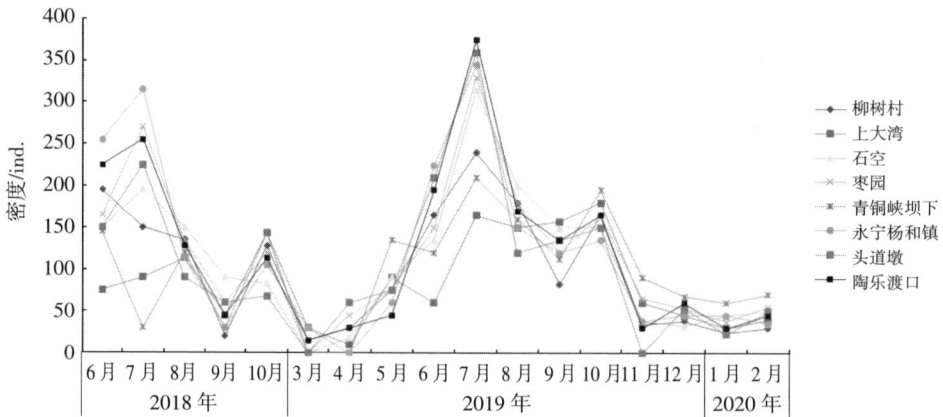

图 1-2-4　各监测点浮游动物密度变化曲线

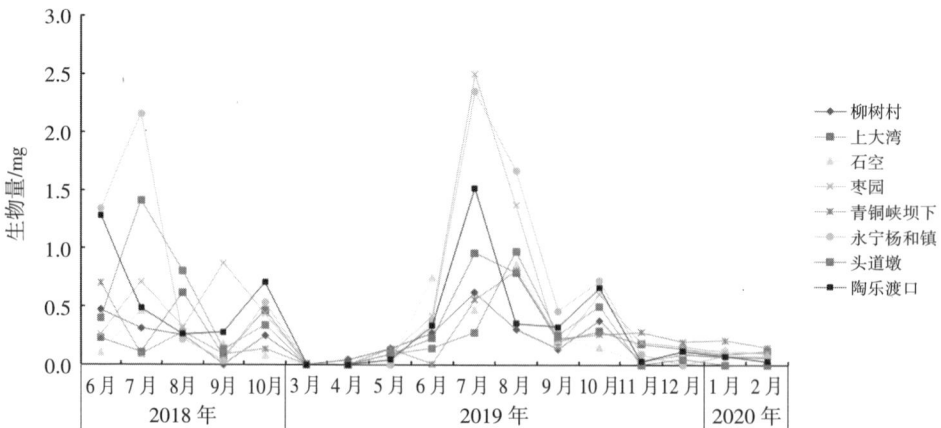

图 1-2-5　各监测点浮游动物生物量变化曲线

0.202 5~0.596 1 mg/L,柳树村监测样点最小,永宁杨和镇最大。

　　黄河各监测点浮游动物的多样性指数范围为0~1.471,见图1-2-6。各监测点浮游动物的平均多样性指数为0.464~0.753,其中永宁杨和镇的平均多样性指数最小,陶乐渡口最大。总体来看,在黄河各监测点中原生动物砂壳虫和桡足类无节幼体出现的频率较高,可以视为优势种类。

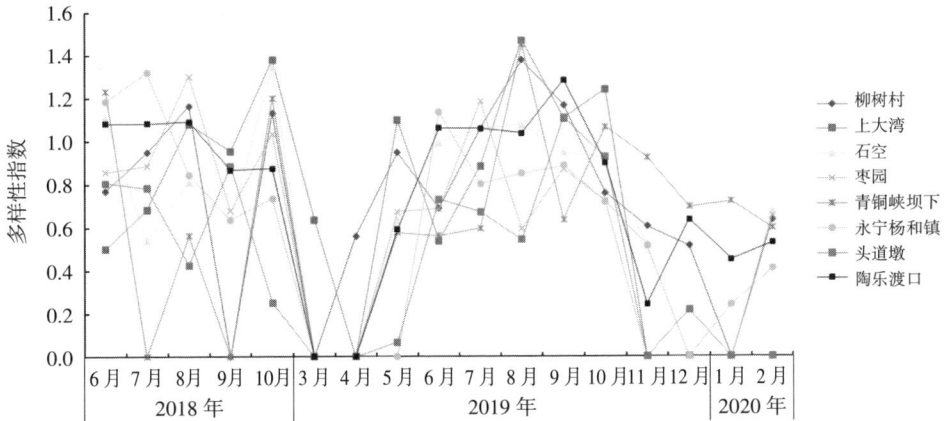

图1-2-6　各监测点浮游动物多样性指数变化曲线

2.3　底栖动物

2.3.1　2018年6月各监测点底栖动物详情

2.3.1.1　底栖动物种类组成

　　2018年6月,黄河8个监测点共调查到底栖动物3门15种,见表1-2-137。各监测点底栖动物种类详情见表1-2-138。

表1-2-137　2018年6月各监测点底栖动物种类组成

	柳树村	上大湾	石空	枣园	青铜峡坝下	永宁杨和镇	头道墩	陶乐渡口
环节动物门	2	1	1	2		2	2	1
软体动物门	1	2	2		3		2	1
节肢动物门	3	3	3	2	2	1	2	3
合　计	6	6	6	4	5	3	6	5

表 1-2-138　2018 年 6 月各监测点底栖动物检出种类

	柳树村	上大湾	石空	枣园	青铜峡坝下	永宁杨和镇	头道墩	陶乐渡口
环节动物门 ANNELIDA								
霍甫水丝蚓 *Limmodrilus hoffmeisteri*	+	+		+				+
苏氏尾鳃蚓 *Branchiura sowerbyi*	+		+	+		+		
八目石蛭 *Erpobdella octoculata*							+	
宽身舌蛭 *Glossiphonia lata*						+	+	
软体动物门 MOLLUSCA								
中华圆田螺 *Cipangopaiudian chinensis*		+	+		+		+	
狭萝卜螺 *Radix lagotis*	+	+			+		+	
背角无齿蚌 *Anodonta woodiana*			+		+			+
节肢动物门 ARTHROPODA								
钩虾 *Gammarus* sp.							+	
秀丽白虾 *Palaemon modestus*		+			+		+	
中华小长臂虾 *Palaemonetes sinensis*	+		+					
日本沼虾 *Macrobrachium nipponense*			+		+			
划蝽 *Sigara* sp.	+							+
龙虱 *Dytiscus* sp.				+				+
隐摇蚊 *Cryptochironomus* sp.		+	+			+		
多足摇蚊 *Polypedilum* sp.	+	+			+			+

2.3.1.2　底栖动物密度与生物量

2018 年 6 月,黄河各监测点的底栖动物密度变化范围为 72~710 个/m²,青铜峡坝下最小,上大湾最大。底栖动物生物量变化范围为 24.7~1 735.2 g/m²,永宁杨和镇最小,石空最大。各监测点底栖动物的密度与生物量详情见表 1-2-139。

表 1-2-139　2018 年 6 月各监测点底栖动物密度与生物量

	密度/(ind.·m⁻²)	生物量/(g·m⁻²)
柳树村	614	347.2
上大湾	710	570.1
石空	371	1 735.2
枣园	583	738.4
青铜峡坝下	72	1 324.9
永宁杨和镇	446	24.7
头道墩	381	384.5
陶乐渡口	486	550.7

2.3.1.3　底栖动物多样性与优势种

2018 年 6 月,黄河各监测点的底栖动物 Shannon-Wiener 多样性指数变化范围为 0.651~1.384,永宁杨和镇最小,青铜峡坝下最大。底栖动物以寡毛类和摇蚊类为主要优势种类,如多足摇蚊、霍甫水丝蚓等。各监测点底栖动物的多样性指数和优势种类详情见表1-2-140。

表 1-2-140　2018年6月各监测点底栖动物多样性指数与优势种类

	多样性指数	优势种
柳树村	1.247	多足摇蚊 *Polypedilum* sp. 霍甫水丝蚓 *Limmodrilus hoffmeisteri*
上大湾	1.120	多足摇蚊 *Polypedilum* sp. 隐摇蚊 *Cryptochironomus* sp.
石空	1.312	苏氏尾鳃蚓 *Branchiura sowerbyi*
枣园	0.716	霍甫水丝蚓 *Limmodrilus hoffmeisteri*
青铜峡坝下	1.384	中华圆田螺 *Cipangopaiudian chinensis*
永宁杨和镇	0.651	苏氏尾鳃蚓 *Branchiura sowerbyi*
头道墩	1.129	中华圆田螺 *Cipangopaiudian chinensis*
陶乐渡口	1.216	霍甫水丝蚓 *Limmodrilus hoffmeisteri* 多足摇蚊 *Polypedilum* sp.

2.3.2 2018 年 7 月各监测点底栖动物详情

2.3.2.1 底栖动物种类组成

2018 年 7 月，黄河 8 个监测点共调查到底栖动物 3 门 15 种，见表 1-2-141。各监测点底栖动物种类详情见表 1-2-142。

表 1-2-141 2018 年 7 月各监测点底栖动物种类组成

	柳树村	上大湾	石空	枣园	青铜峡坝下	永宁杨和镇	头道墩	陶乐渡口
环节动物门	2	2	1	1	1	3	2	2
软体动物门	1	2	2		3	1	2	1
节肢动物门	3	2	5	2	4	2	1	5
合　计	6	6	8	3	8	6	5	8

表 1-2-142 2018 年 7 月各监测点底栖动物检出种类

	柳树村	上大湾	石空	枣园	青铜峡坝下	永宁杨和镇	头道墩	陶乐渡口
环节动物门 ANNELIDA								
霍甫水丝蚓 *Limmodrilus hoffmeisteri*	+	+	+			+		+
苏氏尾鳃蚓 *Branchiura sowerbyi*	+	+		+	+			+
八目石蛭 *Erpobdella octoculata*						+	+	
宽身舌蛭 *Glossiphonia lata*						+	+	
软体动物门 MOLLUSCA								
中华圆田螺 *Cipangopaiudian chinensis*		+	+		+		+	
狭萝卜螺 *Radix lagotis*	+	+			+		+	
背角无齿蚌 *Anodonta woodiana*			+		+	+		+
节肢动物门 ARTHROPODA								
钩虾 *Gammarus* sp.						+	+	
秀丽白虾 *Palaemon modestus*	+	+	+		+			+

	柳树村	上大湾	石空	枣园	青铜峡坝下	永宁杨和镇	头道墩	陶乐渡口
中华小长臂虾 *Palaemonetes sinensis*	+		+		+			+
日本沼虾 *Macrobrachium nipponense*			+	+	+			+
划蝽 *Sigara* sp.	+							
龙虱 *Dytiscus* sp.								+
隐摇蚊 *Cryptochironomus* sp.		+	+			+		
多足摇蚊 *Polypedilum* sp.	+		+	+	+			+

2.3.2.2　底栖动物密度与生物量

2018 年 7 月,黄河各监测点的底栖动物密度变化范围为 101~1 348 个/m²,头道墩最小,柳树村最大。底栖动物生物量变化范围为 120.4~1 383.8 g/m²,枣园最小,青铜峡坝下最大。各监测点等样点底栖动物的密度与生物量详情见表1-2-143。

表 1-2-143　2018 年 7 月各监测点底栖动物密度与生物量

	密度/(ind.·m⁻²)	生物量/(g·m⁻²)
柳树村	1 348	281.7
上大湾	1 137	252.3
石空	381	1 375.5
枣园	135	120.4
青铜峡坝下	550	1 383.8
永宁杨和镇	471	553.1
头道墩	101	127.4
陶乐渡口	918	681.3

2.3.2.3 底栖动物多样性与优势种

2018年7月,黄河各监测点的底栖动物 Shannon-Wiener 多样性指数变化范围为 0.568~1.697,枣园最小,青铜峡坝下最大。底栖动物以寡毛类为主要优势种类,如苏氏尾鳃蚓、霍甫水丝蚓等。各监测点底栖动物的多样性指数和优势种类详情见表1-2-144。

表 1-2-144　2018年7月各监测点底栖动物多样性指数与优势种类

	多样性指数	优势种
柳树村	1.355	霍甫水丝蚓 Limmodrilus Cryptochironomus
上大湾	1.120	霍甫水丝蚓 Limmodrilus hoffmeisteri
石空	1.523	苏氏尾鳃蚓 Branchiura sowerbyi
枣园	0.568	霍甫水丝蚓 Limmodrilus hoffmeisteri
青铜峡坝下	1.697	苏氏尾鳃蚓 Branchiura sowerbyi
永宁杨和镇	1.061	霍甫水丝蚓 Limmodrilus hoffmeisteri
头道墩	1.014	中华圆田螺 Cipangopaiudian chinensis
陶乐渡口	1.491	多足摇蚊 Polypedilum sp.

2.3.3 2018年8月各监测点底栖动物详情

2.3.3.1 底栖动物种类组成

2018年8月,黄河8个监测点共调查到底栖动物3门15种,见表1-2-145。各监测点底栖动物种类详情见表1-2-146。

表 1-2-145　2018年8月各监测点底栖动物种类组成

	柳树村	上大湾	石空	枣园	青铜峡坝下	永宁杨和镇	头道墩	陶乐渡口
环节动物门	2	2	2	3	1	1	2	1
软体动物门	1	2	2		2	1	3	1
节肢动物门	4	3	5	2	4	1	2	3
合　计	7	7	9	5	7	3	7	5

表 1-2-146　2018 年 8 月各监测点底栖动物检出种类

	柳树村	上大湾	石空	枣园	青铜峡坝下	永宁杨和镇	头道墩	陶乐渡口
环节动物门 ANNELIDA								
霍甫水丝蚓 *Limmodrilus hoffmeisteri*	+	+	+	+		+		+
苏氏尾鳃蚓 *Branchiura sowerbyi*	+	+	+	+	+			
八目石蛭 *Erpobdella octoculata*				+			+	
宽身舌蛭 *Glossiphonia lata*							+	
软体动物门 MOLLUSCA								
中华圆田螺 *Cipangopaiudian chinensis*		+			+		+	
狭萝卜螺 *Radix lagotis*	+	+	+		+		+	
背角无齿蚌 *Anodonta woodiana*			+			+	+	+
节肢动物门 ARTHROPODA								
钩虾 *Gammarus* sp.							+	
秀丽白虾 *Palaemon modestus*	+		+		+		+	
中华小长臂虾 *Palaemonetes sinensis*	+	+	+		+			+
日本沼虾 *Macrobrachium nipponense*			+	+				+
划蝽 *Sigara* sp.	+							
龙虱 *Dytiscus* sp.				+				
隐摇蚊 *Cryptochironomus* sp.		+	+		+	+		
多足摇蚊 *Polypedilum* sp.	+	+	+		+			+

2.3.3.2　底栖动物密度与生物量

2018 年 8 月,黄河各监测点的底栖动物密度变化范围为 241~1 131 个/m^2,头道墩最小,石空最大。底栖动物生物量变化范围为 161.3~1 239.5 g/m^2,枣园最小,石空最大。各监测点底栖动物的密度与生物量详情见表 1-2-147。

表 1-2-147　2018 年 8 月各监测点底栖动物密度与生物量

	密度/(ind.·m⁻²)	生物量/(g·m⁻²)
柳树村	813	280.7
上大湾	679	383.6
石空	1 131	1 239.5
枣园	788	161.3
青铜峡坝下	438	785.7
永宁杨和镇	492	377.0
头道墩	241	597.3
陶乐渡口	587	175.6

2.3.3.3　底栖动物多样性与优势种

2018 年 8 月,黄河各监测点的底栖动物 Shannon-Wiener 多样性指数变化范围为 0.651~1.609,永宁杨和镇最小,石空最大。底栖动物以寡毛类为主要优势种类,如苏氏尾鳃蚓、霍甫水丝蚓等。各监测点底栖动物的多样性指数和优势种类详情见表 1-2-148。

表 1-2-148　2018 年 7 月各监测点底栖动物多样性指数与优势种类

	多样性指数	优势种
柳树村	1.355	多足摇蚊 *Polypedilum* sp.
上大湾	1.197	霍甫水丝蚓 *Limmodrilus hoffmeisteri*
石空	1.609	霍甫水丝蚓 *Limmodrilus hoffmeisteri*
枣园	0.832	霍甫水丝蚓 *Limmodrilus hoffmeisteri*
青铜峡坝下	1.606	多足摇蚊 *Polypedilum* sp.
永宁杨和镇	0.651	霍甫水丝蚓 *Limmodrilus hoffmeisteri*
头道墩	1.226	狭萝卜螺 *Radix lagotis*
陶乐渡口	1.216	隐摇蚊 *Cryptochironomus* sp.

2.3.4　2018 年 9 月各监测点底栖动物详情

2.3.4.1　底栖动物种类组成

2018 年 9 月,除头道墩无检出底栖动物外,黄河其他 7 个监测点共调查到底栖动物 2 门 7 种,见表 1-2-149。各监测点底栖动物种类详情见表 1-2-150。

表 1-2-149　2018 年 9 月各监测点底栖动物种类组成

	柳树村	上大湾	石空	枣园	青铜峡坝下	永宁杨和镇	头道墩	陶乐渡口
环节动物门	2		1	1	1	1		1
软体动物门								
节肢动物门	2	2	5	1	5			4
合　计	4	2	6	2	6	1	0	5

表 1-2-150　2018 年 9 月各监测点底栖动物检出种类

	柳树村	上大湾	石空	枣园	青铜峡坝下	永宁杨和镇	头道墩	陶乐渡口
环节动物门 ANNELIDA								
霍甫水丝蚓 *Limmodrilus hoffmeisteri*	+		+	+		+		+
苏氏尾鳃蚓 *Branchiura sowerbyi*	+				+			
节肢动物门 ARTHROPODA								
秀丽白虾 *Palaemon modestus*			+		+			+
中华小长臂虾 *Palaemonetes sinensis*	+		+		+			+
日本沼虾 *Macrobrachium nipponense*			+	+	+			+
隐摇蚊 *Cryptochironomus* sp.		+			+			
多足摇蚊 *Polypedilum* sp.	+	+	+		+			+

2.3.4.2　底栖动物密度与生物量

2018 年 9 月,除头道墩无检出底栖动物外,黄河各监测点的底栖动物密度变化范围为 114~271 个/m²,上大湾最小,青铜峡坝下最大。底栖动物生物量变化范围为 0.1~271.1 g/m²,上大湾、永宁杨和镇最小,石空最大。各监测点底栖动物的密度与生物量详情见表 1-2-151。

表 1-2-151　2018 年 9 月各监测点底栖动物密度与生物量

	密度/(ind.·m⁻²)	生物量/(g·m⁻²)
柳树村	182	43.5
上大湾	114	0.1
石空	241	271.1
枣园	148	41.7
青铜峡坝下	271	233.9
永宁杨和镇	160	0.1
头道墩	0	0
陶乐渡口	139	153.4

2.3.4.3　底栖动物多样性与优势种

2018 年 9 月,除头道墩无检出底栖动物外,黄河各监测点的底栖动物 Shannon-Wiener 多样性指数变化范围为 0~1.384,永宁杨和镇最小,青铜峡坝下最大。底栖动物以寡毛类和摇蚊类为主要优势种类,如霍甫水丝蚓、多足摇蚊等。各监测点底栖动物的多样性指数和优势种类详情见表1-2-152。

表 1-2-152　2018 年7 月各监测点底栖动物多样性指数与优势种类

	多样性指数	优势种
柳树村	0.965	霍甫水丝蚓 *Limmodrilus hoffmeisteri*
上大湾	0.399	多足摇蚊 *Polypedilum* sp.
石空	1.312	多足摇蚊 *Polypedilum* sp.
枣园	0.412	霍甫水丝蚓 *Limmodrilus hoffmeisteri*
青铜峡坝下	1.384	多足摇蚊 *Polypedilum* sp.
永宁杨和镇	0	霍甫水丝蚓 *Limmodrilus hoffmeisteri*
头道墩	0	无
陶乐渡口	1.092	霍甫水丝蚓 *Limmodrilus hoffmeisteri*

2.3.5　2018 年 10 月各监测点底栖动物详情

2.3.5.1　底栖动物种类组成

2018 年 10 月，黄河 8 个监测点共调查到底栖动物 2 门 15 种，见表 1-2-153。各监测点底栖动物种类详情见表 1-2-154。

表 1-2-153　2018 年 10 月各监测点底栖动物种类组成

	柳树村	上大湾	石空	枣园	青铜峡坝下	永宁杨和镇	头道墩	陶乐渡口
环节动物门	1	2	3	2	1	3	2	2
软体动物门	1	1	3		3		3	1
节肢动物门	3	4	5		5	1	2	4
合　计	5	7	11	2	9	4	7	7

表 1-2-154　2018 年 10 月各监测点底栖动物检出种类

	柳树村	上大湾	石空	枣园	青铜峡坝下	永宁杨和镇	头道墩	陶乐渡口
环节动物门 ANNELIDA								
霍甫水丝蚓 *Limmodrilus hoffmeisteri*	+	+	+	+		+		+
苏氏尾鳃蚓 *Branchiura sowerbyi*	+	+	+	+	+	+		+
八目石蛭 *Erpobdella octoculata*			+			+	+	
宽身舌蛭 *Glossiphonia lata*							+	
软体动物门 MOLLUSCA								
中华圆田螺 *Cipangopaiudian chinensis*		+	+		+		+	
狭萝卜螺 *Radix lagotis*	+		+		+		+	
背角无齿蚌 *Anodonta woodiana*			+		+		+	+
节肢动物门 ARTHROPODA								
钩虾 *Gammarus* sp.							+	
秀丽白虾 *Palaemon modestus*	+	+	+		+		+	

	柳树村	上大湾	石空	枣园	青铜峡坝下	永宁杨和镇	头道墩	陶乐渡口
中华小长臂虾 *Palaemonetes sinensis*	+	+	+		+			+
日本沼虾 *Macrobrachium nipponense*			+		+			+
划蝽 *Sigara* sp.								+
龙虱 *Dytiscus* sp.								+
隐摇蚊 *Cryptochironomus* sp.		+	+		+	+		
多足摇蚊 *Polypedilum* sp.	+	+	+		+			

2.3.5.2　底栖动物密度与生物量

2018 年 10 月，黄河各监测点的底栖动物密度变化范围为 107~1 430 个/m²，头道墩最小，石空最大。底栖动物生物量变化范围为 0.5~950.8 g/m²，枣园最小，石空最大。各监测点底栖动物的密度与生物量详情见表 1-2-155。

表 1-2-155　2018 年 10 月各监测点底栖动物密度与生物量

	密度/(ind.·m⁻²)	生物量/(g·m⁻²)
柳树村	1 081	256.9
上大湾	917	268.1
石空	1 430	950.8
枣园	663	0.5
青铜峡坝下	477	837.0
永宁杨和镇	843	8.4
头道墩	107	481.8
陶乐渡口	1 196	559.8

2.3.5.3　底栖动物多样性与优势种

2018 年 10 月，黄河各监测点的底栖动物 Shannon–Wiener 多样性指数变化范围为 0.438~1.778,枣园最小,青铜峡坝下最大。底栖动物以寡毛类为主要优势种类,如霍甫水丝蚓、苏氏尾鳃蚓等。各监测点底栖动物的多样性指数和优势种类详情见表1-2-156。

表 1-2-156　2018 年 10 月各监测点底栖动物多样性指数与优势种类

	多样性指数	优势种
柳树村	1.247	霍甫水丝蚓 Limmodrilus hoffmeisteri
上大湾	1.120	苏氏尾鳃蚓 Branchiura sowerbyi
石空	1.756	霍甫水丝蚓 Limmodrilus hoffmeisteri
枣园	0.438	霍甫水丝蚓 Limmodrilus hoffmeisteri
青铜峡坝下	1.778	中华圆田螺 Cipangopaiudian chinensis
永宁杨和镇	0.821	霍甫水丝蚓 Limmodrilus hoffmeisteri
头道墩	1.226	中华圆田螺 Cipangopaiudian chinensis
陶乐渡口	1.412	苏氏尾鳃蚓 Branchiura sowerbyi

2.3.6　2019 年 3 月各监测点底栖动物详情

2.3.6.1　底栖动物种类组成

2019 年 3 月,黄河 8 个监测点共调查到底栖动物 3 门 5 种,见表1-2-157。各监测点底栖动物种类详情见表1-2-158。

表 1-2-157　2019 年 3 月各监测点底栖动物种类组成

	柳树村	上大湾	石空	枣园	青铜峡坝下	永宁杨和镇	头道墩	陶乐渡口
环节动物门	1	2	1	1		1	1	1
软体动物门	1	1			1		1	
节肢动物门	1	2	1	1	2	1	2	1
合　计	3	5	3	2	3	2	4	2

表 1-2-158　2019 年 3 月各监测点底栖动物检出种类

	柳树村	上大湾	石空	枣园	青铜峡坝下	永宁杨和镇	头道墩	陶乐渡口
环节动物门 ANNELIDA								
霍甫水丝蚓 *Limmodrilus hoffmeisteri*	+	+						+
苏氏尾鳃蚓 *Branchiura sowerbyi*		+	+	+		+	+	
软体动物门 MOLLUSCA								
中华圆田螺 *Cipangopaiudian chinensis*	+	+	+		+		+	
狭萝卜螺 *Radix lagotis*								
节肢动物门 ARTHROPODA								
隐摇蚊 *Cryptochironomus* sp.		+	+		+	+	+	
多足摇蚊 *Polypedilum* sp.	+	+		+	+		+	+

2.3.6.2　底栖动物密度与生物量

2019 年 3 月，黄河各监测点的底栖动物密度变化范围为 18~35 个/m²，石空最小，上大湾最大。底栖动物生物量变化范围为 1.2~74.8 g/m²，永宁杨和镇最小，石空最大。各监测点底栖动物的密度与生物量详情见表 1-2-159。

表 1-2-159　2019 年 3 月各监测点底栖动物密度与生物量

	密度/(ind.·m⁻²)	生物量/(g·m⁻²)
柳树村	30	17.0
上大湾	35	27.9
石空	18	74.8
枣园	28	36.1
青铜峡坝下	25	61.7
永宁杨和镇	22	1.2
头道墩	19	18.8
陶乐渡口	24	26.9

2.3.6.3 底栖动物多样性与优势种

2019 年 3 月，黄河各监测点的底栖动物 Shannon-Wiener 多样性指数变化范围为 0.358~1.071，枣园最小，青铜峡坝下最大。底栖动物以寡毛类为主要优势种类，如霍甫水丝蚓、苏氏尾鳃蚓等。各监测点底栖动物的多样性指数和优势种类详情见表 1-2-160。

表 1-2-160 2019 年 4 月各监测点底栖动物多样性指数与优势种类

	多样性指数	优势种
柳树村	0.765	霍甫水丝蚓 *Limmodrilus hoffmeisteri*
上大湾	0.926	霍甫水丝蚓 *Limmodrilus hoffmeisteri*
石空	0.805	苏氏尾鳃蚓 *Branchiura sowerbyi*
枣园	0.358	苏氏尾鳃蚓 *Branchiura sowerbyi*
青铜峡坝下	1.071	多足摇蚊 *Polypedilum sp.*
永宁杨和镇	0.410	苏氏尾鳃蚓 *Branchiura sowerbyi*
头道墩	0.873	多足摇蚊 *Polypedilum sp.*
陶乐渡口	0.746	霍甫水丝蚓 *Limmodrilus hoffmeisteri*

2.3.7 2019 年 4 月各监测点底栖动物详情

2.3.7.1 底栖动物种类组成

2019 年 4 月，黄河 8 个监测点共调查到底栖动物 3 门 5 种，见表 1-2-161。各监测点底栖动物种类详情见表 1-2-162。

表 1-2-161 2019 年 4 月各监测点底栖动物种类组成

	柳树村	上大湾	石空	枣园	青铜峡坝下	永宁杨和镇	头道墩	陶乐渡口
环节动物门	2	1	2	2	1	2	2	2
软体动物门		1	1		1	1	1	1
节肢动物门	1	2	1	1	2	2	2	1
合　计	3	4	4	3	4	5	5	4

表 1-2-162　2019 年 4 月各监测点底栖动物检出种类

	柳树村	上大湾	石空	枣园	青铜峡坝下	永宁杨和镇	头道墩	陶乐渡口
环节动物门 ANNELIDA								
霍甫水丝蚓 *Limmodrilus hoffmeisteri*	+		+		+	+	+	+
苏氏尾鳃蚓 *Branchiura sowerbyi*	+	+	+	+			+	+
软体动物门 MOLLUSCA								
中华圆田螺 *Cipangopaiudian chinensis*		+	+		+		+	+
节肢动物门 ARTHROPODA								
隐摇蚊 *Cryptochironomus* sp.	+	+	+		+		+	
多足摇蚊 *Polypedilum* sp.		+		+	+	+	+	+

2.3.7.2　底栖动物密度与生物量

2019 年 4 月，黄河各监测点的底栖动物密度变化范围为 21~49 个/m²，石空最小，柳树村最大。底栖动物生物量变化范围为 0.8~35.8 g/m²，永宁杨和镇最小，青铜峡坝下最大。各监测点底栖动物的密度与生物量详情见表 1-2-163。

表 1-2-163　2019 年 4 月各监测点底栖动物密度与生物量

	密度/(ind.·m⁻²)	生物量/(g·m⁻²)
柳树村	49	1.7
上大湾	26	24.2
石空	21	32.4
枣园	42	1.4
青铜峡坝下	28	35.8
永宁杨和镇	28	0.8
头道墩	39	24.6
陶乐渡口	32	5.4

2.3.7.3　底栖动物多样性与优势种

2019 年 4 月，黄河各监测点的底栖动物 Shannon-Wiener 多样性指数变化范围为 0.568~1.071，枣园最小，青铜峡坝下最大。底栖动物以寡毛类和螺类为主要优势种类，如霍甫水丝蚓、中华圆田螺等。各监测点底栖动物的多样性指数和优势种类详情见表 1-2-164。

表 1-2-164　2019 年 4 月各监测点底栖动物多样性指数与优势种类

	多样性指数	优势种
柳树村	0.765	霍甫水丝蚓 Limmodrilus hoffmeisteri
上大湾	0.798	霍甫水丝蚓 Limmodrilus hoffmeisteri
石空	0.805	中华圆田螺 Cipangopaiudian chinensis
枣园	0.568	苏氏尾鳃蚓 Branchiura sowerbyi
青铜峡坝下	1.071	中华圆田螺 Cipangopaiudian chinensis
永宁杨和镇	0.953	霍甫水丝蚓 Limmodrilus hoffmeisteri
头道墩	1.014	中华圆田螺 Cipangopaiudian chinensis
陶乐渡口	0.941	霍甫水丝蚓 Limmodrilus hoffmeisteri

2.3.8　2019 年 5 月各监测点底栖动物详情

2.3.8.1　底栖动物种类组成

2019 年 5 月，黄河 8 个监测点共调查到底栖动物 3 门 8 种，见表 1-2-165。各监测点底栖动物种类详情见表 1-2-166。

表 1-2-165　2019 年 5 月各监测点底栖动物种类组成

	柳树村	上大湾	石空	枣园	青铜峡坝下	永宁杨和镇	头道墩	陶乐渡口
环节动物门	2	2	2	2	1	2	2	2
软体动物门	2	1	1	1	2	2	2	1
节肢动物门	3	3	2	3	2	2	2	3
合　计	7	6	5	6	5	6	6	6

表 1-2-166　2019 年 5 月各监测点底栖动物检出种类

	柳树村	上大湾	石空	枣园	青铜峡坝下	永宁杨和镇	头道墩	陶乐渡口
环节动物门 ANNELIDA								
霍甫水丝蚓 *Limmodrilus hoffmeisteri*	+	+	+	+	+	+	+	+
苏氏尾鳃蚓 *Branchiura sowerbyi*	+	+	+	+		+	+	+
软体动物门 MOLLUSCA								
中华圆田螺 *Cipangopaiudian chinensis*	+	+	+		+	+	+	+
狭萝卜螺 *Radix lagotis*	+			+	+	+	+	
节肢动物门 ARTHROPODA								
钩虾 *Gammarus* sp.	+			+	+			+
龙虱 *Dytiscus* sp.		+						
隐摇蚊 *Cryptochironomus* sp.	+	+	+	+	+	+	+	+
多足摇蚊 *Polypedilum* sp.	+	+		+	+	+	+	+

2.3.8.2　底栖动物密度与生物量

2019 年 5 月，黄河各监测点的底栖动物密度变化范围为 32~66 个/m²，石空最小，柳树村最大。底栖动物生物量变化范围为 32.2~134.3 g/m²，永宁杨和镇最小，石空最大。各监测点底栖动物的密度与生物量详情见表 1-2-167。

表 1-2-167　2019 年 5 月各监测点底栖动物密度与生物量

	密度/(ind.·m⁻²)	生物量/(g·m⁻²)
柳树村	66	34.0
上大湾	63	51.7
石空	32	134.3
枣园	50	64.8
青铜峡坝下	45	110.9
永宁杨和镇	40	32.2
头道墩	34	33.7
陶乐渡口	43	48.3

2.3.8.3 底栖动物多样性与优势种

2019 年 5 月，黄河各监测点的底栖动物 Shannon-Wiener 多样性指数变化范围为 0.926~1.355，枣园最小，柳树村最大。底栖动物以寡毛类为主要优势种类，如霍甫水丝蚓。各监测点底栖动物的多样性指数和优势种类详情见表 1-2-168。

表 1-2-168 2019 年 5 月各监测点底栖动物多样性指数与优势种类

	多样性指数	优势种
柳树村	1.355	霍甫水丝蚓 *Limmodrilus hoffmeisteri*
上大湾	1.120	霍甫水丝蚓 *Limmodrilus hoffmeisteri*
石空	1.179	霍甫水丝蚓 *Limmodrilus hoffmeisteri*
枣园	0.926	霍甫水丝蚓 *Limmodrilus hoffmeisteri*
青铜峡坝下	1.243	中华圆田螺 *Cipangopaiudian chinensis*
永宁杨和镇	1.061	霍甫水丝蚓 *Limmodrilus hoffmeisteri*
头道墩	1.226	多足摇蚊 *Polypedilum* sp.
陶乐渡口	1.321	中华圆田螺 *Cipangopaiudian chinensis*

2.3.9 2019 年 6 月各监测点底栖动物详情

2.3.9.1 底栖动物种类组成

2019 年 6 月，黄河 8 个监测点共调查到底栖动物 3 门 12 种，见表 1-2-169。各监测点底栖动物种类详情见表 1-2-170。

表 1-2-169 2019 年 6 月各监测点底栖动物种类组成

	柳树村	上大湾	石空	枣园	青铜峡坝下	永宁杨和镇	头道墩	陶乐渡口
环节动物门	2	2	2	1	1	1	2	1
软体动物门	1	1	2	2	1	1	2	1
节肢动物门	2	3	3	2	2	1	2	3
合　计	5	6	7	5	4	3	6	5

表 1-2-170　2019 年 6 月各监测点底栖动物检出种类

	柳树村	上大湾	石空	枣园	青铜峡坝下	永宁杨和镇	头道墩	陶乐渡口
环节动物门 ANNELIDA								
霍甫水丝蚓 *Limmodrilus hoffmeisteri*	+	+	+		+		+	
苏氏尾鳃蚓 *Branchiura sowerbyi*	+	+	+	+		+		+
软体动物门 MOLLUSCA								
中华圆田螺 *Cipangopaiudian chinensis*		+	+	+	+		+	
狭萝卜螺 *Radix lagotis*	+				+	+		
背角无齿蚌 *Anodonta woodiana*			+					+
节肢动物门 ARTHROPODA								
钩虾 *Gammarus* sp.			+		+		+	+
秀丽白虾 *Palaemon modestus*		+			+		+	
中华小长臂虾 *Palaemonetes sinensis*	+	+						
日本沼虾 *Macrobrachium nipponense*			+					
龙虱 *Dytiscus* sp.								+
隐摇蚊 *Cryptochironomus* sp.			+	+			+	
多足摇蚊 *Polypedilum* sp.	+	+			+	+	+	+

2.3.9.2　底栖动物密度与生物量

2019 年 6 月，黄河各监测点的底栖动物密度变化范围为 58~274 个/m²,青铜峡坝下最小,上大湾最大。底栖动物生物量变化范围为 49.5~670.0 g/m²,永宁杨和镇最小,石空最大。各监测点底栖动物的密度与生物量详情见表 1-2-171。

2.3.9.3　底栖动物多样性与优势种

2019 年 6 月,黄河各监测点的底栖动物 Shannon-Wiener 多样性指数变化范围为 0.821~1.425,永宁杨和镇最小,石空最大。底栖动物以寡毛类为主要优

表 1-2-171　2019 年 6 月各监测点底栖动物密度与生物量

	密度/(ind.·m⁻²)	生物量/(g·m⁻²)
柳树村	237	134.1
上大湾	274	220.1
石空	143	670.0
枣园	225	285.1
青铜峡坝下	58	511.6
永宁杨和镇	172	49.5
头道墩	147	148.5
陶乐渡口	188	212.6

势种类,如苏氏尾鳃蚓、霍甫水丝蚓等。各监测点底栖动物的多样性指数和优势种类详情见表 1-2-172。

表 1-2-172　2019 年 6 月各监测点底栖动物多样性指数与优势种类

	多样性指数	优势种
柳树村	1.120	霍甫水丝蚓 *Limmodrilus hoffmeisteri*
上大湾	1.120	霍甫水丝蚓 *Limmodrilus hoffmeisteri*
石空	1.425	苏氏尾鳃蚓 *Branchiura sowerbyi*
枣园	0.926	苏氏尾鳃蚓 *Branchiura sowerbyi*
青铜峡坝下	1.243	中华圆田螺 *Cipangopaiudian chinensis*
永宁杨和镇	0.821	苏氏尾鳃蚓 *Branchiura sowerbyi*
头道墩	1.129	苏氏尾鳃蚓 *Branchiura sowerbyi*
陶乐渡口	1.216	多足摇蚊 *Polypedilum* sp.

2.3.10　2019 年 7 月各监测点底栖动物详情

2.3.10.1　底栖动物种类组成

2019 年 7 月,黄河 8 个监测点共调查到底栖动物 3 门 15 种,见表 1-2-173。各监测点底栖动物种类详情见表 1-2-174。

表 1-2-173　2019 年 7 月各监测点底栖动物种类组成

	柳树村	上大湾	石空	枣园	青铜峡坝下	永宁杨和镇	头道墩	陶乐渡口
环节动物门	2	3	1	1	1	3	1	1
软体动物门	1		2	1	3	2	3	2
节肢动物门	4	2	3	2	3	2	1	4
合　计	7	5	6	4	7	7	5	7

表 1-2-174　2019 年 7 月各监测点底栖动物检出种类

	柳树村	上大湾	石空	枣园	青铜峡坝下	永宁杨和镇	头道墩	陶乐渡口
环节动物门 ANNELIDA								
霍甫水丝蚓 *Limmodrilus hoffmeisteri*	+	+					+	
苏氏尾鳃蚓 *Branchiura sowerbyi*	+	+	+	+	+	+		+
八目石蛭 *Erpobdella octoculata*		+				+		
宽身舌蛭 *Glossiphonia lata*								
软体动物门 MOLLUSCA								
中华圆田螺 *Cipangopaiudian chinensis*					+		+	
狭萝卜螺 *Radix lagotis*	+		+		+	+	+	+
背角无齿蚌 *Anodonta woodiana*			+		+	+	+	+
节肢动物门 ARTHROPODA								
钩虾 *Gammarus* sp.	+				+		+	
秀丽白虾 *Palaemon modestus*			+					
中华小长臂虾 *Palaemonetes sinensis*	+				+			+
日本沼虾 *Macrobrachium nipponense*				+	+			
划蝽 *Sigara* sp.								+
隐摇蚊 *Cryptochironomus* sp.	+	+	+			+		+
多足摇蚊 *Polypedilum* sp.	+	+	+	+		+		+

2.3.10.2 底栖动物密度与生物量

2019 年 7 月，黄河各监测点的底栖动物密度变化范围为 64~677 个/m²，枣园最小，上大湾最大。底栖动物生物量变化范围为 46.845~753.336 g/m²，枣园最小，青铜峡坝下最大。各监测点底栖动物的密度与生物量详情见表 1-2-175。

表 1-2-175　2019 年 7 月各监测点底栖动物密度与生物量

	密度/(ind.·m⁻²)	生物量/(g·m⁻²)
柳树村	636	133.0
上大湾	677	119.1
石空	280	649.4
枣园	64	46.8
青铜峡坝下	260	753.3
永宁杨和镇	222	261.1
头道墩	248	160.2
陶乐渡口	433	321.7

2.3.10.3 底栖动物多样性与优势种

2019 年 7 月，黄河各监测点的底栖动物 Shannon-Wiener 多样性指数变化范围为 0.716~1.503，枣园最小，青铜峡坝下最大。底栖动物以寡毛类和摇蚊类为主要优势种类，如霍甫水丝蚓、苏氏尾鳃蚓、多足摇蚊等。各监测点底栖动物的多样性指数和优势种类详情见表1-2-176。

表 1-2-176　2019 年 7 月各监测点底栖动物多样性指数与优势种类

	多样性指数	优势种
柳树村	1.448	霍甫水丝蚓 *Limmodrilus hoffmeisteri*
上大湾	0.926	霍甫水丝蚓 *Limmodrilus hoffmeisteri*
石空	1.312	苏氏尾鳃蚓 *Branchiura sowerbyi*
枣园	0.716	苏氏尾鳃蚓 *Branchiura sowerbyi*

	多样性指数	优势种
青铜峡坝下	1.503	多足摇蚊 *Polypedilum* sp.
永宁杨和镇	1.152	多足摇蚊 *Polypedilum* sp.
头道墩	1.014	霍甫水丝蚓 *Limmodrilus hoffmeisteri*
陶乐渡口	1.412	多足摇蚊 *Polypedilum* sp.

2.3.11 2019 年 8 月各监测点底栖动物详情

2.3.11.1 底栖动物种类组成

2019 年 8 月，黄河 8 个监测点共调查到底栖动物 3 门 14 种，见表 1-2-177。各监测点底栖动物种类详情见表 1-2-178。

表 1-2-177 2019 年 8 月各监测点底栖动物种类组成

	柳树村	上大湾	石空	枣园	青铜峡坝下	永宁杨和镇	头道墩	陶乐渡口
环节动物门	2	1	2	3	2	2	3	2
软体动物门	1	2	2	1	2	1	2	2
节肢动物门	4	4	5	3	4	1	2	3
合 计	7	7	9	7	8	4	7	7

表 1-2-178 2019 年 8 月各监测点底栖动物检出种类

	柳树村	上大湾	石空	枣园	青铜峡坝下	永宁杨和镇	头道墩	陶乐渡口
环节动物门 ANNELIDA								
霍甫水丝蚓 *Limmodrilus hoffmeisteri*	+	+	+	+		+	+	+
苏氏尾鳃蚓 *Branchiura sowerbyi*	+		+	+	+			
八目石蛭 *Erpobdella octoculata*					+	+	+	+
宽身舌蛭 *Glossiphonia lata*					+		+	
软体动物门 MOLLUSCA								

	柳树村	上大湾	石空	枣园	青铜峡坝下	永宁杨和镇	头道墩	陶乐渡口
中华圆田螺 *Cipangopaiudian chinensis*		+		+	+		+	+
狭萝卜螺 *Radix lagotis*	+	+	+		+			
背角无齿蚌 *Anodonta woodiana*			+			+	+	+
节肢动物门 ARTHROPODA								
钩虾 *Gammarus* sp.			+				+	
秀丽白虾 *Palaemon modestus*	+	+			+			
中华小长臂虾 *Palaemonetes sinensis*	+	+	+		+		+	
日本沼虾 *Macrobrachium nipponense*			+	+				+
划蝽 *Sigara* sp.	+		+					
隐摇蚊 *Cryptochironomus* sp.		+		+	+			+
多足摇蚊 *Polypedilum* sp.	+	+	+	+	+	+		+

2.3.11.2 底栖动物密度与生物量

2019 年 8 月,黄河各监测点的底栖动物密度变化范围为 279~835 个/m²,枣园最小,上大湾最大。底栖动物生物量变化范围为 146.9~928.9 g/m²,上大湾最小,青铜峡坝下最大。各监测点底栖动物的密度与生物量详情见表1-2-179。

表 1-2-179 2019 年 8 月各监测点底栖动物密度与生物量

	密度/(ind.·m⁻²)	生物量/(g·m⁻²)
柳树村	784	164.0
上大湾	835	146.9
石空	545	800.8
枣园	279	257.8
青铜峡坝下	321	928.9

	密度/(ind.·m⁻²)	生物量/(g·m⁻²)
永宁杨和镇	447	322.0
头道墩	406	197.5
陶乐渡口	634	396.6

2.3.11.3 底栖动物多样性与优势种

2019 年 8 月,黄河各监测点的底栖动物 Shannon-Wiener 多样性指数变化范围为 0.821~1.697,永宁杨和镇最小,青铜峡坝下最大。底栖动物以寡毛类和摇蚊类为主要优势种类,如霍甫水丝蚓、多足摇蚊等。各监测点底栖动物的多样性指数和优势种类详情见表 1-2-180。

表 1-2-180　2019 年 8 月各监测点底栖动物多样性指数与优势种类

	多样性指数	优势种
柳树村	1.248	霍甫水丝蚓 Limmodrilus hoffmeisteri
上大湾	1.197	霍甫水丝蚓 Limmodrilus hoffmeisteri
石空	1.609	多足摇蚊 Polypedilum sp.
枣园	1.006	霍甫水丝蚓 Limmodrilus hoffmeisteri
青铜峡坝下	1.697	多足摇蚊 Polypedilum sp.
永宁杨和镇	0.821	霍甫水丝蚓 Limmodrilus hoffmeisteri
头道墩	1.310	霍甫水丝蚓 Limmodrilus hoffmeisteri
陶乐渡口	1.321	多足摇蚊 Polypedilum sp.

2.3.12 2019 年 9 月各监测点底栖动物详情

2.3.12.1 底栖动物种类组成

2019 年 9 月,黄河 8 个监测点共调查到底栖动物 3 门 14 种,见表 1-2-181。各监测点底栖动物种类详情见表 1-2-182。

表 1-2-181　2019 年 9 月各监测点底栖动物种类组成

	柳树村	上大湾	石空	枣园	青铜峡坝下	永宁杨和镇	头道墩	陶乐渡口
环节动物门	2	1	1	1	1	1	1	1
软体动物门	1	1	1	1	2	1	1	1
节肢动物门	2	2	5	1	4	3	3	4
合　计	5	4	7	3	7	5	5	6

表 1-2-182　2019 年 9 月各监测点底栖动物检出种类

	柳树村	上大湾	石空	枣园	青铜峡坝下	永宁杨和镇	头道墩	陶乐渡口
环节动物门 ANNELIDA								
霍甫水丝蚓 Limmodrilus hoffmeisteri	+	+			+	+		+
苏氏尾鳃蚓 Branchiura sowerbyi	+		+					
八目石蛭 Erpobdella octoculata							+	
宽身舌蛭 Glossiphonia lata					+			
软体动物门 MOLLUSCA								
中华圆田螺 Cipangopaiudian chinensis	+	+			+	+	+	
狭萝卜螺 Radix lagotis			+					
背角无齿蚌 Anodonta woodiana					+	+		+
节肢动物门 ARTHROPODA								
秀丽白虾 Palaemon modestus			+			+	+	+
中华小长臂虾 Palaemonetes sinensis	+		+		+			+
日本沼虾 Macrobrachium nipponense			+	+	+			
划蝽 Sigara sp.							+	
龙虱 Dytiscus sp.							+	+
隐摇蚊 Cryptochironomus sp.		+	+		+	+		
多足摇蚊 Polypedilum sp.	+	+	+		+	+		+

2.3.12.2 底栖动物密度与生物量

2019 年 9 月,黄河各监测点的底栖动物密度变化范围为 385~861 个/m²,青铜峡坝下最小,陶乐渡口最大。底栖动物生物量变化范围为 176.3~1 114.8 g/m²,上大湾最小,青铜峡坝下最大。各监测点底栖动物的密度与生物量详情见表 1-2-183。

表 1-2-183　2019 年 9 月各监测点底栖动物密度与生物量

	密度/(ind.·m⁻²)	生物量/(g·m⁻²)
柳树村	841	196.8
上大湾	702	176.3
石空	554	961.1
枣园	435	309.3
青铜峡坝下	385	1 114.8
永宁杨和镇	536	386.4
头道墩	587	237.0
陶乐渡口	861	476.0

2.3.12.3 底栖动物多样性与优势种

2019 年 9 月,黄河各监测点的底栖动物 Shannon-Wiener 多样性指数变化范围为 0.716~1.503,枣园最小,青铜峡坝下最大。底栖动物以寡毛类和摇蚊类为主要优势种类,如霍甫水丝蚓、多足摇蚊。各监测点底栖动物的多样性指数和优势种类详情见表 1-2-184。

表 1-2-184　2019 年 9 月各监测点底栖动物多样性指数与优势种类

	多样性指数	优势种
柳树村	1.247	霍甫水丝蚓 *Limmodrilus hoffmeisteri*
上大湾	0.798	霍甫水丝蚓 *Limmodrilus hoffmeisteri*
石空	1.425	多足摇蚊 *Polypedilum* sp.

	多样性指数	优势种
枣园	0.716	背角无齿蚌 *Anodonta woodiana*
青铜峡坝下	1.503	多足摇蚊 *Polypedilum* sp.
永宁杨和镇	0.953	霍甫水丝蚓 *Limmodrilus hoffmeisteri*
头道墩	1.014	中华圆田螺 *Cipangopaiudian chinensis*
陶乐渡口	1.216	多足摇蚊 *Polypedilum* sp.

2.3.13　2019 年 10 月各监测点底栖动物详情

2.3.13.1　底栖动物种类组成

2019 年 10 月，黄河 8 个监测点共调查到底栖动物 3 门 14 种，见表 1-2-185。各监测点底栖动物种类详情见表 1-2-186。

表 1-2-185　2019 年 10 月各监测点底栖动物种类组成

	柳树村	上大湾	石空	枣园	青铜峡坝下	永宁杨和镇	头道墩	陶乐渡口
环节动物门	1	2	3	2	1	3	3	2
软体动物门	1	1	2		1	1	2	1
节肢动物门	2	3	3	1	3	2	1	3
合　计	4	6	8	3	5	6	6	6

表 1-2-186　2019 年 10 月各监测点底栖动物检出种类

	柳树村	上大湾	石空	枣园	青铜峡坝下	永宁杨和镇	头道墩	陶乐渡口
环节动物门 ANNELIDA								
霍甫水丝蚓 *Limmodrilus hoffmeisteri*	+	+	+	+		+		+
苏氏尾鳃蚓 *Branchiura sowerbyi*		+	+	+	+	+	+	+
八目石蛭 *Erpobdella octoculata*						+	+	
宽身舌蛭 *Glossiphonia lata*			+				+	

	柳树村	上大湾	石空	枣园	青铜峡坝下	永宁杨和镇	头道墩	陶乐渡口
软体动物门 MOLLUSCA								
中华圆田螺 *Cipangopaiudian chinensis*			+			+		
狭萝卜螺 *Radix lagotis*	+	+					+	+
背角无齿蚌 *Anodonta woodiana*			+		+		+	
节肢动物门 ARTHROPODA								
钩虾 *Gammarus* sp.					+			
秀丽白虾 *Palaemon modestus*	+		+				+	
中华小长臂虾 *Palaemonetes sinensis*		+	+		+			+
日本沼虾 *Macrobrachium nipponense*					+			
龙虱 *Dytiscus* sp.								+
隐摇蚊 *Cryptochironomus* sp.		+				+		
多足摇蚊 *Polypedilum* sp.	+	+	+	+		+		+

2.3.13.2 底栖动物密度与生物量

2019 年 10 月,黄河各监测点的底栖动物密度变化范围为 248~755 个/m²,永宁杨和镇最小,上大湾最大。底栖动物生物量变化范围为 102.2~840.2 g/m²,枣园最小,青铜峡坝下最大。各监测点底栖动物的密度与生物量详情见表 1-2-187。

表 1-2-187　2019 年 10 月各监测点底栖动物密度与生物量

	密度/(ind.·m⁻²)	生物量/(g·m⁻²)
柳树村	709	148.3
上大湾	755	132.9
石空	312	724.3

	密度/(ind.·m⁻²)	生物量/(g·m⁻²)
枣园	271	102.2
青铜峡坝下	290	840.2
永宁杨和镇	248	291.3
头道墩	277	178.6
陶乐渡口	483	358.8

2.3.13.3　底栖动物多样性与优势种

2019 年 10 月，黄河各监测点的底栖动物 Shannon–Wiener 多样性指数变化范围为 0.568~1.609，枣园最小，石空最大。底栖动物以寡毛类为主要优势种类，如霍甫水丝蚓、苏氏尾鳃蚓等。各监测点底栖动物的多样性指数和优势种类详情见表 1-2-188。

表 1-2-188　2019 年 10 月各监测点底栖动物多样性指数与优势种类

	多样性指数	优势种
柳树村	1.120	霍甫水丝蚓 *Limmodrilus hoffmeisteri*
上大湾	1.031	苏氏尾鳃蚓 *Branchiura sowerbyi*
石空	1.609	霍甫水丝蚓 *Limmodrilus hoffmeisteri*
枣园	0.568	霍甫水丝蚓 *Limmodrilus hoffmeisteri*
青铜峡坝下	1.384	多足摇蚊 *Polypedilum* sp.
永宁杨和镇	1.061	霍甫水丝蚓 *Limmodrilus hoffmeisteri*
头道墩	1.129	苏氏尾鳃蚓 *Branchiura sowerbyi*
陶乐渡口	1.321	霍甫水丝蚓 *Limmodrilus hoffmeisteri*

2.3.14　2019 年 11 月各监测点底栖动物详情

2.3.14.1　底栖动物种类组成

2019 年 11 月，黄河 8 个监测点共调查到底栖动物 3 门 9 种，见表 1-2-

189。各监测点底栖动物种类详情见表 1-2-190。

表 1-2-189 2019 年 11 月各监测点底栖动物种类组成

	柳树村	上大湾	石空	枣园	青铜峡坝下	永宁杨和镇	头道墩	陶乐渡口
环节动物门	2	1	2	2	2	2	2	1
软体动物门	1	2	2	1	2	1	1	2
节肢动物门	2	3	2	2	3	3	2	2
合 计	5	5	6	5	7	6	5	5

表 1-2-190 2019 年 11 月各监测点底栖动物检出种类

	柳树村	上大湾	石空	枣园	青铜峡坝下	永宁杨和镇	头道墩	陶乐渡口
环节动物门 ANNELIDA								
霍甫水丝蚓 *Limmodrilus hoffmeisteri*	+	+	+	+	+	+	+	
苏氏尾鳃蚓 *Branchiura sowerbyi*	+		+	+	+			+
软体动物门 MOLLUSCA								
中华圆田螺 *Cipangopaiudian chinensis*	+	+	+		+	+		+
狭萝卜螺 *Radix lagotis*		+	+	+			+	+
背角无齿蚌 *Anodonta woodiana*					+			
节肢动物门 ARTHROPODA								
钩虾 *Gammarus* sp.	+			+	+		+	
划蝽 *Sigara* sp.		+				+		
隐摇蚊 *Cryptochironomus* sp.		+	+	+	+	+	+	+
多足摇蚊 *Polypedilum* sp.	+	+	+		+	+		+

2.3.14.2 底栖动物密度与生物量

2019 年 11 月,黄河各监测点的底栖动物密度变化范围为 141~413 个/m²,枣园最小,柳树村最大。底栖动物生物量变化范围为 4.8~236.9 g/m²,头道墩最小,青铜峡坝下最大。各监测点底栖动物的密度与生物量详情见表1-2-191。

表 1-2-191　2019 年 11 月各监测点底栖动物密度与生物量

	密度/(ind.·m⁻²)	生物量/(g·m⁻²)
柳树村	413	24.8
上大湾	356	33.7
石空	307	57.4
枣园	141	27.6
青铜峡坝下	367	236.9
永宁杨和镇	223	23.7
头道墩	248	4.8
陶乐渡口	158	11.7

2.3.14.3　底栖动物多样性与优势种

2019 年 11 月,黄河各监测点的底栖动物 Shannon–Wiener 多样性指数变化范围为 0.832~1.503,枣园最小,青铜峡坝下最大。底栖动物以寡毛类为主要优势种类,如霍甫水丝蚓等。各监测点底栖动物的多样性指数和优势种类详情见表 1-2-192。

表 1-2-192　2019 年 11 月各监测点底栖动物多样性指数与优势种类

	多样性指数	优势种
柳树村	1.021	霍甫水丝蚓 *Limmodrilus hoffmeisteri*
上大湾	0.926	霍甫水丝蚓 *Limmodrilus hoffmeisteri*
石空	1.425	霍甫水丝蚓 *Limmodrilus hoffmeisteri*
枣园	0.832	苏氏尾鳃蚓 *Branchiura sowerbyi*
青铜峡坝下	1.503	霍甫水丝蚓 *Limmodrilus hoffmeisteri*
永宁杨和镇	1.061	霍甫水丝蚓 *Limmodrilus hoffmeisteri*
头道墩	1.014	隐摇蚊 *Cryptochironomus* sp.
陶乐渡口	1.216	多足摇蚊 *Polypedilum* sp.

2.3.15　2019 年 12 月各监测点底栖动物详情

2.3.15.1　底栖动物种类组成

2019 年 12 月，黄河 8 个监测点共调查到底栖动物 3 门 6 种，见表 1-2-193。各监测点底栖动物种类详情见表 1-2-194。

表 1-2-193　2019 年 12 月各监测点底栖动物种类组成

	柳树村	上大湾	石空	枣园	青铜峡坝下	永宁杨和镇	头道墩	陶乐渡口
环节动物门	1	1	2	1	2	1	1	1
软体动物门	1	2	2		1	1	1	2
节肢动物门	2	1	1	1	2	2		2
合　计	4	4	5	2	5	4	2	5

表 1-2-194　2019 年 12 月各监测点底栖动物检出种类

	柳树村	上大湾	石空	枣园	青铜峡坝下	永宁杨和镇	头道墩	陶乐渡口
环节动物门 ANNELIDA								
霍甫水丝蚓 *Limmodrilus hoffmeisteri*	+		+	+	+			+
苏氏尾鳃蚓 *Branchiura sowerbyi*		+	+		+	+	+	
软体动物门 MOLLUSCA								
中华圆田螺 *Cipangopaiudian chinensis*	+	+	+		+	+	+	+
狭萝卜螺 *Radix lagotis*		+	+					+
节肢动物门 ARTHROPODA								
隐摇蚊 *Cryptochironomus* sp.	+	+			+			+
多足摇蚊 *Polypedilum* sp.	+		+	+	+	+		+

2.3.15.2　底栖动物密度与生物量

2019 年 12 月，黄河各监测点的底栖动物密度变化范围为 91~327 个/m²，永宁杨和镇最小，柳树村最大。底栖动物生物量变化范围为 16.3~167.6 g/m²，头道墩最小，青铜峡坝下最大。各监测点底栖动物的密度与生物量详情见表1-2-195。

表 1-2-195 2019 年 12 月各监测点底栖动物密度与生物量

	密度/(ind.·m^{-2})	生物量/(g·m^{-2})
柳树村	327	76.3
上大湾	134	24.6
石空	241	79.7
枣园	93	17.3
青铜峡坝下	215	167.6
永宁杨和镇	91	19.1
头道墩	204	16.3
陶乐渡口	223	21.4

2.3.15.3 底栖动物多样性与优势种

2019 年 12 月，黄河各监测点的底栖动物 Shannon-Wiener 多样性指数变化范围为 0.437~0.879，头道墩最小，石空最大。底栖动物以寡毛类为主要优势种类，如霍甫水丝蚓、苏氏尾鳃蚓等。各监测点底栖动物的多样性指数和优势种类详情见表 1-2-196。

表 1-2-196 2019 年 12 月各监测点底栖动物多样性指数与优势种类

	多样性指数	优势种
柳树村	0.765	霍甫水丝蚓 *Limmodrilus hoffmeisteri*
上大湾	0.698	苏氏尾鳃蚓 *Branchiura sowerbyi*
石空	0.879	苏氏尾鳃蚓 *Branchiura sowerbyi*
枣园	0.568	霍甫水丝蚓 *Limmodrilus hoffmeisteri*
青铜峡坝下	0.843	霍甫水丝蚓 *Limmodrilus hoffmeisteri*
永宁杨和镇	0.621	苏氏尾鳃蚓 *Branchiura sowerbyi*
头道墩	0.437	苏氏尾鳃蚓 *Branchiura sowerbyi*
陶乐渡口	0.792	霍甫水丝蚓 *Limmodrilus hoffmeisteri*

2.3.16 2020 年 1 月各监测点底栖动物详情

2.3.16.1 底栖动物种类组成

2020 年 1 月，黄河 8 个监测点共调查到底栖动物 3 门 7 种，见表 1-2-197。各监测点底栖动物种类详情见表 1-2-198。

表 1-2-197 2020 年 1 月各监测点底栖动物种类组成

	柳树村	上大湾	石空	枣园	青铜峡坝下	永宁杨和镇	头道墩	陶乐渡口
环节动物门	2	1	1	1	1	1	2	2
软体动物门	1	1	2	1	2	1	1	2
节肢动物门	1	1		1	2	1	1	1
合　计	4	3	3	3	5	3	4	5

表 1-2-198 2020 年 1 月各监测点底栖动物检出种类

	柳树村	上大湾	石空	枣园	青铜峡坝下	永宁杨和镇	头道墩	陶乐渡口
环节动物门 ANNELIDA								
霍甫水丝蚓 *Limmodrilus hoffmeisteri*	+	+	+	+		+	+	+
苏氏尾鳃蚓 *Branchiura sowerbyi*	+				+		+	+
软体动物门 MOLLUSCA								
中华圆田螺 *Cipangopaiudian chinensis*	+	+	+	+	+	+		+
狭萝卜螺 *Radix lagotis*			+				+	+
背角无齿蚌 *Anodonta woodiana*					+			
节肢动物门 ARTHROPODA								
隐摇蚊 *Cryptochironomus* sp.		+		+	+			
多足摇蚊 *Polypedilum* sp.	+				+	+	+	+

2.3.16.2 底栖动物密度与生物量

2020 年 1 月，黄河各监测点的底栖动物密度变化范围为 47~241 个/m²，永宁杨和镇最小,陶乐渡口最大。底栖动物生物量变化范围为 1.8~66.8 g/m²,柳树村最小,青铜峡坝下最大。各监测点底栖动物的密度与生物量详情见表 1-2-199。

表 1-2-199　2020 年 1 月各监测点底栖动物密度与生物量

	密度/(ind.·m⁻²)	生物量/(g·m⁻²)
柳树村	67	1.8
上大湾	207	27.3
石空	137	47.7
枣园	107	11.0
青铜峡坝下	167	66.8
永宁杨和镇	47	8.7
头道墩	153	9.7
陶乐渡口	241	29.7

2.3.16.3　底栖动物多样性与优势种

2020 年 1 月,黄河各监测点的底栖动物 Shannon-Wiener 多样性指数变化范围为 0.513~0.831,枣园最小,青铜峡坝下最大。底栖动物以寡毛类为主要优势种类,如霍甫水丝蚓等。各监测点底栖动物的多样性指数和优势种类详情见表 1-2-200。

表 1-2-200　2020 年 1 月各监测点底栖动物多样性指数与优势种类

	多样性指数	优势种
柳树村	0.533	苏氏尾鳃蚓 *Branchiura sowerbyi*
上大湾	0.632	霍甫水丝蚓 *Limmodrilus hoffmeisteri*
石空	0.705	霍甫水丝蚓 *Limmodrilus hoffmeisteri*
枣园	0.513	霍甫水丝蚓 *Limmodrilus hoffmeisteri*
青铜峡坝下	0.831	苏氏尾鳃蚓 *Branchiura sowerbyi*
永宁杨和镇	0.607	霍甫水丝蚓 *Limmodrilus hoffmeisteri*
头道墩	0.559	苏氏尾鳃蚓 *Branchiura sowerbyi*
陶乐渡口	0.683	苏氏尾鳃蚓 *Branchiura sowerbyi*

2.3.17 2020年2月各监测点底栖动物详情

2.3.17.1 底栖动物种类组成

2020年2月，黄河8个监测点共调查到底栖动物3门6种，见表1-2-201。各监测点底栖动物种类详情见表1-2-202。

表1-2-201 2020年2月各监测点底栖动物种类组成

	柳树村	上大湾	石空	枣园	青铜峡坝下	永宁杨和镇	头道墩	陶乐渡口
环节动物门	2	2	2	1	1	1	1	1
软体动物门			1		1	1		1
节肢动物门	1	1		1	1	1	1	1
合 计	3	3	3	2	3	3	2	3

表1-2-202 2020年2月各监测点底栖动物检出种类

	柳树村	上大湾	石空	枣园	青铜峡坝下	永宁杨和镇	头道墩	陶乐渡口
环节动物门 ANNELIDA								
霍甫水丝蚓 *Limmodrilus hoffmeisteri*	+	+	+	+		+	+	
苏氏尾鳃蚓 *Branchiura sowerbyi*	+	+	+		+			+
软体动物门 MOLLUSCA								
中华圆田螺 *Cipangopaiudian chinensis*			+		+	+		
背角无齿蚌 *Anodonta woodiana*								+
节肢动物门 ARTHROPODA								
隐摇蚊 *Cryptochironomus* sp.		+		+				
多足摇蚊 *Polypedilum* sp.	+				+	+	+	+

2.3.17.2 底栖动物密度与生物量

2020年2月，黄河各监测点的底栖动物密度变化范围为66~183个/m²，底栖动物生物量变化范围为1.1~133.7 g/m²，密度与生物量枣园均为最小，密度青铜峡坝下最大,生物量陶乐渡口最大。各监测点底栖动物的密度与生物量详情见表 1-2-203。

表 1-2-203　2020 年 2 月各监测点底栖动物密度与生物量

	密度/(ind.·m⁻²)	生物量/(g·m⁻²)
柳树村	84	1.4
上大湾	134	2.7
石空	156	33.7
枣园	66	1.1
青铜峡坝下	183	86.7
永宁杨和镇	80	62.6
头道墩	160	3.3
陶乐渡口	120	133.7

2.3.17.3　底栖动物多样性与优势种

2020 年 2 月,黄河各监测点的底栖动物 Shannon-Wiener 多样性指数变化范围为 0.431~0.746,枣园最小,青铜峡坝下最大。底栖动物以寡毛类为主要优势种类,如霍甫水丝蚓等。各监测点底栖动物的多样性指数和优势种类详情见表 1-2-204。

表 1-2-204　2020 年 2 月各监测点底栖动物多样性指数与优势种类

	多样性指数	优势种
柳树村	0.612	霍甫水丝蚓 *Limmodrilus hoffmeisteri*
上大湾	0.663	苏氏尾鳃蚓 *Branchiura sowerbyi*
石空	0.547	苏氏尾鳃蚓 *Branchiura sowerbyi*
枣园	0.431	霍甫水丝蚓 *Limmodrilus hoffmeisteri*
青铜峡坝下	0.746	多足摇蚊 *Polypedilum* sp.
永宁杨和镇	0.652	霍甫水丝蚓 *Limmodrilus hoffmeisteri*
头道墩	0.511	霍甫水丝蚓 *Limmodrilus hoffmeisteri*
陶乐渡口	0.704	苏氏尾鳃蚓 *Branchiura sowerbyi*

2.3.18 底栖动物的群落结构及数量变化

2018年6月至2018年10月、2019年3月至2019年12月、2020年1—2月，在黄河宁夏段布设的8个点位采集底栖动物样品17次。经鉴定，共发现3门15种底栖动物，其中环节动物门4种、软体动物门3种、节肢动物门8种。

统计分析了黄河宁夏段底栖动物的密度、生物量及多样性指数，结果如下：

除2018年9月头道墩监测点没有采集到底栖动物外，黄河宁夏段各监测点底栖动物密度范围为21~1 430个/m²，生物量范围为0.1~1 735.2 g/m²。底栖动物密度峰值出现在2018年10月，生物量的峰值出现在2018年6月，且均为石空监测点。底栖动物的密度和生物量在2018年9月、2019年3月、2019年4月、2019年5月出现谷值，见图1-2-7、图1-2-8。各监测点底栖动物的平均密度范围是242.24~487.12个/m²，平均生物量为126.1~578.7 g/m²。其中底栖动物密度最大的监测点是柳树村，生物量最大的监测点是石空。

除2018年9月头道墩监测点外，黄河各监测点浮游植物的多样性指数范围为0~1.778，见图1-2-9。各监测点底栖动物的平均多样性指数为0.653~1.334，其中青铜峡坝下的平均多样性指数最大，枣园最小。总体来看，黄河各监测点的优势种类主要为环节动物门寡毛类、节肢动物门摇蚊类，具有代表性的优势种类为霍甫水丝蚓、多足摇蚊。

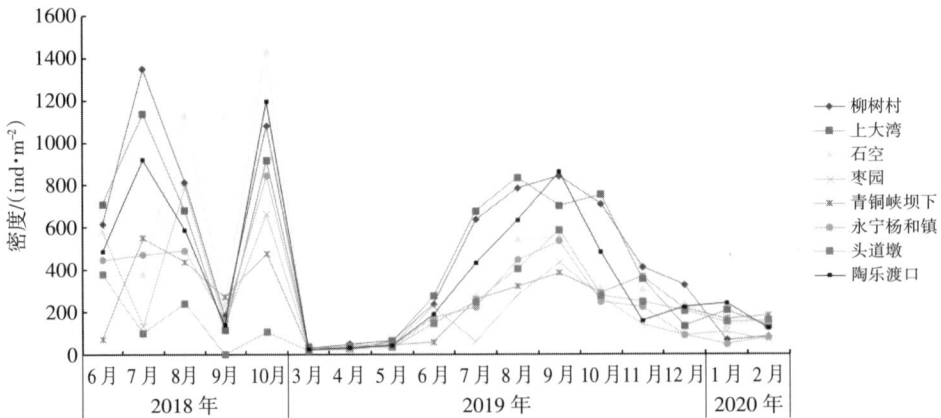

图1-2-7 各监测点底栖动物密度变化曲线

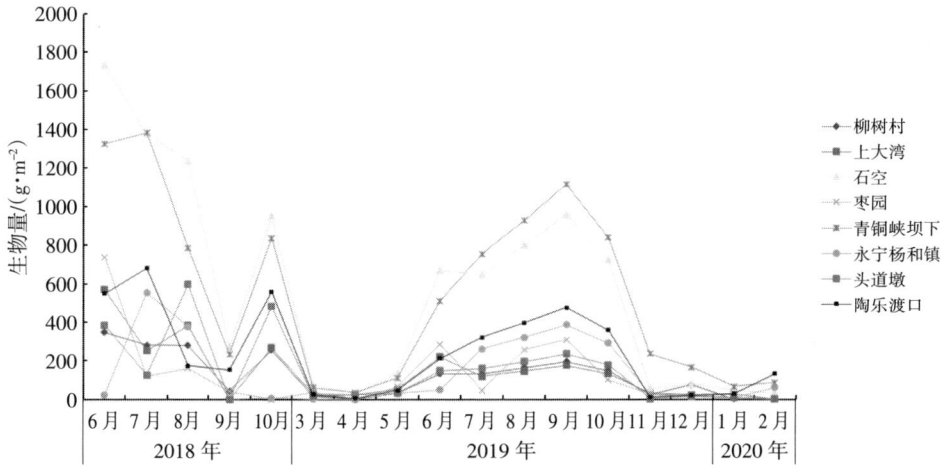

图 1-2-8　各监测点底栖动物生物量变化曲线

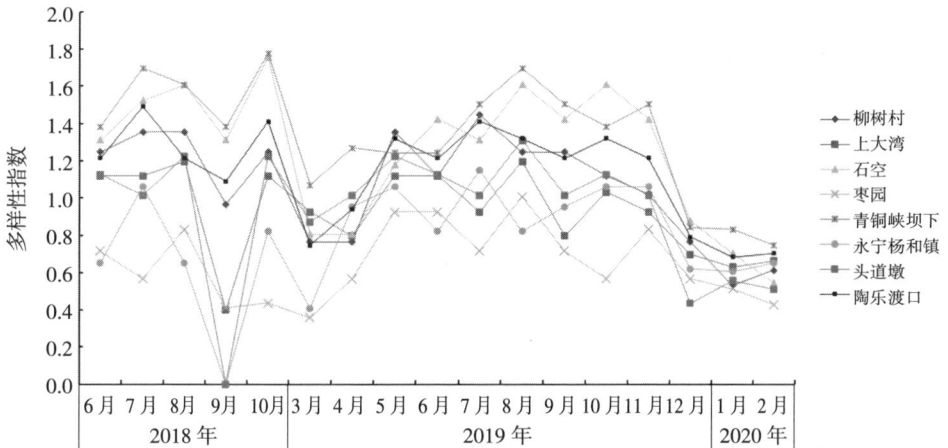

图 1-2-9　各监测点底栖动物多样性变化曲线

2.4　水生植物及河岸带植物

2.4.1　黄河各河段水生植物种类组成

将黄河各监测点分为柳树村—上大湾、石空—枣园、青铜峡坝下—陶乐渡口三个河段,各断面水生植物种类组成详情见表 1-2-205。在调查过程中,共发现 3 类 39 种水生植物,其中浮水植物 13 种、挺水植物 11 种、沉水植物 14 种。

表 1-2-205　各河段水生植物种类组成

类别	种（属）名	柳树村—上大湾	石空—枣园	青铜峡坝下—陶乐渡口
浮水植物	苹 Marsilea quadrifolia	+	+	+
	槐叶苹 Salvinia natans	+	+	+
	细叶满江红 Azolla filiculoides		+	+
	菱 Trapa sp.	+	+	+
	水芹 Oenanthe javanica	+		
	芡实 Euryale ferox	+		
	莲 Nelumbo nucifera			+
	睡莲 Nymphaea teragona			+
	凤眼蓝 Eichhornia crassipes			+
	浮萍 Lemna minor	+	+	+
	紫萍 Spirodela polyrrhiza		+	
	芜萍 Wolffia arrhiza			+
	荇菜 Nymphodies peltate	+	+	+
挺水植物	菖蒲 Acorus calamus	+	+	+
	芦苇 Phragmites australis	+	+	+
	菰 Zizania latifolia		+	+
	荆三棱 Scirpus yagara		+	+
	水葱 Scirpus validus	+	+	+
	荸荠 Eleocharis dulcis		+	+
	鸭舌草 Monochoria vaginalis			+
	黑三棱 Sparganium stoloniferum			+
	野慈姑 Sagittaria trifolia	+		+
	喜旱莲子草 Alternanthera philoxeroides			+
	蕹菜 Ipomoea aquatica		+	+

类别	种（属）名	柳树村—上大湾	石空—枣园	青铜峡坝下—陶乐渡口
沉水植物	眼子菜 *Potamogeton distinctus*	+		+
	穿叶眼子菜 *Potamogeton perfoliarus*			+
	微齿眼子菜 *Potamogeton maackianus*		+	+
	篦齿眼子菜 *Potamogeton pectinatus*		+	+
	菹草 *Potamogeton crispus*	+	+	+
	角果藻 *Zannichellia palustris*		+	+
	黑藻 *Hydrilla verticillata*		+	+
	苦草 *Vallisneria natans*			+
	龙舌草 *Ottelia alismoides*			+
	小茨藻 *Najas minor*			+
	大茨藻 *Najas marina*			+
	狸藻 *Utricularia vulgaris*			+
	金鱼藻 *Ceratophyllum demersum*	+	+	+
	穗状狐尾藻 *Myriophyllum spicatum*		+	+

2.4.2　水生维管束植物群落类型及优势种类

黄河各监测点水生维管束植物群落类型及优势种类，见表 1-2-206。各监测点沿岸主要分布常见被子植物中的菖蒲、芦苇等。

表 1-2-206　各河段水生维管束植物群落类型及优势种类

	主要群落类型	优势种类
柳树村	芦苇-菖蒲群落	菖蒲、芦苇
上大湾	芦苇-菖蒲群落	菖蒲、芦苇
石空	柽柳-芦苇群落	柽柳、芦苇
枣园	菖蒲-拂子茅群落	菖蒲、拂子茅
青铜峡坝下	柽柳-芦苇群落	柽柳、芦苇、菖蒲、拂子茅

续表

	主要群落类型	优势种类
永宁杨和镇	柽柳-芦苇群落	柽柳、菖蒲、芦苇
头道墩	芦苇-菖蒲群落	芦苇、菖蒲
陶乐渡口	芦苇-菖蒲群落	芦苇、菖蒲

2.4.3 河岸带植物多样性

根据对各监测点河岸带植物群落样方调查和沿线线路调查记录，各监测点分布有 24 科 57 属 86 种维管植物，包含蕨类植物 1 科 1 属 1 种。被子植物 23 科 56 属 85 种，其中双子叶植物 18 科 40 属 61 种，单子叶植物 5 科 16 属 24 种，详见附录Ⅵ。

通过对各监测点 37 个有效样地植物物种重要值的计算得知，黄河卫宁段、青石段植物物种以芦苇、酸膜叶蓼、扁秆蔗草、拂子茅、稗草为主，尤其以芦苇最为显著，各植物物种重要值见表 1-2-207。

表 1-2-207　黄河卫宁段、青石段植物物种重要值

编号	植物种	重要值	编号	植物种	重要值
1	芦苇	1.31	12	狼杷草	0.03
2	酸膜叶蓼	0.44	13	苦豆子	0.02
3	扁秆蔗草	0.26	14	苦苣菜	0.02
4	拂子茅	0.24	15	罔草	0.02
5	稗	0.14	16	车前	0.01
6	苦马豆	0.11	17	大狼杷草	0.01
7	长苞香蒲	0.11	18	地肤	0.01
8	荻	0.08	19	藜	0.01
9	碱蓬	0.06	20	水芹	0.01
10	中亚滨藜	0.05	21	皱叶酸模	0.01
11	苣荬菜	0.04			

对各监测点内植物科、属、种分布进行统计,见表 1-2-208,柳树村样点分布有 4 科 11 属 11 种植物,上大湾样点分布有 9 科 21 属 24 种植物,石空样点分布有 7 科 11 属 11 种植物,枣园样点分布有 4 科 6 属 6 种植物,青铜峡坝下样点分布有 5 科 8 属 8 种植物,永宁杨和镇样点分布有 5 科 8 属 8 种植物,头道墩样点分布有 5 科 8 属 9 种植物,陶乐渡口样点分布有 8 科 11 属 13 种植物。

表 1-2-208 各监测点植物类群多样性比较

样点	科	属	代表物种
柳树村	4	11	芦苇、虎尾草、乳苣、稗、拂子茅、雾冰藜、苦豆子、小藜、蓼子朴、白茎盐生草、碱蓬
上大湾	9	21	大车前、虎尾草、芦苇、酸膜叶蓼、乳苣、水芹、长芒棒头草、灰绿藜、角果碱蓬、苍耳、藜、柽柳、垂柳、碱蓬、盐地碱蓬、蓼子朴、香蒲、苣荬菜、拂子茅、蒲公英、扁秆藨草、车前、冈草、狼杷草
石空	7	11	苦豆子、酸膜叶蓼、稗、苍耳、柽柳、节节草、乳苣、香蒲、苦马豆、芦苇、拂子茅
枣园	4	6	芦苇、酸膜叶蓼、苦苣菜、荻、拂子茅、碱蓬
青铜峡坝下	5	8	垂柳、芦苇、白茎盐生草、柽柳、地肤、猪毛菜、酸膜叶蓼、藜
永宁杨和镇	5	8	旱柳、长苞香蒲、头状穗莎草、狗尾草、扁秆藨草、酸膜叶蓼、芦苇、稗
头道墩	5	8	水莎草、碱蓬、头状穗莎草、苍耳、紫苜蓿、酸膜叶蓼、芦苇、稗、扁秆藨草
陶乐渡口	8	11	西伯利亚蓼、稗、头状穗莎草、齿果酸模、朝天委陵菜、灰绿藜、小藜、苍耳、苘麻、蒺藜、旱柳、酸膜叶蓼、芦苇

2.5 鱼类

2.5.1 2018 年 6 月各断面鱼类详情

2018 年 6 月,3 个断面的鱼类调查结果见表 1-2-209。共采集到鱼类 6 科 19 种,其中鲤科鱼类占多数,种类数 12 种,占鱼类总种数的 63.16%。3 个断面中,青铜峡坝下种类数最多,有 16 种鱼类。

2.5.2 2018 年 7 月各断面鱼类详情

2018 年 7 月,3 个断面的鱼类调查结果见表 1-2-210。共采集到鱼类 7 科 22 种,其中鲤科鱼类占多数,种类数 13 种,占鱼类总种数的 59.09%。3 个断面中,青铜峡坝下种类数最多,有 19 种鱼类。

2.5.3 2018 年 8 月各断面鱼类详情

2018 年 8 月,3 个断面的鱼类调查结果见表 1-2-211。共采集到鱼类 7 科 20 种,其中鲤科鱼类占多数,种类数 13 种,占鱼类总种数的 65.00%。3 个断面中,青铜峡坝下种类数最多,有 17 种鱼类。

2.5.4 2018 年 9 月各断面鱼类详情

2018 年 9 月,黄河汛期。3 个断面均未打捞到鱼类。

2.5.5 2018 年 10 月各断面鱼类详情

2018 年 10 月,3 个断面的鱼类调查结果见表 1-2-212。共采集到鱼类 5 科 20 种,其中鲤科鱼类占多数,种类数 14 种,占鱼类总种数的 70.00%。3 个断面中,青铜峡坝下种类数最多,有 18 种鱼类。

2.5.6 2019 年 3 月各断面鱼类详情

2019 年 3 月,3 个断面的鱼类调查结果见表 1-2-213。共采集到鱼类 4 科 9 种,其中鲤科鱼类占多数,种类数 5 种,占鱼类总种数的 55.56%。3 个断面中,青铜峡坝下种类数最多,有 9 种鱼类。

2.5.7 2019 年 4 月各断面鱼类详情

2019 年 4 月,3 个断面的鱼类调查结果见表 1-2-214。共采集到鱼类 3 科 14 种,其中鲤科鱼类占多数,种类数 11 种,占鱼类总种数的 78.57%。3 个断面中,青铜峡坝下种类数最多,有 14 种鱼类。

2.5.8 2019 年 5 月各断面鱼类详情

2019 年 5 月,3 个断面的鱼类调查结果见表 1-2-215。共采集到鱼类 6 科 16 种,其中鲤科鱼类占多数,种类数 10 种,占鱼类总种数的 62.50%。3 个断面中,青铜峡坝下种类数最多,有 16 种鱼类。

表1-2-209　2018年6月各月断面鱼类详情

类别	种(属)	中卫高滩 体重/g	中卫高滩 体长/mm	青铜峡坝下 体重/g	青铜峡坝下 体长/mm	陶乐渡口 体重/g	陶乐渡口 体长/mm
鲤科	瓦氏雅罗鱼 *Leuciscus waleckii*	143~280	201~230	45~541	160~368	30~330	143~270
	麦穗鱼 *Pseudorasbora parva*	2~4	27~44	5~6	65~83	50~97	64~96
	大鼻吻鮈 *Rhinogobio nasutus*	170	255	110~140	215~230		50~69
	棒花鮈 *Gobio rivuloides*	4	52	3~3.5	38~50	3	41
	鲤 *Cyprinus carpio*	307~880	157~280	245~1 130	101~267	345~971	241~270
	鲫 *Carassius auratus*	30~254	52~210	80~105	77~117		
	中华鳑鲏 *Rhodeus sinensis*	3~4	35~65	2~5	41~71	3~4	
	棒花鱼 *Abbottina rivularis*	6	50	5~8	64~95		
	草鱼 *Ctenopharyngodon idellus*			230~780	140~410		
	鲢 *Hypophthalmichthys molitrix*			507~1 210	300~530		
	鳙 *Aristichthys nobilis*			430~1 380	270~610		
	翘嘴鲌 *Culter alburnus*	150~693	237~450			150~431	120~350
鲇科	鲇 *S.asotus*	220~750	110~356	261~690	338~430	127~483	156~371
	兰州鲇 *Silurus lanzhouensis*			260~862	112~446	173~932	274~521
	大口鲇 *S.soldatovi*					150~543	190~388

续表

类别	种（属）	中卫高滩		青铜峡坝下		陶乐渡口	
		体重/g	体长/mm	体重/g	体长/mm	体重/g	体长/mm
塘鳢科	小黄黝鱼 *Micropercops swinhonis*	0.7~0.8	40~63	0.2~0.5	21~37	0.5~0.8	41~60
鳉科	青鳉 *Oryzias latipes*			0.3	28		
虾虎鱼科	波氏吻虾虎鱼 *Ctenogobius cliffordpopei*	5	65			3~5	60~75
鳅科	泥鳅 *Misgurnus anguillicaudatus*	4~12	63~91	6~17	71~111	4~16	61~121

表 1-2-210 2018 年 7 月各断面鱼类详情

类别	种（属）	中卫高滩		青铜峡坝下		陶乐渡口	
		体重/g	体长/mm	体重/g	体长/mm	体重/g	体长/mm
鲤科	瓦氏雅罗鱼 *Leuciscus waleckii*	59~400	175~300	69~431	180~317	44~271	121~235
	赤眼鳟 *Squaliobarbus curriculus*			9~30	78~140		
	麦穗鱼 *Pseudorasbora parva*	2~4	27~44	2~5	31~74	3~6	31~79
	黄河鮈 *Gobio huanghensis*	35~60	120~180	30~69	141~192	15	50
	鲤 *Cyprinus carpio*	200~730	110~201	361~1 207	170~281	447~1 135	243~261
	鲫 *Carassius auratus*	40~171	61~167	80~114	72~121	60~110	72~117
	中华鳑鲏 *Rhodeus sinensis*	7~11	60~83	1~5	34~71		

续表

类别	种（属）	中卫高滩		青铜峡坝下		陶乐渡口	
		体重/g	体长/mm	体重/g	体长/mm	体重/g	体长/mm
鲤科	棒花鱼 Abbottina rivularis	2~5	35~65	3~6	41~72		
	鳘 Hemiculter leucisculus			40~60	127~165		
	草鱼 Ctenopharyngodon idellus			551~1 270	323~340	147~413	131~361
	鲢 Hypophthalmichthys molitrix			641~1 410	310~380		
	鳙 Aristichthys nobilis			551~1 270	323~410		
	翘嘴鲌 Culter alburnus					180~337	210~290
鮎科	鮎 S. asotus	150~693	237~450	261~690	338~430	127~483	156~371
	兰州鮎 Silurus lanzhouensis	240~870	120~470	260~941	113~517	144~517	213~349
胡子鮎科	胡子鮎 Clarias fuscus	30~150	110~270	47~181	120~300		
	革胡子鮎 C. gariepinus					180~340	220~280
塘鳢科	小黄黝鱼 Micropercops swinhonis	0.5~1.5	25~44	0.2~0.5	21~37	0.4~0.7	21~30
鳉科	青鳉 Oryzias latipes			0.3	28		
虾虎鱼科	波氏吻虾虎鱼 Rhinogobius cliffordpopei	3~4	44~60	2~4	40~65	3~5	51~77
鳅科	泥鳅 Misgurnus anguillicaudatus	5~11	51~83	8~14	87~144	4~10	43~77
	大鳞副泥鳅 Paramisgurnus dabryanus					5~12	50~110

表1-2-211 2018年8月各断面鱼类详情

类别	种（属）	中卫高滩 体重/g	体长/mm	青铜峡坝下 体重/g	体长/mm	陶乐渡口 体重/g	体长/mm
鲤科	麦穗鱼 Pseudorasbora parva	2~4	27~44	5~6	65~83		
	黄河鮈 Gobio huanghensis	30~35	140~145	20~40	124~150	12~25	40~67
	大鼻吻鮈 Rhinogobio nasutus	140~160	220~280	140~180	240~310		
	棒花鮈 Gobio rivuloides	3~5	40~51			4~6	45~55
	鲤 Cyprinus carpio	231~850	127~310	275~1 051	131~241	125~273	201~280
	鲫 Carassius auratus	40~220	59~183	80~194	81~135	60~120	77~123
	中华鳑鲏 Rhodeus sinensis	2~6	51~66	2~5	41~61	2~5	50~59
	高体鳑鲏 Rhodeus ocellatus	5~7	45~58	6~8	51~60		
	棒花鱼 Abbottina rivularis	5~8	65~98			6~10	69~113
	草鱼 Ctenopharyngodon idellus			232~670	348~310	232~762	114~357
	鲢 Hypophthalmichthys molitrix			507~1 210	30~83		
	鳙 Aristichthys nobilis			430~1 380	27~61		
	花鳕 Hemibarbus maculates			440~600	220~290		
鲇科	鲇 S.asotus	150~770	200~500	181~890	234~530	164~551	181~421
	兰州鲇 Silurus lanzhouensis	250~600	320~411	242~862	104~477	273~663	341~421

类别	种（属）	中卫高滩		菁铜峡坝下		陶乐渡口	
		体重/g	体长/mm	体重/g	体长/mm	体重/g	体长/mm
胡子鲇科 胡子鲇	Clarias fuscus	30~170	100~175	57~240	140~200		
塘鳢科 小黄黝鱼	Micropercops swinhonis	0.4~0.6	35~50	0.3~0.7	32~41	0.4~0.9	33~55
虾虎鱼科 波氏吻虾虎鱼	Rhinogobius cliffordpopei	3~4	35~55	2~4	40~60	5~6	70~80
鳅科 泥鳅	Misgurnus anguillicaudatus	5~17	63~101	7~18	72~121	4~16	51~111
胡瓜鱼科 池沼公鱼	Hypomesus olidus	0.9~2	42~59				

表1-2-212 2018年10月各断面鱼类详情

类别	种（属）	中卫高滩		菁铜峡坝下		陶乐渡口	
		体重/g	体长/mm	体重/g	体长/mm	体重/g	体长/mm
鲤科 瓦氏雅罗鱼	Leuciscus waleckii	125~327	245~267	35~507	145~327	38~497	135~350
赤眼鳟	Squaliobarbus curriculus	13~16	100~115	12	110		
麦穗鱼	Pseudorasbora parva	3~6	52~83	5~6	65~83	4~6	57~75
大鼻吻鮈	Rhinogobio nasutus	80~320	170~413	100~522	235~579		
鲤	Cyprinus carpio	307~840	157~230	275~1 130	141~367	325~971	221~310
鲫	Carassius auratus	50~161	71~155	80~114	75~125	70~110	92~127

续表

类别	种（属）	中卫高滩		青铜峡坝下		陶乐渡口	
		体重/g	体长/mm	体重/g	体长/mm	体重/g	体长/mm
鲤科	中华鳑鲏 *Rhodeus sinensis*	2~6	58~76	2~6	58~76	2~6	56~78
	高体鳑鲏 *Rhodeus ocellatus*	5~11	48~90	8~10	65~90	6~9	60~86
	棒花鱼 *Abbottina rivularis*	4~7	60~71			5~8	64~95
	草鱼 *Ctenopharyngodon idellus*			164~551	181~421		
	鲢 *Hypophthalmichthys molitrix*			741~1 320	50~83		
	鳙 *Aristichthys nobilis*			530~1 250	31~61		
	鳘 *Hemiculter leucisculus*			60	195		
	花䱻 *Hemibarbus maculates*			602	290~342		
鲇科	鲇 *S.asotus*	147~566	214~451	253~931	281~540	132~541	211~451
	兰州鲇 *Silurus lanzhouensis*	270~330	320~370	242~462	275~477	273~563	341~621
塘鳢科	小黄黝鱼 *Micropercops swinhonis*	0.4~0.6	31~51	0.3~0.8	26~52	0.3~0.7	25~55
虾虎鱼科	波氏吻虾虎鱼 *Rhinogobius cliffordpopei*	3~5	35~50	3~4	60~70	3	40
鳅科	泥鳅 *Misgurnus anguillicaudatus*	6~14	67~98	8~16	83~110	6~18	63~131
	大鳞副泥鳅 *Paramisgurnus dabryanus*					4~15	37~107

表1-2-213　2019年3月各断面鱼类详情

类别	种(属)	中卫高滩		青铜峡坝下		陶乐渡口	
		体重/g	体长/mm	体重/g	体长/mm	体重/g	体长/mm
鲤科	鲤 Cyprinus carpio	253~770	121~240	235~951	121~371	315~834	271~300
	鲫 Carassius auratus	20~210	52~192	60~115	87~104	20~110	34~100
	草鱼 Ctenopharyngodon idellus			230~780	140~310		
	鲢 Hypophthalmichthys molitrix			507~1 210	200~330		
	鳙 Aristichthys nobilis			430~1 380	170~310		
鲇科	鲇 S.asotus	200~561		261~690	238~330	127~483	156~271
	兰州鲇 Silurus lanzhouensis		100~237	260~862	112~346		
虾虎鱼科	波氏吻虾虎鱼 Rhinogobius cliffordpopei			3~5	60~75		
鳅科	泥鳅 Misgurnus anguillicaudatus	4~12	63~67	6~17	71~77	4~16	61~71

表 1-2-214　2019 年 4 月各断面鱼类详情

类别	种（属）		中卫高滩		菁铜峡坝下		陶乐渡口	
			体重/g	体长/mm	体重/g	体长/mm	体重/g	体长/mm
鲤科	瓦氏雅罗鱼	*Leuciscus waleckii*			35~411	140~323	10~154	143~270
	麦穗鱼	*Pseudorasbora parva*	3~5	28~37	5~7	59~75		
	大鼻吻鮈	*Rhinogobio nasutus*			110~140	215~230		
	棒花鮈	*Gobio rivuloides*	3.1~3.6	37~55	3~4.6	36~71		
	鲤	*Cyprinus carpio*	154~912	123~315	165~845	158~335	231~890	287~320
	鲫	*Carassius auratus*	30~254	52~210	80~105	77~117	50~97	64~96
	中华鳑鲏	*Rhodeus sinensis*			2~5	41~71	3~5	35~45
	棒花鱼	*Abbottina rivularis*			5~8	64~95		
	草鱼	*Ctenopharyngodon idellus*			230~780	140~410		
	鲢	*Hypophthalmichthys molitrix*			507~1 210	200~330		
	鳙	*Aristichthys nobilis*			430~1 380	170~310		
鲇科	鲇	*S.asotus*	150~693	237~350	261~690	138~330	127~483	156~251
	兰州鲇	*Silurus lanzhouensis*	200~640	110~223	260~862	112~246	173~932	74~221
鳅科	泥鳅	*Misgurnus anguillicaudatus*	10	68	6~17	71~83		

表1-2-215　2019年5月各断面鱼类详情

类别	种（属）		中卫高滩		青铜峡坝下		陶乐渡口	
			体重/g	体长/mm	体重/g	体长/mm	体重/g	体长/mm
鲤科	瓦氏雅罗鱼	Leuciscus wadeckii	110~230	191~247	69~431	180~317	44~271	121~235
	赤眼鳟	Squaliobarbus curriculus	100	140	90~130	78~140		
	鲤	Cyprinus carpio	200~730	110~151	361~1 207	170~281	447~1135	243~210
	鲫	Carassius auratus	40~171	61~167	80~114	72~121	60~110	72~117
	中华鳑鲏	Rhodeus sinensis	2~4	40~50	1~5	34~71		
	棒花鱼	Abbottina rivularis	5~7	44~65	3~6	41~72		
	草鱼	Ctenopharyngodon idellus			551~1 270	223~250	147~413	131~261
	鲢	Hypophthalmichthys molitrix			641~1 410	210~320	507~1210	100~260
	鳙	Aristichthys nobilis	430~1380	270~310	551~1 270	233~320		
	花鲭	Hemibarbus maculates			23~41	140~150		
鮠科	鮠	S.asotus	150~693	137~250	261~690	218~330	127~483	156~271
	兰州鲇	Silurus lanzhouensis	430	238	260~341	113~197	144~517	213~249
塘鳢科	小黄黝鱼	Micropercops swinhonis	1.1~2.3	15~26	1.5~2.8	21~30	4~4.9	20~27
鳉科	青鳉	Oryzias latipes	4	17	3.5~3.7	21~25		
虾虎鱼科	波氏吻虾虎鱼	Rhinogobius cliffordpopei	0.3~0.7	25~36	0.2~0.8	31~51	0.4~0.6	25~53
鳅科	泥鳅	Misgurnus anguillicaudatus	4~14	52~71	8~16	87~124	3~14	24~88

2.5.9　2019 年 6 月各断面鱼类详情

2019 年 6 月,3 个断面的鱼类调查结果见表 1-2-216。共采集到鱼类 5 科 15 种,其中鲤科鱼类占多数,种类数 10 种,占鱼类总种数的 66.67%。3 个断面中,青铜峡坝下种类数最多,有 14 种鱼类。

2.5.10　2019 年 7 月各断面鱼类详情

2019 年 7 月,3 个断面的鱼类调查结果见表 1-2-217。共采集到鱼类 7 科 22 种,其中鲤科鱼类占多数,种类数 14 种,占鱼类总种数的 63.63%。3 个断面中,青铜峡坝下种类数最多,有 18 种鱼类。

2.5.11　2019 年 8 月各断面鱼类详情

2019 年 8 月,3 个断面的鱼类调查结果见表 1-2-218。共采集到鱼类 7 科 22 种,其中鲤科鱼类占多数,种类数 14 种,占鱼类总种数的 60.87%。3 个断面中,青铜峡坝下种类数最多,有 18 种鱼类。

2.5.12　2019 年 9 月各断面鱼类详情

2019 年 9 月,3 个断面的鱼类调查结果见表 1-2-219。共采集到鱼类 6 科 17 种,其中鲤科鱼类占多数,种类数 11 种,占鱼类总种数的 64.71%。3 个断面中,青铜峡坝下种类数最多,有 16 种鱼类。

2.5.13　2019 年 10 月各断面鱼类详情

2019 年 10 月,3 个断面的鱼类调查结果见表 1-2-220。共采集到鱼类 6 科 20 种,其中鲤科鱼类占多数,种类数 14 种,占鱼类总种数的 70.00%。3 个断面中,青铜峡坝下、陶乐断面种类数最多,有 17 种鱼类。

2.5.14　2019 年 11 月各断面鱼类详情

2019 年 11 月,3 个断面的鱼类调查结果见表 1-2-221。共采集到鱼类 3 科 9 种,其中鲤科鱼类占多数,种类数 7 种,占鱼类总种数的 77.77%。3 个断面中,青铜峡坝下种类数最多,有 8 种鱼类。

2.5.15　2019 年 12 月各断面鱼类详情

2019 年 12 月,3 个断面的鱼类调查结果见表 1-2-222。共采集到鱼类 6

表1-2-216　2019年6月各断面鱼类详情

类别	种（属）	中卫高滩		菁铜峡坝下		陶乐渡口	
		体重/g	体长/mm	体重/g	体长/mm	体重/g	体长/mm
鲤科	瓦氏雅罗鱼 *Leuciscus waleckii*	101~357	170~320	71~634	143~438	30~230	97~2740
	麦穗鱼 *Pseudorasbora parva*	3~6	32~57	3~8	34~71	2~6	27~50
	大鼻吻鮈 *Rhinogobio nasutus*	33~47	144~179	110~140	215~230	50~120	170~220
	棒花鮈 *Gobio rivuloides*			3~6	34~60		
	鲤 *Cyprinus carpio*	327~670	141~190	679~1 240	178~286	345~971	153~260
	鲫 *Carassius auratus*	40~254	64~210	80~105	77~117	45~105	54~87
	中华鳑鲏 *Rhodeus sinensis*	6~11	37~77	5~9	41~71	4~7	45~70
	草鱼 *Ctenopharyngodon idellus*			230~780	140~310		
	鲢 *Hypophthalmichthys molitrix*			507~1 210	200~330		
	鳙 *Aristichthys nobilis*			430~1 380	270~310		
鮎科	鮎 *S.asotus*	150~693	146~230	261~690	138~230	127~483	116~171
	兰州鮎 *Silurus lanzhouensis*	511	295	260~862	112~331	173~932	114~327
塘鳢科	小黄黝鱼 *Micropercops swinhonis*	0.3~0.7	32~55	0.2~0.5	21~37	0.5~0.8	41~60
虾虎鱼科	波氏吻虾虎鱼 *Rhinogobius cliffordpopei*	5	70			3~5	60~75
鳅科	泥鳅 *Misgurnus anguillicaudatus*	4~12	63~91	6~17	71~111	4~16	61~121

表 1-2-217 2019 年 7 月各断面鱼类详情

类别	种（属）	中卫高滩		菁铜峡坝下		陶乐渡口	
		体重/g	体长/mm	体重/g	体长/mm	体重/g	体长/mm
鲤科	瓦氏雅罗鱼 Leuciscus waleckii	120~240	171~257	76~431	130~317	89~231	121~249
	赤眼鳟 Squaliobarbus curriculus	76	155	60~130	69~180		
	麦穗鱼 Pseudorasbora parva	4~7	27~51	2~5	2~53	3~6	31~47
	黄河鮈 Gobio huanghensis	45	183	30~69	141~192		
	鲤 Cyprinus carpio	213~670	121~240	417~1 331	270~320	487~917	263~340
	鲫 Carassius auratus	20~210	52~192	80~114	72~121	60~110	72~117
	中华鳑鲏 Rhodeus sinensis	3~8	34~51	2~10	34~63	4~7	34~61
	棒花鱼 Abbottina rivularis	6~7	61~70	3~6	41~72		
	餐 Hemiculter leucisculus			40~60	127~165		
	草鱼 Ctenopharyngodon idellus			551~1 270	174~310	147~413	131~161
	鲢 Hypophthalmichthys molitrix	324~1210	200~330	641~1 410	260~380		
	鳙 Aristichthys nobilis			551~1 270	223~340		
	翘嘴鲌 Culter alburnus					165~350	150~245
	红鳍鲌 Chanodichthys erythropterus					120~240	95~185
鲇科	鲇 S.asotus	150~693	137~250	261~690	178~230	127~483	116~271
	兰州鲇 Silurus lanzhouensis	279~831	255~493	260~941	143~317	221~541	223~244

续表

类别	种（属）	中卫高滩		青铜峡坝下		陶乐渡口	
		体重/g	体长/mm	体重/g	体长/mm	体重/g	体长/mm
胡子鲇科	胡子鲇 Clarias fuscus	144	251	47~181	120~300		
	革胡子鲇 C.leaher					80~166	175~270
塘鳢科	小黄黝鱼 Micropercops swinhonis	0.9~1.5	14~28	1.2~1.5	21~27	1.5~1.8	21~30
虾虎鱼科	波氏吻虾虎鱼 Rhinogobius cliffordpopei	3~6	41~71	2~4	40~65	3~5	51~77
鳅科	泥鳅 Misgurnus anguillicaudatus	5~11	51~83	8~14	87~94	4~10	43~77
胡瓜鱼科	池沼公鱼 Hypomesus olidus	1.5~4	22~49				

表 1-2-218　2019 年 8 月各断面鱼类详情

类别	种（属）	中卫高滩		青铜峡坝下		陶乐渡口	
		体重/g	体长/mm	体重/g	体长/mm	体重/g	体长/mm
鲤科	麦穗鱼 Pseudorasbora parva	2~4	27~44	5~6	65~83		
	黄河鮈 Gobio huanghensis			20~40	124~150	12~25	40~67
	大鼻吻鮈 Rhinogobio nasutus	150~175	265~290	140~180	240~310		
	棒花鮈 Gobio rivuloides	6	50			4~6	45~55
	鲤 Cyprinus carpio	231~850	187~240	275~1 051	131~327	325~773	201~280

续表

类别	种（属）		中卫高滩		青铜峡坝下		陶乐渡口	
			体重/g	体长/mm	体重/g	体长/mm	体重/g	体长/mm
鲤科	鲫	*Carassius auratus*	40~220	59~183	80~194	81~145	60~120	77~143
	中华鳑鲏	*Rhodeus sinensis*	2~6	51~66	2~5	41~61	2~5	50~59
	高体鳑鲏	*Rhodeus ocellatus*	5~9	47~65	6~8	51~60		
	棒花鱼	*Abbottina rivularis*	9~13	69~117			6~10	69~113
	草鱼	*Ctenopharyngodon idellus*			232~670	248~270	232~762	114~257
	鲢	*Hypophthalmichthys molitrix*	413~1 120	210~377	507~1 210	200~351		
	鳙	*Aristichthys nobilis*	340~1 227	190~340	430~1 380	171~330		
	鳘	*Hemiculter leucisculus*			40~60	127~165		
	花䱻	*Hemibarbus maculates*			21~27	16~18		
鮡科	鮡	*S.asotus*	557	324	181~890	234~430	164~551	181~221
	兰州鲇	*Silurus lanzhouensis*	235~699	141~271	242~862	125~317	273~663	141~267
胡子鲇科	胡子鲇	*Clarias fuscus*	290	240	57~240	140~200		
塘鳢科	小黄黝鱼	*Micropercops swinhonis*			1.3~1.7	22~31	1.4~1.9	23~25
虾虎鱼科	波氏吻虾虎鱼	*Rhinogobius cliffordpopei*	3~7	34~69	2~4	40~60	5~6	70~80
鳅科	泥鳅	*Misgurnus anguillicaudatus*	6~23	43~111	7~32	72~130	7~30	49~123
	大鳞副泥鳅	*Paramisgurus dabryanus*						
胡瓜鱼科	池沼公鱼	*Hypomesus olidus*	4~6	16~21			10~15	60~90

表1-2-219　2019年9月各断面鱼类详情

类别	种（属）	中卫高滩		青铜峡坝下		陶乐渡口	
		体重/g	体长/mm	体重/g	体长/mm	体重/g	体长/mm
鲤科	瓦氏雅罗鱼 Leuciscus waleckii			45~541	160~368		
	麦穗鱼 Pseudorasbora parva	8~15	40~69	7~11	45~73		
	大鼻吻鮈 Rhinogobio nasutus	88~137	115~213	96~181	135~253	120~150	198~247
	棒花鮈 Gobio rivuloides	6~17	33~60	7~18	40~75		
	鲤 Cyprinus carpio	165~845	158~275	245~1 264	111~314	461~1 147	270~310
	鲫 Carassius auratus	80~105	77~117	59~110	64~121	80~114	72~121
	中华鳑鲏 Rhodeus sinensis	7~8	30~57	6~9	37~66	7~11	45~67
	棒花鱼 Abbottina rivularis	5~7	44~76	5~9	51~87		
	草鱼 Ctenopharyngodon idellus			147~413	131~232		
	鲢 Hypophthalmichthys molitrix			741~1 114	260~330		
	鳙 Aristichthys nobilis			551~1 270	223~313		
鲇科	鲇 S.asotus	340~713	193~351	217~720	142~354	147~577	107~350
	兰州鲇 Silurus lanzhouensis	370	424	340~862	204~441	373~932	281~477
塘鳢科	小黄黝鱼 Micropercops swinhonis	4~6	17~25	2~3	14~21	2~4	21~30
鳉科	青鳉 Oryzias latipes	3~6	27~31	1~4	20~24		
虾虎鱼科	波氏吻虾虎鱼 Rhinogobius cliffordpopei	2~6	24~44			3~5	30~45
鳅科	泥鳅 Misgurnus anguillicaudatus	12~40	45~71	36~47	60~92	24~56	57~121

表 1-2-220 2019 年 10 月各断面鱼类详情

类别	种（属）	中卫高滩		青铜峡坝下		陶乐渡口	
		体重/g	体长/mm	体重/g	体长/mm	体重/g	体长/mm
鲤科	瓦氏雅罗鱼 *Leuciscus waleckii*	125~327	245~267	35~507	145~327	38~497	135~350
	赤眼鳟 *Squaliobarbus curriculus*			12	110		
	麦穗鱼 *Pseudorasbora parva*	3~6	52~83	5~6	65~83	4~6	57~75
	大鼻吻鮈 *Rhinogobio nasutus*	90~230	220~280	100~322	235~379		
	鲤 *Cyprinus carpio*	307~840	157~290	275~1 130	141~323	325~971	171~310
	鲫 *Carassius auratus*	50~161	71~155	80~114	75~125	70~110	92~127
	中华鰟鲏 *Rhodeus sinensis*	4	60	2~6	58~76		
	高体鰟鲏 *Rhodeus ocellatus*					6~9	60~86
	棒花鱼 *Abbottina rivularis*	4~9	50~90			5~8	64~95
	草鱼 *Ctenopharyngodon idellus*			164~551	121~221		
	鲢 *Hypophthalmichthys molitrix*			741~1 320	50~83		
	鳙 *Aristichthys nobilis*			530~1 250	220~510		
	鳘 *Hemiculter leucisculus*			37	195		
	花䱻 *Hemibarbus maculates*			21	170		
鲇科	鲇 *S.asotus*	147~566	114~251	253~931	281~440	132~541	107~251
	兰州鲇 *Silurus lanzhouensis*	290~577	230~300	242~462	175~277	273~563	201~263

续表

类别	种（属）	中卫高滩		菁铜峡坝下		陶乐渡口	
		体重/g	体长/mm	体重/g	体长/mm	体重/g	体长/mm
塘鳢科	小黄黝鱼 *Micropercops swinhonis*	0.4~0.6	31~51	0.3~0.8	26~52	0.3~0.7	25~55
虾虎鱼科	波氏吻虾虎鱼 *Rhinogobius cliffordpopei*	2~3	45~57	3~4	60~70	3~4	60~70
鳅科	泥鳅 *Misgurnus anguillicaudatus*	6~14	67~98	8~16	83~110	6~18	63~131
胡瓜鱼科	池沼公鱼 *Hypomesus olidus*	3~5	33~47				

表 1-2-221　2019 年 11 月各断面鱼类详情

类别	种（属）	中卫高滩		菁铜峡坝下		陶乐渡口	
		体重/g	体长/mm	体重/g	体长/mm	体重/g	体长/mm
鲤科	鲤 *Cyprinus carpio*	203~410	107~170	230~780	140~310	235~514	171~200
	鲫 *Carassius auratus*	15~181	47~163	60~115	87~144	13~77	64~109
	麦穗鱼 *Pseudorasbora parva*	3~9	21~47	5~8	20~53	4~6	22~37
	草鱼 *Ctenopharyngodon idellus*			501~970	233~407	187~530	120~240
	鲢 *Hypophthalmichthys molitrix*			507~1 210	200~430		
	鳙 *Aristichthys nobilis*			430~1 380	270~610		
	红鳍鲌 *Chanodichthys erythropterus*					110~190	80~130
鲇科	兰州鲇 *Silurus lanzhouensis*	230~677	124~370	260~862	112~446		
胡子鲇科	胡子鲇 *Clarias fuscus*	110~240	107~190	66~170	60~140		

表 1-2-222 2019 年 12 月各面断鱼类详情

类别	种(属)	中卫高滩		菁铜峡坝下		陶乐渡口	
		体重/g	体长/mm	体重/g	体长/mm	体重/g	体长/mm
鲤科	麦穗鱼 *Pseudorasbora parva*	4~6	34~58	3~8	34~71	2~6	27~50
	大鼻吻鮈 *Rhinogobio nasutus*	107~159	113~182	110~140	115~170	50~120	60~170
	棒花鮈 *Gobio rivuloides*	4~5	30~68			3~5	25~70
	鲤 *Cyprinus carpio*	66~1 359	127~363	101~1 441	101~327	77~1024	144~313
	鲫 *Carassius auratus*	30~254	52~210	80~105	77~117	50~97	64~96
	草鱼 *Ctenopharyngodon idellus*			230~780	140~410		
	鲢 *Hypophthalmichthys molitrix*			541~1 115	242~441		
	鳙 *Aristichthys nobilis*			430~1 220	283~423		
鲇科	鲇 *S.asotus*	150~693	237~450	261~690	338~430	127~483	156~371
	兰州鲇 *Silurus lanzhouensis*	240~778	110~420	260~862	112~446	173~932	274~521
塘鳢科	小黄黝鱼 *Micropercops swinhonis*	0.6~0.9	37~48	0.2~0.5	21~37	0.5~0.8	35~50
虾虎鱼科	波氏吻虾虎鱼 *Rhinogobius cliffordpopei*	4~7	65~79			3~5	60~75
鳅科	泥鳅 *Misgurnus anguillicaudatus*	3~15	43~91	8~20	81~107	5~11	52~75

科 13 种,其中鲤科鱼类占多数,种类数 8 种,占鱼类总种数的 61.54%。3 个断面中,青铜峡坝下种类数最多,有 11 种鱼类。

2.5.16　2020 年 1 月各断面鱼类详情

2020 年 1 月,3 个断面的鱼类调查结果见表 1-2-223。共采集到鱼类 6 科 12 种,其中鲤科鱼类占多数,种类数 6 种,占鱼类总种数的 50.00%。3 个断面中,青铜峡坝下种类数最多,有 12 种鱼类。

2.5.17　2020 年 2 月各断面鱼类详情

2020 年 2 月,3 个断面的鱼类调查结果见表 1-2-224。共采集到鱼类 6 科 14 种,其中鲤科鱼类占多数,种类数 8 种,占鱼类总种数的 57.14%。3 个断面中,青铜峡坝下种类数最多,有 13 种鱼类。

2.5.18　鱼类的群落结构及数量动态

2.5.18.1　各断面渔获数量与生物量

黄河宁夏段三个断面共获鱼 33 770 尾,生物量共计 2 565.70 kg。其中检出 8 科 29 种鱼类,鲤科 18 种,鮡科 3 种,胡子鲇科 2 种,鳅科 2 种,塘鳢科 1 种,鳉科 1 种,虾虎鱼科 1 种,胡瓜鱼科 1 种,详见附录 I。

青铜峡坝下断面的渔获量最多,占总个体数的 45.91%,占总生物量的 61.60%,陶乐渡口断面次之,中卫高滩断面最少,青铜峡坝下断面渔获生物量一直处于较高水平,陶乐渡口和中卫高滩断面渔获水平较为相似,见图 1-2-10、图 1-2-11。黄河各断面渔获个体数与生物量详情见表 1-2-225。

2.5.18.2　各断面渔获多样性指数与常见种类

黄河宁夏段三个断面的多样性指数范围为 0.673~1.673。其中 2019 年 4 月青铜峡坝下断面的多样性指数最高,2019 年 3 月中卫高滩断面最低。各断面平均多样性为 1.140、1.532、1.317,中卫高滩断面最低,青铜峡坝下断面最高,见图 1-2-12。

青铜峡坝下渔获中常见鲤、鲫、大鼻吻鮈、小黄黝鱼、瓦氏雅罗鱼,陶乐渡口渔获中常见鲤、鲫及瓦氏雅罗鱼,中卫高滩渔获中常见鱼类则为鲤、鲫。黄河各断面渔获的多样性详情见表 1-2-226。

表1-2-223 2020年1月各断面鱼类详情

类别	种(属)	中卫高滩		青铜峡坝下		陶乐渡口	
		体重/g	体长/mm	体重/g	体长/mm	体重/g	体长/mm
鲤科	鲤 Cyprinus carpio	241~530	160~231	165~845	158~335	341~710	190~293
	鲫 Carassius auratus	40~171	61~167				
	棒花鱼 Abbottina rivularis	5~8	65~110	6~8	72~121	7~9	72~117
	草鱼 Ctenopharyngodon idellus			230~751	193~471		
	鲢 Hypophthalmichthys molitrix			551~1270	323~410	147~413	131~261
	鳙 Aristichthys nobilis			534~1010	311~447	341~410	210~280
鲇科	鲇 S.asotus	430~1170	305~497	551~1270	323~510	430~1380	270~610
	兰州鲇 Silurus lanzhouensis	140~651	241~337	114~785	146~343	250~693	237~320
塘鳢科	小黄黝鱼 Micropercops swinhonis	0.3~0.6	13~21	0.4~0.6	16~23	0.4~0.7	13~25
鳉科	青鳉 Oryzias latipes	0.5~0.9	14~30	0.8~1.2	17~34		
虾虎鱼科	波氏吻虾虎鱼 Rhinogobius cliffordpopei	0.4~0.7	15~43	0.3~0.5	11~35		
鳅科	泥鳅 Misgurnus anguillicaudatus	5~11	42~82	4~6	37~51		

表1-2-224　2020年2月各断面鱼类详情

类别	种（属）	中卫高滩		菁铜峡坝下		陶乐渡口	
		体重/g	体长/mm	体重/g	体长/mm	体重/g	体长/mm
鲤科	瓦氏雅罗鱼 *Leuciscus waleckii*	105~133	171~185	95~151	143~195		
	大鼻吻鉤 *Rhinogobio nasutus*	46~125	80~144	50~138	71~153		
	鲤 *Cyprinus carpio*	67~1 133	135~332	93~1 237	145~225	108~1 330	179~337
	鲫 *Carassius auratus*	49~108	75~121	38~110	65~118	35~225	53~187
	中华鳑鲏 *Rhodeus sinensis*	4~11	45~75	3~14	37~79		
	高体鳑鲏 *Rhodeus ocellatus*	7~15	61~94			6~9	60~86
	棒花鱼 *Abbottina rivularis*	4~10	53~87	5~9	55~79	4~8	38~66
	草鱼 *Ctenopharyngodon idellus*			340~841	210~571	256~737	170~443
鲇科	鲇 *S.asotus*	115~642	193~401	135~687	208~390	125~544	189~377
	兰州鲇 *Silurus lanzhouensis*	131~894	209~447	173~914	212~498	75~128	189~215
塘鳢科	小黄黝鱼 *Micropercops swinhonis*	0.4~1.9	28~47	0.3~0.7	12~21	0.5~1.1	21~40
鳉科	青鳉 *Oryzias latipes*	0.4~0.6	19~25	0.5~0.7	19~28		
虾虎鱼科	波氏吻虾虎鱼 *Rhinogobius cliffordpopei*			5~13	52~84		
鳅科	泥鳅 *Misgurnus anguillicaudatus*	7~17	81~123	5~18	74~135	5~17	65~135

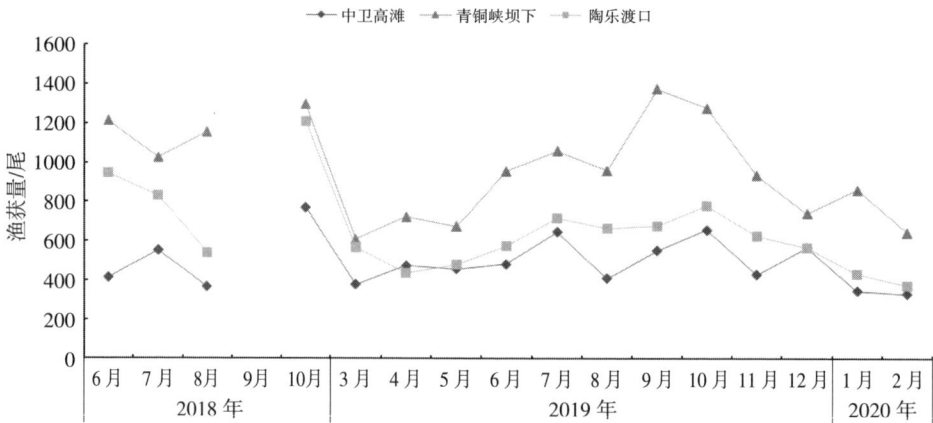

图 1-2-10　各断面渔获数量的变化曲线

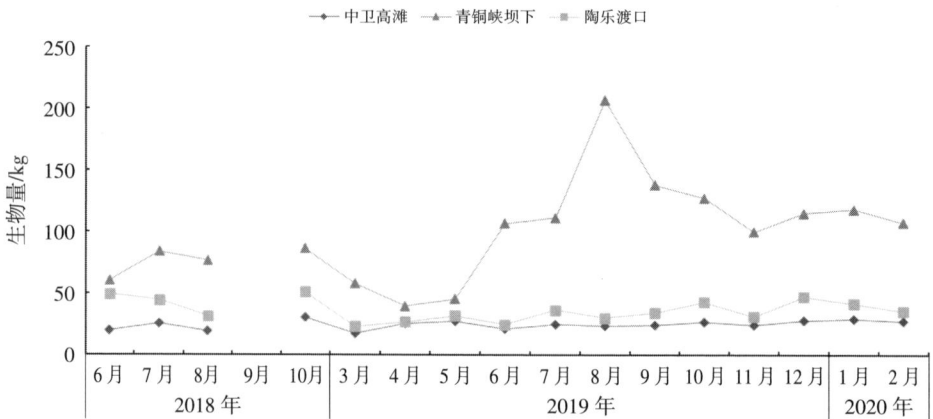

图 1-2-11　各断面渔获生物量的变化曲线

表 1-2-225　各断面鱼类个体数与生物量

	中卫高滩		青铜峡坝下		陶乐渡口	
	个体数/尾	生物量/kg	个体数/尾	生物量/kg	个体数/尾	生物量/kg
2018 年 6 月	414	20.32	1214	60.51	947	49.71
2018 年 7 月	553	25.57	1026	83.81	831	44.72
2018 年 8 月	368	19.41	1157	76.81	541	31.8
2018 年 9 月	0	0	0	0	0	0
2018 年 10 月	771	30.72	1296	86.33	1207	51.07

	中卫高滩		青铜峡坝下		陶乐渡口	
	个体数/尾	生物量/kg	个体数/尾	生物量/kg	个体数/尾	生物量/kg
2019 年 3 月	379	17.54	609	57.93	567	23.47
2019 年 4 月	476	25.97	724	39.61	439	27.17
2019 年 5 月	457	27.38	675	45.58	480	32.14
2019 年 6 月	483	21.43	955	106.7	574	24.89
2019 年 7 月	647	24.85	1061	111.2	718	36.73
2019 年 8 月	411	23.91	959	206.59	667	30.44
2019 年 9 月	553	24.47	1376	138.05	678	34.59
2019 年 10 月	657	27.21	1279	127.21	779	43.17
2019 年 11 月	431	24.32	934	99.98	627	31.37
2019 年 12 月	569	28.33	742	114.89	566	47.53
2020 年 1 月	348	29.67	862	117.88	433	41.96
2020 年 2 月	311	27.75	644	107.31	375	35.70

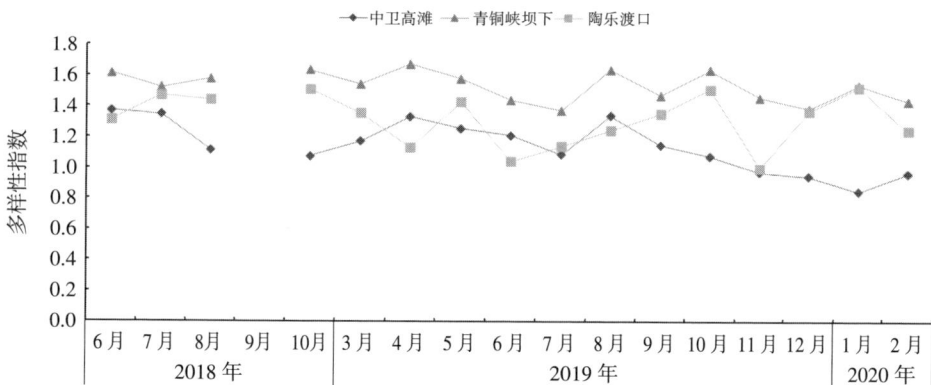

图 1-2-12　各断面渔获多样性的变化曲线

表 1-2-226 各断面鱼类多样性指数

	中卫高滩	青铜峡坝下	陶乐渡口
	多样性指数(H')	多样性指数(H')	多样性指数(H')
2018 年 6 月	1.371	1.614	1.313
2018 年 7 月	1.347	1.521	1.471
2018 年 8 月	1.114	1.577	1.441
2018 年 9 月	无	无	无
2018 年 1 月	1.075	1.633	1.510
2019 年 3 月	0.673	1.542	1.357
2019 年 4 月	1.023	1.673	1.132
2019 年 5 月	0.936	1.579	1.427
2019 年 6 月	1.211	1.438	1.043
2019 年 7 月	1.087	1.372	1.140
2019 年 8 月	1.077	1.637	1.243
2019 年 9 月	1.148	1.471	1.352
2019 年 1 月	1.075	1.633	1.511
2019 年 11 月	0.971	1.457	0.997
2019 年 12 月	0.943	1.386	1.369
2020 年 1 月	0.844	1.537	1.524
2020 年 2 月	0.961	1.434	1.243

第二部分　水环境因子调查与评价

3　水质监测与评价方法

3.1　采样点设置

根据对黄河卫宁段宁夏二期防洪工程（卫宁段、青石段）项目影响区域以及卫宁段兰州鲇、青石段大鼻吻鮈国家级水产种质资源保护区水域特点，为了满足样品的代表性和可比性，保证站位上水质、底质、水生生物采样点的同一性和统一性，本次监测充分考虑到公路跨越水域的形态特点、水文条件和水生生物特性等，在公路跨越河流处及上下游水域设置12个采样点，样点布设位置见表2-3-1。

表2-3-1　水质监测采样点

样点编号	采样点位置	河段	坐标
S01	西气东输管道北	卫宁段	37°26.171′ N 104°59.611′E
S02	西气东输管道南	卫宁段	37°26.146′ N 104°59.606′E
S03	坝上南岸	卫宁段	37°27.565′ N 104°59.596′E
S04	坝上北岸	卫宁段	37°27.729′ N 104°59.512′E
S05	中宁黄河大桥北岸	卫宁段	37°32.034′ N 105°40.193′E
S06	中宁黄河大桥南岸	卫宁段	37°31.719′ N 105°40.399′E
S07	中宁枣园北岸	卫宁段	37°34.255′ N 105°47.529′E
S08	永宁铁路大桥西岸	青石段	38°13.574′ N 106°15.908′E

样点编号	采样点位置	河段	坐标
S09	青铜峡铁桥东岸	青石段	37°53.630′ N 105°59.758′E
S10	青铜峡铁桥西岸	青石段	37°53.674′ N 105°59.588′E
S11	兴庆区头道墩黄河西岸	青石段	38°39.711′ N 106°35.357′E
S12	平罗黄河大桥东岸	青石段	38°48.728′ N 106°40.009′E

3.2 采样方法和时间

按布置的采样点采集水质样本，并按照《渔业生态环境监测规范》(SC/T 9102.3—2007)与《地表水和污水监测技术规范》(HJ/T 91—2002)的要求进行样品现场处理。

2018 年 5—10 月、2019 年 3—12 月每月采样 1 次。为监测冬季黄河水质变化,补充完善冬季水质数据,2020 年 1 月、2 月继续采样监测。

3.3 监测项目与检验方法

水质监测项目包括:水温、pH、溶解氧、悬浮物、总氮、总磷、非离子氨、石油类、挥发性酚、高锰酸盐指数、叶绿素 a、铜、锌、铅、镉、汞。

水温、pH、溶解氧参数现场快速检测,其他进行现场取样、固定,运输回到中心实验室后采用仪器设备,并根据如表 2-3-2 的方法进行检测。

表 2-3-2　淡水水质监测项目、监测方法

	监测项目	分析方法	方法来源	检出限	备注
1	pH	玻璃电极法	GB/T 6920—1986	—	仪器检出限
2	溶解氧	电化学探头法	HJ 506—2009	0.2 mg/L	仪器检出限
3	非离子氨	纳氏试剂比色法	HJ 535—2009	0.025 mg/L	方法检出限
4	总氮	碱性过硫酸钾消解紫外法	HJ 636—2012	0.05 mg/L	方法检出限
5	总磷	钼酸铵分光光度法	GB/T 11893—1989	0.01 mg/L	方法检出限

	监测项目	分析方法	方法来源	检出限	备注
6	高锰酸盐指数	高锰酸钾滴定法	GB/T 11892—1989	0.5 mg/L	方法检出限
7	铜	原子吸收分光光度法	GB/T 7475—1987	0.007 mg/L	仪器检出限
8	锌	原子吸收分光光度法	GB/T 7475—1987	0.002 mg/L	仪器检出限
9	铅	原子吸收分光光度法	GB/T 7475—1987	0.024 mg/L	仪器检出限
10	镉	原子吸收分光光度法	GB/T 7467—1987	0.001 mg/L	仪器检出限
11	汞	原子荧光光度法光度法	SL 327.2—2005	0.000 01 mg/L	仪器检出限
12	石油类	红外分光光度法	HJ 637—2012	0.02 mg/L	仪器检出限
13	挥发性酚	蒸馏后 4-氨基安替比林分光光度法	HJ 503—2009	0.001 mg/L	方法检出限
14	悬浮物	水质悬浮物的测定重量法	GB 11901—89	—	方法检出限
15	水温	温度计法	GB/T 13195—1991	—	方法检出限
16	叶绿素 a	分光光度法	SL 88—2012	0.11 μg/L	方法检出限

3.4　评价标准与评价方法

水质参数中,pH、溶解氧、非离子氨、铜、锌、铅、镉、汞、石油类、挥发性酚按《渔业水质标准》(GB 11607—1989)进行评价;总氮、总磷、高锰酸盐指数按《地表水环境质量标准》(GB 3838—2002)二类用水进行评价。"未检出"值参加计算时按照 1/2 最低检出限计算。

水质质量评价方法采用均值型环境污染法中的单项污染指数、综合污染指数、均值污染指数(综合质量指数)法进行评价,具体分级依据表 2-3-3。主要计算公式如下:

单项污染指数: $P_i = \dfrac{C_i}{S_i}$

综合污染指数: $P = \sum\limits_{i=1}^{n} P_i$

均值污染指数: $A = \dfrac{1}{n} \sum\limits_{i=1}^{n} P_i$

负荷比：$Q_i = P_i \cdot 100/P$

式中，P_i 为污染物的单项污染指数；C_i 表示评价因子的实测值；S_i 表示评价因子的评价标准值。

其中，pH 的单项污染指数计算方法采用：$P_{pHi} = \dfrac{\left| C_{pHi} - \bar{S}_{pHi} \right|}{\left| S_{pHi} - \bar{S}_{pHi} \right|}$，$C_{pHi}$ 表示 pH 的实测值，S_{pHi} 表示 pH 的上限值或下限值；$\bar{S}_{pHi}$ 表示 pH 的上下限均值，n 表示参评项目总数。

DO 的单项污染指数计算方法：当 $DO_i \geqslant DO_S$ 时，$P_{DOi} = (DO_f - DO_i)/(DO_f - DO_S)$；当 $DO_i < DO_S$ 时，$P_{DOi} = 10 - 9 \times (DO_i/DO_S)$，$DO_f = 468/(31.6 + T)$，$T$ 为水温。按照《农用水源环境监测技术规范》（NY/T 396—2000），当单项污染指数<1 时，单项污染指数=计算值；当单项污染指数>1 时，单项污染指数=1.0+Plog（计算值）。

表 2-3-3　渔业水体环境质量分级

均值污染指数值	对应的污染等级
<0.2	清洁
0.2~0.4	尚清洁
0.4~0.7	轻度污染
0.7~1.0	中度污染
1.0~2.0	重度污染
>2.0	严重污染

4 卫宁段水质评价

4.1 2018—2020年卫宁段水质检测结果

2018—2020 年黄河卫宁段各月份水质检测结果见表 2-4-1 至表 2-4-17。

表 2-4-1　2018 年 5 月卫宁段水质检测结果

水质指标	S01	S02	S03	S04	S05	S06	S07
水温/℃	20.3	20.5	14.2	15.0	14.6	13.3	13.7
pH	7.95	7.96	8.01	8.03	7.89	8.04	8.07
溶解氧/(mg·L⁻¹)	9.12	8.97	8.97	9.12	8.45	8.75	8.74
悬浮物/(mg·L⁻¹)	220.0	50.0	180.0	100.0	70.0	60.0	80.0
总氮/(mg·L⁻¹)	1.908	1.708	1.730	1.875	1.773	1.632	1.793
总磷/(mg·L⁻¹)	2.935	0.397	0.394	2.705	0.419	0.280	0.411
非离子氨/(mg·L⁻¹)	0.024 2	0.005 0	0.003 4	0.002 8	0.003 6	0.005 6	0.002 8
高锰酸指数/(mg·L⁻¹)	5.49	2.59	3.05	2.83	3.20	4.76	3.54
叶绿素 a/(mg·L⁻¹)	1.25	3.53	2.53	3.73	5.85	2.93	1.89
挥发性酚/(mg·L⁻¹)	0.004	0.006	0.001	0.010	0.007	0.019	0.012
石油类/(mg·L⁻¹)	0.020	0.020	0.020	0.020	0.020	0.020	0.020
铜/(mg·L⁻¹)	0.034 0	0.037 0	0.057 0	0.054 0	0.052 0	0.036 0	0.042 0
锌/(mg·L⁻¹)	0.017	0.017	0.034	0.024	0.020	0.020	0.016
铅/(mg·L⁻¹)	0.012	0.012	0.012	0.012	0.012	0.012	0.012
镉/(mg·L⁻¹)	0.000 5	0.000 5	0.000 5	0.000 5	0.000 5	0.000 5	0.000 5
汞/(mg·L⁻¹)	0.004 60	0.002 50	0.020 50	0.003 80	0.008 90	0.003 90	0.004 90

表 2-4-2　2018 年 6 月卫宁段水质检测结果

水质指标	S01	S02	S03	S04	S05	S06	S07
水温/℃	17.4	17.5	17.8	18.1	18.6	18.2	18.3
pH	8.02	7.99	7.79	7.76	7.81	7.79	7.81
溶解氧/(mg·L⁻¹)	8.80	8.99	7.30	8.10	8.47	8.51	8.31
悬浮物/(mg·L⁻¹)	205	70	120	70	105	70	90
总氮/(mg·L⁻¹)	3.475	2.695	2.893	3.308	3.542	3.641	5.567
总磷/(mg·L⁻¹)	0.284	0.206	0.396	0.221	0.250	0.259	0.210

水质指标	S01	S02	S03	S04	S05	S06	S07
非离子氨/(mg·L^{-1})	0.009 5	0.013 5	0.006 3	0.024 4	0.02 7	0.004 1	0.007 4
高锰酸指数/(mg·L^{-1})	2.25	2.22	2.16	2.42	2.05	1.82	2.18
叶绿素 a/(mg·L^{-1})	16.45	16.56	21.40	16.57	13.57	10.19	12.76
挥发性酚/(mg·L^{-1})	0.008	0.004	0.006	0.006	0.007	0.016	0.002
石油类/(mg·L^{-1})	0.02	0.02	0.02	0.045	0.02	0.081	0.02
铜/(mg·L^{-1})	0.003 5	0.003 5	0.003 5	0.003 5	0.003 5	0.003 5	0.243 0
锌/(mg·L^{-1})	0.010	0.009	0.016	1.027	0.033	0.017	0.016
铅/(mg·L^{-1})	0.012	0.012	0.012	0.012	0.012	0.012	0.012
镉/(mg·L^{-1})	0.000 5	0.001 0	0.000 5	0.001 0	0.001 0	0.000 5	0.000 5
汞/(mg·L^{-1})	0.001 4	0.001 25	0.002 7	0.001 1	0.002 1	0.000 75	0.001 4

表 2-4-3　2018 年 7 月卫宁段水质检测结果

水质指标	S01	S02	S03	S04	S05	S06	S07
水温/℃	17.7	17.6	17.2	17.3	18.9	18.7	19.0
pH	7.52	7.49	7.37	7.34	7.53	7.51	7.36
溶解氧/(mg·L^{-1})	8.15	8.17	8.04	8.01	8.09	8.07	8.30
悬浮物/(mg·L^{-1})	390	260	210	140	980	530	1070
总氮/(mg·L^{-1})	2.871	2.810	2.660	2.330	2.742	2.756	3.084
总磷/(mg·L^{-1})	0.401	0.330	0.357	0.304	0.478	0.309	2.150
非离子氨/(mg·L^{-1})	0.002 2	0.011 6	0.009 3	0.001 3	0.004 9	0.004 6	0.010 3
高锰酸指数/(mg·L^{-1})	1.80	1.77	1.80	1.84	1.89	2.14	2.44
叶绿素 a/(mg·L^{-1})	0.34	0.65	0.37	0.97	2.97	0.54	0.13
挥发性酚/(mg·L^{-1})	0.012	0.006	0.015	0.028	0.031	0.037	0.013
石油类/(mg·L^{-1})	0.02	0.02	0.02	0.02	0.02	0.02	0.02
铜/(mg·L^{-1})	0.007 0	0.003 5	0.003 5	0.003 5	0.008 0	0.010 0	0.008 0

水质指标	S01	S02	S03	S04	S05	S06	S07
锌/(mg·L⁻¹)	0.031	0.029	0.078	0.031	0.033	0.065	0.044
铅/(mg·L⁻¹)	0.012	0.012	0.012	0.012	0.012	0.012	0.012
镉/(mg·L⁻¹)	0.000 5	0.000 5	0.000 5	0.000 5	0.000 5	0.000 5	0.000 5
汞/(mg·L⁻¹)	0.001 0	0.001 8	0.002 7	0.001 4	0.001 1	0.001 4	0.002 0

表 2-4-4　2018 年 8 月卫宁段水质检测结果

水质指标	S01	S02	S03	S04	S05	S06	S07
水温/℃	18.7	18.4	17.9	18.2	19.0	21.3	20.8
pH	8.70	8.80	8.67	8.69	8.37	8.54	8.61
溶解氧/(mg·L⁻¹)	8.86	8.84	8.83	8.85	8.75	8.81	8.23
悬浮物/(mg·L⁻¹)	170	180	280	160	660	170	840
总氮/(mg·L⁻¹)	2.737	3.032	2.672	2.777	2.660	3.263	3.86
总磷/(mg·L⁻¹)	0.437	0.387	0.34	0.236	0.491	0.356	1.085
非离子氨/(mg·L⁻¹)	0.151 4	0.017 7	0.007 0	0.027 4	0.009 2	0.030 1	0.464 9
高锰酸指数/(mg·L⁻¹)	2.01	2.18	2.37	2.55	2.1	2.04	2.11
叶绿素 a/(mg·L⁻¹)	4.15	8.65	4.29	4.17	3.80	3.87	3.65
挥发性酚/(mg·L⁻¹)	0.022	0.019	0.015	0.003	0.01	0.015	0.010
石油类/(mg·L⁻¹)	0.02	0.02	0.02	0.02	0.02	0.02	0.02
铜/(mg·L⁻¹)	0.005 0	0.005 0	0.003 5	0.003 5	0.003 5	0.003 5	0.005 0
锌/(mg·L⁻¹)	0.003	0.006	0.003	0.001	0.002	0.002	0.017
铅/(mg·L⁻¹)	0.012	0.012	0.012	0.012	0.012	0.012	0.012
镉/(mg·L⁻¹)	0.000 5	0.000 5	0.000 5	0.000 5	0.000 5	0.000 5	0.000 5
汞/(mg·L⁻¹)	0.002 5	0.001 9	0.002 4	0.003 5	0.004 2	0.001 8	0.004 4

表 2-4-5　2018 年 9 月卫宁段水质检测结果

水质指标	S01	S02	S03	S04	S05	S06	S07
水温/℃	14.6	14.8	14.7	14.6	15.8	15.4	15.6
pH	8.17	8.14	8.48	8.45	8.37	8.03	8.05
溶解氧/(mg·L⁻¹)	8.65	8.68	8.76	8.87	8.98	8.52	8.56
悬浮物/(mg·L⁻¹)	200	190	210	260	140	180	140
总氮/(mg·L⁻¹)	2.015	1.979	2.035	1.904	1.997	2.039	2.299
总磷/(mg·L⁻¹)	0.215	0.354	0.241	0.334	0.258	0.325	0.319
非离子氨/(mg·L⁻¹)	0.006 9	0.005 9	0.058	0.025 2	0.022 8	0.007 7	0.007 2
高锰酸指数/(mg·L⁻¹)	1.70	2.28	2.00	1.82	2.02	2.17	1.01
叶绿素 a/(mg·L⁻¹)	4.48	1.67	0.69	2.55	5.50	0.91	0.33
挥发性酚/(mg·L⁻¹)	0.006	0.005	0.001	0.009	0.010	0.010	0.012
石油类/(mg·L⁻¹)	0.02	0.02	0.02	0.02	0.02	0.02	0.02
铜/(mg·L⁻¹)	0.003 5	0.003 5	0.003 5	0.003 5	0.003 5	0.003 5	0.003 5
锌/(mg·L⁻¹)	0.007	0.011	0.004	0.004	0.004	0.004	0.004
铅/(mg·L⁻¹)	0.012	0.012	0.012	0.012	0.012	0.012	0.012
镉/(mg·L⁻¹)	0.001	0.002	0.001	0.002	0.002	0.002	0.002
汞/(mg·L⁻¹)	0.000 26	0.000 30	0.000 26	0.000 56	0.000 30	0.000 24	0.000 32

表 2-4-6　2018 年 10 月卫宁段水质检测结果

水质指标	S01	S02	S03	S04	S05	S06	S07
水温/℃	11.8	11.7	11.6	10.7	14.1	14.3	14.2
pH	8.60	8.61	8.74	8.69	8.55	8.55	8.56
溶解氧/(mg·L⁻¹)	8.20	8.20	8.73	8.72	8.92	8.91	8.83
悬浮物/(mg·L⁻¹)	260	110	590	420	220	440	120
总氮/(mg·L⁻¹)	2.040	2.270	1.931	2.127	2.363	2.611	2.165
总磷/(mg·L⁻¹)	0.211	0.192	0.165	0.149	0.207	0.135	0.330

水质指标	S01	S02	S03	S04	S05	S06	S07
非离子氨/(mg·L⁻¹)	0.021 1	0.038 9	0.026 2	0.014	0.022 8	0.017 7	0.028 5
高锰酸指数/(mg·L⁻¹)	2.63	2.40	2.06	2.16	2.03	2.03	2.23
叶绿素 a/(mg·L⁻¹)	0.80	1.38	0.68	0.86	0.59	0.04	0.37
挥发性酚/(mg·L⁻¹)	0.006	0.011	0.004	0.003	0.002	0.001	0.005
石油类/(mg·L⁻¹)	0.02	0.02	0.02	0.02	0.02	0.02	0.02
铜/(mg·L⁻¹)	0.003 5	0.003 5	0.003 5	0.003 5	0.003 5	0.003 5	0.003 5
锌/(mg·L⁻¹)	0.004	0.005	0.005	0.003	0.002	0.001	0.011
铅/(mg·L⁻¹)	0.012	0.012	0.012	0.012	0.012	0.012	0.012
镉/(mg·L⁻¹)	0.000 5	0.000 5	0.000 5	0.000 5	0.000 5	0.000 5	0.000 5
汞/(mg·L⁻¹)	0.003 9	0.006 5	0.004 3	0.006 1	0.008 3	0.002 3	0.002 7

表 2-4-7　2019 年 3 月卫宁段水质检测结果

水质指标	S01	S02	S03	S04	S05	S06	S07
水温/℃	8.40	8.38	7.30	7.31	8.60	8.70	8.30
pH	9.07	9.06	8.81	8.82	8.53	8.5	8.75
溶解氧/(mg·L⁻¹)	8.41	8.47	9.29	9.27	8.52	8.51	8.90
悬浮物/(mg·L⁻¹)	50	70	40	30	60	140	90
总氮/(mg·L⁻¹)	2.694	3.213	2.175	2.957	3.789	3.293	2.956
总磷/(mg·L⁻¹)	0.172	0.159	0.141	0.243	0.232	0.245	0.168
非离子氨/(mg·L⁻¹)	0.022 3	0.027 1	0.018 7	0.007 2	0.009 1	0.002 4	0.017 2
高锰酸指数/(mg·L⁻¹)	2.73	2.01	2.01	2.25	2.01	1.93	1.97
叶绿素 a/(mg·L⁻¹)	2.97	1.94	2.43	3.38	3.34	1.67	1.71
挥发性酚/(mg·L⁻¹)	0.013	0.013	0.006	0.008	0.015	0.023	0.015
石油类/(mg·L⁻¹)	0.02	0.02	0.02	0.02	0.02	0.02	0.02
铜/(mg·L⁻¹)	0.018	0.012	0.012	0.012	0.012	0.012	0.009

续表

水质指标	S01	S02	S03	S04	S05	S06	S07
锌/(mg·L⁻¹)	0.005	0.009	0.005	0.006	0.007	0.007	0.012
铅/(mg·L⁻¹)	0.012	0.012	0.012	0.012	0.012	0.012	0.012
镉/(mg·L⁻¹)	0.000 5	0.000 5	0.000 5	0.000 5	0.000 5	0.000 5	0.000 5
汞/(mg·L⁻¹)	0.000 265	0.000 265	0.000 279	0.000 214	0.000 277	0.000 241	0.000 241

表 2-4-8　2019 年 4 月卫宁段水质检测结果

水质指标	S01	S02	S03	S04	S05	S06	S07
水温/℃	16.9	13.7	11.7	11.9	16.4	16.5	16.7
pH	9.14	9.40	8.94	8.92	8.85	8.83	8.84
溶解氧/(mg·L⁻¹)	7.01	6.99	6.54	6.61	5.77	5.79	5.76
悬浮物/(mg·L⁻¹)	280	130	110	70	240	350	370
总氮/(mg·L⁻¹)	2.557	2.142	2.395	2.87	2.841	2.525	2.599
总磷/(mg·L⁻¹)	0.031	0.096	0.033	0.054	0.203	0.243	0.147
非离子氨/(mg·L⁻¹)	0.058 2	0.127 1	0.044 1	0.018 8	0.037 6	0.062 9	0.037 4
高锰酸指数/(mg·L⁻¹)	1.93	1.83	2.43	2.33	2.23	2.11	2.09
叶绿素 a/(mg·L⁻¹)	3.24	4.86	3.37	3.21	1.46	1.32	1.21
挥发性酚/(mg·L⁻¹)	0.017	0.005	0.012	0.001	0.008	0.010	0.010
石油类/(mg·L⁻¹)	0.02	0.02	0.02	0.02	0.02	0.02	0.02
铜/(mg·L⁻¹)	0.003 5	0.003 5	0.003 5	0.003 5	0.003 5	0.003 5	0.003 5
锌/(mg·L⁻¹)	0.003	0.004	0.011	0.004	0.005	0.004	0.011
铅/(mg·L⁻¹)	0.012	0.012	0.012	0.012	0.012	0.012	0.012
镉/(mg·L⁻¹)	0.0005	0.0005	0.0005	0.0005	0.0005	0.001	0.002
汞/(mg·L⁻¹)	0.000 213	0.000 239	0.000 221	0.000 227	0.000 244	0.000 296	0.000 311

表 2-4-9　2019 年 5 月卫宁段水质检测结果

水质指标	S01	S02	S03	S04	S05	S06	S07
水温/℃	13.1	13.2	13.6	13.6	15.3	15.4	14.9
pH	8.90	8.85	8.72	8.71	8.85	8.89	9.32
溶解氧/(mg·L^{-1})	6.70	6.71	8.51	6.57	7.34	7.31	6.80
悬浮物/(mg·L^{-1})	170	210	310	250	150	200	120
总氮/(mg·L^{-1})	2.108	2.177	2.071	2.265	3.065	2.006	2.158
总磷/(mg·L^{-1})	0.262	0.249	0.262	0.324	0.306	0.256	0.223
非离子氨/(mg·L^{-1})	0.016 9	0.010 5	0.013 2	0.039 3	0.024 9	0.025 1	0.375 2
高锰酸指数/（mg·L^{-1}）	2.07	2.92	2.41	2.49	2.27	2.31	2.82
叶绿素 a/(mg·L^{-1})	8.96	9.30	9.30	9.12	10.13	11.38	11.40
挥发性酚/(mg·L^{-1})	0.002	0.009	0.008	0.014	0.013	0.003	0.005
石油类/(mg·L^{-1})	0.356	0.618	0.561	0.532	1.915	0.913	1.229
铜/(mg·L^{-1})	0.003 5	0.022 0	0.040 0	0.027 0	0.022 0	0.012 0	0.034 0
锌/(mg·L^{-1})	0.006	0.011	0.016	0.018	0.032	0.012	0.019
铅/(mg·L^{-1})	0.012	0.012	0.012	0.012	0.012	0.012	0.012
镉/(mg·L^{-1})	0.001	0.001	0.001	0.001	0.001	0.001	0.001
汞/(mg·L^{-1})	0.002 120	0.000 258	0.000 326	0.000 286	0.000 105	0.000 080	0.000 117

表 2-4-10　2019 年 6 月卫宁段水质检测结果

水质指标	S01	S02	S03	S04	S05	S06	S07
水温/℃	17.4	17.0	15.8	16.1	18.1	18.0	17.8
pH	9.14	9.11	9.12	9.15	8.90	8.91	8.72
溶解氧/(mg·L^{-1})	6.31	6.29	6.5	6.51	6.22	6.43	6.52
悬浮物/(mg·L^{-1})	10	10	10	10	10	10	20
总氮/(mg·L^{-1})	2.055	2.214	2.187	2.164	1.888	1.962	1.175
总磷/(mg·L^{-1})	0.203	0.252	0.216	0.246	0.298	0.235	0.287

水质指标	S01	S02	S03	S04	S05	S06	S07
非离子氨/(mg·L⁻¹)	0.007 6	0.031	0.020 8	0.008 6	0.024 3	0.041 8	0.021 0
高锰酸指数/(mg·L⁻¹)	1.59	1.53	1.40	1.68	1.89	1.79	1.68
叶绿素 a/(mg·L⁻¹)	7.97	9.54	9.00	9.89	11.94	10.54	10.56
挥发性酚/(mg·L⁻¹)	0.009	0.007	0.019	0.006	0.005	0.003	0.012
石油类/(mg·L⁻¹)	0.02	0.02	0.02	0.02	0.02	0.02	0.02
铜/(mg·L⁻¹)	0.049	0.065	0.063	0.042	0.043	0.04	0.063
锌/(mg·L⁻¹)	0.017	0.024	0.026	0.015	0.017	0.015	0.025
铅/(mg·L⁻¹)	0.012	0.012	0.012	0.012	0.012	0.012	0.012
镉/(mg·L⁻¹)	0.000 5	0.000 5	0.000 5	0.000 5	0.000 5	0.000 5	0.000 5
汞/(mg·L⁻¹)	0.000 025	0.000 025	0.000 025	0.000 025	0.000 025	0.000 025	0.000 025

表 2-4-11　2019 年 7 月卫宁段水质检测结果

水质指标	S01	S02	S03	S04	S05	S06	S07
水温/℃	17.6	17.8	17.1	17.2	19.3	19.2	19.4
pH	8.21	8.09	8.27	8.29	8.29	8.29	8.27
溶解氧/(mg·L⁻¹)	8.30	8.27	9.36	9.31	7.38	7.40	7.43
悬浮物/(mg·L⁻¹)	0	40	10	20	10	20	10
总氮/(mg·L⁻¹)	2.242	1.886	2.071	2.224	2.333	2.298	3.055
总磷/(mg·L⁻¹)	0.458	0.416	0.206	0.216	0.182	0.294	0.258
非离子氨/(mg·L⁻¹)	0.021 1	0.008 3	0.030 4	0.019 3	0.009 5	0.020 3	0.010 9
高锰酸指数/(mg·L⁻¹)	1.96	1.94	1.96	1.85	2.12	1.91	1.99
叶绿素 a/(mg·L⁻¹)	1.57	1.17	1.06	1.54	1.63	3.99	1.34
挥发性酚/(mg·L⁻¹)	0.003	0.009	0.007	0.022	0.002	0.006	0.006
石油类/(mg·L⁻¹)	0.02	0.239	0.439	0.02	0.02	0.02	0.02
铜/(mg·L⁻¹)	0.015	0.034	0.026	0.013	0.044	0.027	0.043

水质指标	S01	S02	S03	S04	S05	S06	S07
锌/(mg·L⁻¹)	0.01	0.015	0.015	0.01	0.021	0.012	0.024
铅/(mg·L⁻¹)	0.012	0.012	0.012	0.012	0.012	0.012	0.012
镉/(mg·L⁻¹)	0.001	0.002	0.001	0.001	0.001	0.001	0.001
汞/(mg·L⁻¹)	0.000 031	0.000 025	0.000 025	0.000 025	0.000 025	0.000 025	0.000 025

表 2-4-12　2019 年 8 月卫宁段水质检测结果

水质指标	S01	S02	S03	S04	S05	S06	S07
水温/℃	18.5	18.5	18.7	18.5	18.3	18.5	18.9
pH	8.91	8.87	8.4	8.37	8.87	9.00	8.80
溶解氧/(mg·L⁻¹)	7.73	7.75	7.15	7.25	7.28	7.25	7.19
悬浮物/(mg·L⁻¹)	70	70	110	270	80	170	130
总氮/(mg·L⁻¹)	1.820	1.896	1.874	1.963	1.948	1.896	1.781
总磷/(mg·L⁻¹)	0.130	0.117	0.117	0.153	0.085	0.123	0.161
非离子氨/(mg·L⁻¹)	0.029 9	0.046 8	0.009 8	0.025 7	0.041 5	0.078 6	0.052 8
高锰酸指数/(mg·L⁻¹)	2.33	1.96	1.63	1.60	1.85	1.88	1.81
叶绿素 a/(mg·L⁻¹)	0.89	0.83	1.39	1.35	1.84	1.84	1.27
挥发性酚/(mg·L⁻¹)	0.008	0.008	0.004	0.007	0.022	0.005	0.018
石油类/(mg·L⁻¹)	0.02	0.02	0.02	0.02	0.02	0.02	0.02
铜/(mg·L⁻¹)	0.003 5	0.003 5	0.003 5	0.003 5	0.003 5	0.003 5	0.003 5
锌/(mg·L⁻¹)	0.027	0.009	0.010	0.010	0.006	0.015	0.011
铅/(mg·L⁻¹)	0.012	0.012	0.012	0.012	0.012	0.012	0.012
镉/(mg·L⁻¹)	0.000 5	0.000 5	0.000 5	0.000 5	0.000 5	0.000 5	0.000 5
汞/(mg·L⁻¹)	0.000 025	0.000 025	0.000 025	0.000 025	0.000 025	0.000 025	0.000 025

表 2-4-13　2019 年 10 月卫宁段水质检测结果

水质指标	S01	S02	S03	S04	S05	S06	S07
水温/℃	11.8	11.6	13.0	12.5	12.5	12.6	12.7
pH	8.71	8.69	7.41	7.39	8.52	8.51	8.61
溶解氧/(mg·L⁻¹)	6.21	6.23	6.72	6.71	7.07	7.05	6.91
悬浮物/(mg·L⁻¹)	40	90	10	90	40	120	40
总氮/(mg·L⁻¹)	2.078	2.131	2.459	2.807	2.103	2.254	2.063
总磷/(mg·L⁻¹)	0.190	0.120	0.116	0.101	0.114	0.193	0.122
非离子氨/(mg·L⁻¹)	0.012 7	0.008 4	0.000 5	0.000 5	0.028	0.022 9	0.022 2
高锰酸指数/(mg·L⁻¹)	2.15	1.86	1.47	1.65	2.51	2.43	10.01
叶绿素 a/(mg·L⁻¹)	1.74	2.02	0.68	0.64	1.04	0.27	0.63
挥发性酚/(mg·L⁻¹)	0.013	0.004	0.020	0.001	0.011	0.006	0.007
石油类/(mg·L⁻¹)	0.02	0.02	0.02	0.02	0.02	0.02	0.02
铜/(mg·L⁻¹)	0.009 0	0.010 0	0.007 0	0.009 0	0.007 0	0.003 5	0.003 5
锌/(mg·L⁻¹)	0.042	0.083	0.043	0.16	0.031	0.036	0.028
铅/(mg·L⁻¹)	0.012	0.012	0.012	0.012	0.012	0.012	0.012
镉/(mg·L⁻¹)	0.000 5	0.000 5	0.000 5	0.000 5	0.000 5	0.000 5	0.000 5
汞/(mg·L⁻¹)	0.000 025	0.000 025	0.000 025	0.000 025	0.000 025	0.000 025	0.000 025

表 2-4-14　2019 年 11 月卫宁段水质检测结果

水质指标	S01	S02	S03	S04	S05	S06	S07
水温/℃	9.5	9.4	8.8	8.6	8.5	9.6	9.5
pH	8.70	8.71	8.41	8.39	8.42	8.41	8.31
溶解氧/(mg·L⁻¹)	7.30	7.29	8.36	8.34	7.46	7.48	7.22
悬浮物/(mg·L⁻¹)	110	100	110	90	160	150	130
总氮/(mg·L⁻¹)	2.049	2.291	2.169	2.191	2.308	2.134	2.411
总磷/(mg·L⁻¹)	0.266	0.154	0.18	0.312	0.231	0.196	0.706

水质指标	S01	S02	S03	S04	S05	S06	S07
非离子氨/(mg·L⁻¹)	0.003 6	0.002 9	0.001 3	0.001 5	0.002 9	0.003 1	0.001 9
高锰酸指数/(mg·L⁻¹)	2.23	2.55	2.33	2.18	2.01	2.34	2.33
叶绿素 a/(mg·L⁻¹)	0.45	0.68	0.90	0.89	2.70	3.02	0.65
挥发性酚/(mg·L⁻¹)	0.015	0.004	0.013	0.002	0.010	0.001	0.010
石油类/(mg·L⁻¹)	0.02	0.02	0.02	0.02	0.02	0.02	0.02
铜/(mg·L⁻¹)	0.003 5	0.003 5	0.003 5	0.003 5	0.003 5	0.003 5	0.003 5
锌/(mg·L⁻¹)	0.008	0.005	0.012	0.012	0.006	0.007	0.019
铅/(mg·L⁻¹)	0.012	0.012	0.012	0.012	0.012	0.012	0.012
镉/(mg·L⁻¹)	0.000 5	0.001	0.001	0.000 5	0.000 5	0.000 5	0.000 5
汞/(mg·L⁻¹)	0.000 025	0.000 025	0.000 025	0.000 025	0.000 025	0.000 025	0.000 025

表 2-4-15　2019 年 12 月卫宁段水质检测结果

水质指标	S01	S02	S03	S04	S05	S06	S07
水温/℃	4.1	4.2	4.1	4.1	4.0	4.0	4.4
pH	8.51	8.52	8.31	8.31	8.10	8.11	7.90
溶解氧/(mg·L⁻¹)	6.80	6.78	6.80	6.92	6.95	6.98	6.82
悬浮物/(mg·L⁻¹)	10	10	30	20	10	30	20
总氮/(mg·L⁻¹)	3.179	3.390	3.142	3.293	3.361	3.483	3.616
总磷/(mg·L⁻¹)	0.140	0.099	0.223	0.274	0.192	0.175	0.301
非离子氨/(mg·L⁻¹)	0.003 6	0.011 9	0.006 5	0.006 4	0.003 9	0.004 6	0.003 7
高锰酸指数/(mg·L⁻¹)	2.27	1.78	2.21	2.04	2.17	2.39	1.89
叶绿素 a/(mg·L⁻¹)	0.00	0.00	0.02	0.02	0.02	0.02	0.04
挥发性酚/(mg·L⁻¹)	0.021	0.004	0.016	0.025	0.025	0.017	0.016
石油类/(mg·L⁻¹)	0.02	0.02	0.02	0.02	0.02	0.02	0.02
铜/(mg·L⁻¹)	0.003 5	0.003 5	0.003 5	0.003 5	0.003 5	0.003 5	0.003 5

续表

水质指标	S01	S02	S03	S04	S05	S06	S07
锌/(mg·L⁻¹)	0.005	0.009	0.006	0.008	0.007	0.004	0.002
铅/(mg·L⁻¹)	0.012	0.012	0.012	0.012	0.012	0.012	0.012
镉/(mg·L⁻¹)	0.001	0.001	0.001	0.001	0.001	0.001	0.001
汞/(mg·L⁻¹)	0.000 255	0.000 166	0.000 103	0.000 147	0.000 121	0.000 132	0.000 120

表 2-4-16 2020 年 1 月卫宁段水质检测结果

水质指标	S01	S02	S03	S04	S05	S06	S07
水温/℃	2.1	2.1	2.7	2.5	2.2	2.3	2.7
pH	8.7	8.5	8.3	8.4	7.7	7.9	7.9
溶解氧/(mg·L⁻¹)	7.95	7.93	7.51	7.52	7.13	7.14	7.31
悬浮物/(mg·L⁻¹)	10	10	10	10	10	10	80
总氮/(mg·L⁻¹)	3.53	3.32	3.39	3.21	3.52	2.96	3.36
总磷/(mg·L⁻¹)	0.085	0.065	0.077	0.079	0.069	0.099	0.091
非离子氨/(mg·L⁻¹)	0.004 2	0.002 4	0.001 3	0.000 9	0.000 3	0.000 5	0.000 6
高锰酸指数/(mg·L⁻¹)	2.58	2.26	2.56	2.45	2.15	2.27	2.39
叶绿素 a/(mg·L⁻¹)	0.95	1.00	1.17	1.16	1.01	1.20	1.06
挥发性酚/(mg·L⁻¹)	0.019	0.011	0.011	0.041	0.016	0.001	0.04
石油类/(mg·L⁻¹)	0.02	0.02	0.02	0.02	0.02	0.02	0.02
铜/(mg·L⁻¹)	0.003 5	0.003 5	0.003 5	0.003 5	0.003 5	0.003 5	0.003 5
锌/(mg·L⁻¹)	0.005	0.004	0.001	0.001	0.004	0.002	0.002
铅/(mg·L⁻¹)	0.012	0.012	0.012	0.012	0.012	0.012	0.012
镉/(mg·L⁻¹)	0.000 5	0.000 5	0.000 5	0.000 5	0.000 5	0.000 5	0.000 5
汞/(mg·L⁻¹)	0.000 005	0.000 005	0.000 005	0.000 005	0.000 005	0.000 005	0.000 005

表 2-4-17　2020 年 2 月卫宁段水质检测结果

水质指标	S01	S02	S03	S04	S05	S06	S07
水温/℃	4.9	4.7	4.7	4.7	5.2	5.5	5.3
pH	8.1	8.3	8.3	8.3	8.3	8.3	8.2
溶解氧/(mg·L⁻¹)	9.72	9.71	9.21	9.22	9.41	9.40	9.66
悬浮物/(mg·L⁻¹)	0	0	0	0	40	10	10
总氮/(mg·L⁻¹)	2.98	2.79	2.72	2.61	2.83	3.13	2.90
总磷/(mg·L⁻¹)	0.090	0.082	0.070	0.067	0.082	0.066	0.066
非离子氨/(mg·L⁻¹)	0.001 3	0.005	0.002 9	0.004 6	0.004 5	0.003 8	0.003 2
高锰酸指数/(mg·L⁻¹)	2.58	3.11	3.12	3.49	3.00	3.50	3.16
叶绿素 a/(mg·L⁻¹)	2.92	3.22	2.68	3.36	2.59	3.85	3.33
挥发性酚/(mg·L⁻¹)	0.004	0.007	0.008	0.005	0.019	0.012	0.007
石油类/(mg·L⁻¹)	0.02	0.02	0.02	0.02	0.02	0.02	0.02
铜/(mg·L⁻¹)	0.003 5	0.003 5	0.003 5	0.003 5	0.003 5	0.003 5	0.003 5
锌/(mg·L⁻¹)	0.002	0.001	0.003	0.004	0.001	0.001	0.003
铅/(mg·L⁻¹)	0.012	0.012	0.012	0.012	0.012	0.012	0.012
镉/(mg·L⁻¹)	0.000 5	0.000 5	0.000 5	0.000 5	0.000 5	0.000 5	0.000 5
汞/(mg·L⁻¹)	0.000 005	0.000 005	0.000 005	0.000 005	0.000 016	0.000 016	0.000 005

4.2　2018—2020 年卫宁段水环境因子时空分布

4.2.1　水温

2018—2020 年卫宁段水温时空分布特征见图 2-4-1。由图可知,卫宁段的水温随时间变幅较大,低温出现在 1 月份,高温出现在 7 月或 8 月份。在 7 个站点中,总体上同一时间温度较高的区域是中宁枣园北岸、中宁黄河大桥南岸和中宁黄河大桥北岸,温度较低的区域是坝上北岸和坝上南岸。在 2018 年 5 月西气东输管道南和西气东输管道北两个点位温度最高,接近三年内 7 个站点的最大值。

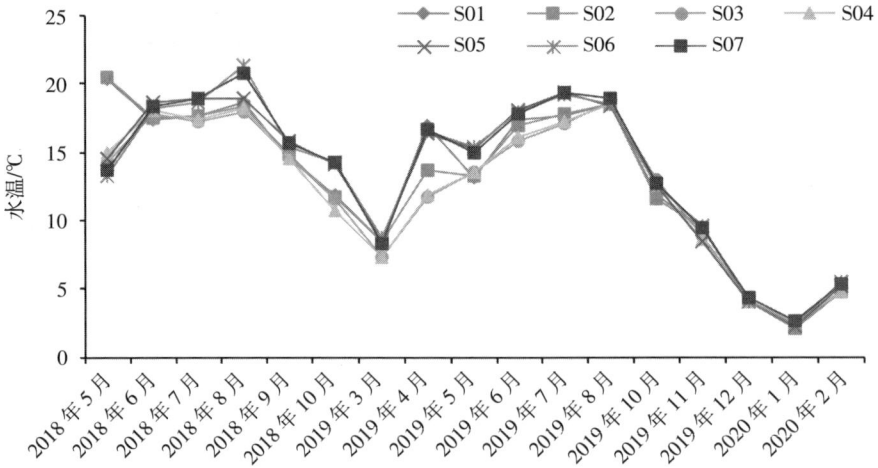

图 2-4-1　2018—2020 年卫宁段水温时空分布

4.2.2　pH

2018—2020 年卫宁段 pH 时空分布特征见图 2-4-2。由图可知,卫宁段的 pH 在 7.34~9.40,最小值出现在 2018 年 7 月份的坝上北岸，最大值出现在 2019 年 4 月份的西气东输管道南。总体上 pH 在 2018 年 7 月份最小,2019 年 6 月份最大。

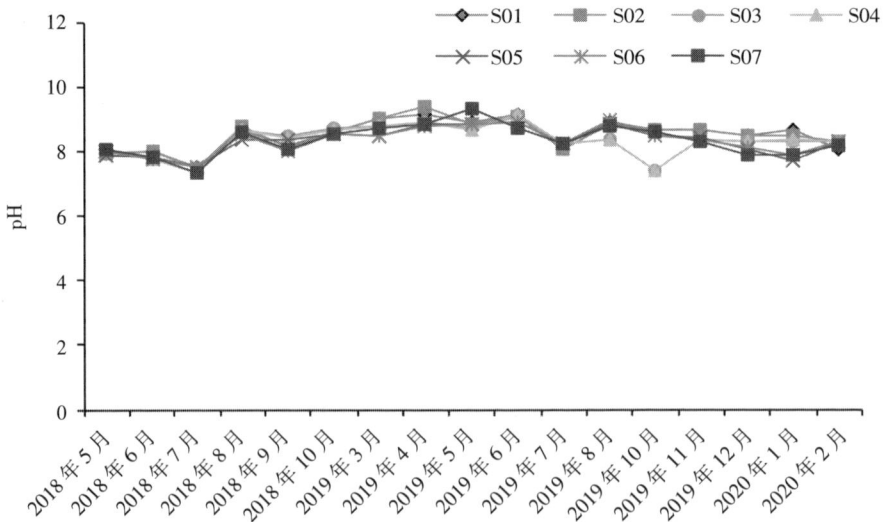

图2-4-2　2018—2020 年卫宁段 pH 时空分布

4.2.3　溶解氧

2018—2020 年卫宁段溶解氧时空分布特征见图 2-4-3。由图可知,卫宁段的溶解氧含量在 5.77~9.72 mg/L,最小值出现在 2019 年 4 月的中宁黄河大桥北岸,最大值出现在 2020 年 2 月的西气东输管道北。同一时间不同站点的溶解氧含量变化较大,其中 2019 年 5 月和 7 月变幅最大。同一站点不同时间的溶解氧含量同样变化较大,总体上在冬季溶解氧较高,春季溶解氧较低。

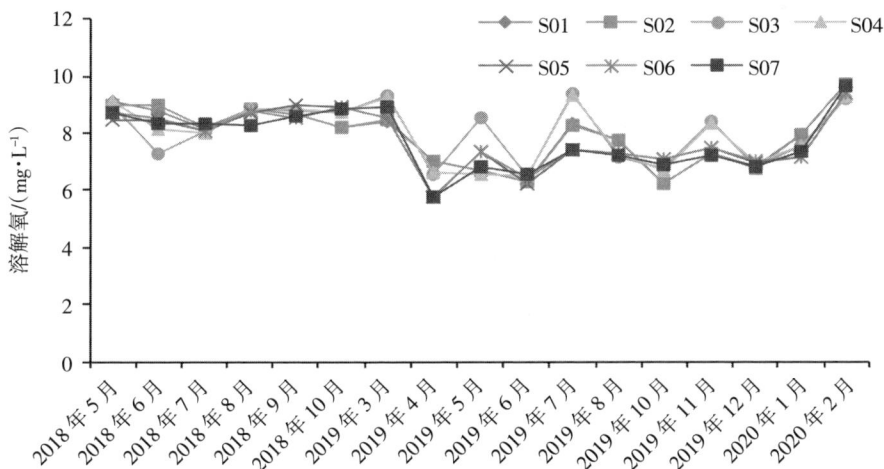

图 2-4-3　2018—2020 年卫宁段溶解氧时空分布

4.2.4　悬浮物

2018—2020 年卫宁段悬浮物时空分布特征见图 2-4-4。由图可知,总体上卫宁段悬浮物的空间差异呈减小趋势,2018 年 7 月和 8 月空间差异较大。从时间上来看,同一站点不同时间的悬浮物含量差异较大,中宁枣园北岸的含量差异最大,最大值出现在 2018 年 7 月,为 1 070 mg/L,最小值出现在 2019 年 7 月和 2020 年 2 月,为 10 mg/L。

4.2.5　总氮

2018—2020 年卫宁段总氮的时空分布特征见图 2-4-5。由图可知,中宁枣园北岸的总氮偏高,其次是中宁黄河大桥南岸,西气东输管道南和坝上南岸总氮含量较低。总体上卫宁段总氮的空间差异呈减小趋势,2018 年 6 月空间差

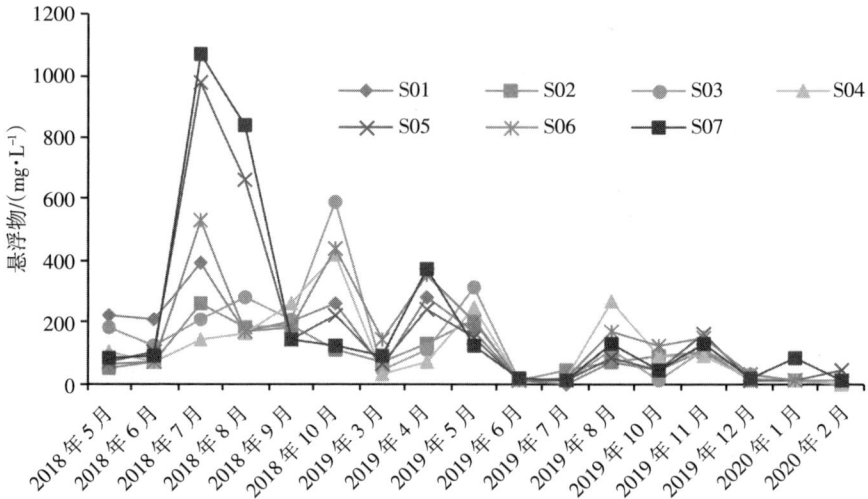

图 2-4-4　2018—2020 年卫宁段悬浮物时空分布

异最大。从时间上来看,同一站点不同时间的总氮含量差异较大,中宁枣园北岸的含量差异最大,其中最大值出现在 2018 年 6 月,达到 5.567 mg/L,超标11.13 倍,最小值出现在 2019 年 6 月,为 1.175 mg/L。

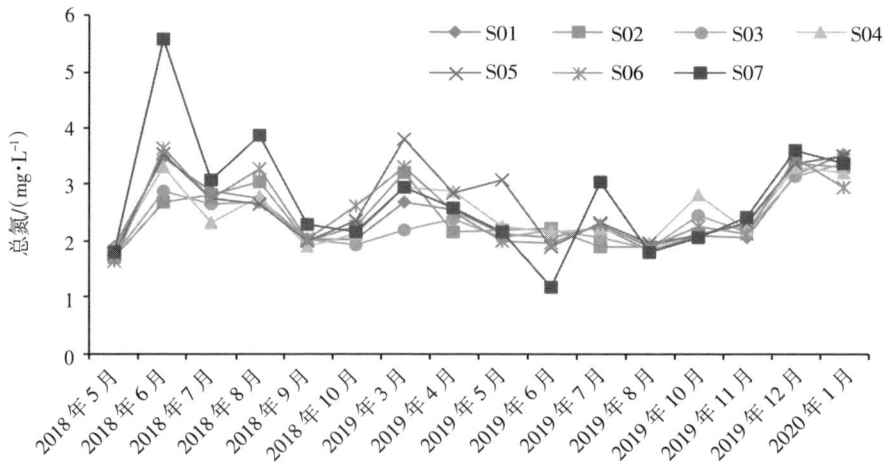

图 2-4-5　2018—2020 年卫宁段总氮时空分布

4.2.6　总磷

2018—2020 年卫宁段总磷的时空分布特征见图 2-4-6。由图可知,总体上卫宁段总磷的空间差异呈减小趋势,2018 年 5 月空间差异最大。从时间上来看,除个别时间以外,同一站点不同时间的总磷含量差异不大,2018 年 5 月西气东输管道北和坝上北岸的总磷含量较大, 依次为 2.935 mg/L、2.705 mg/L,2018 年 7 月中宁枣园北岸的总磷含量较大,为 2.15 mg/L。其余时间各点位总磷含量基本在 0.5 mg/L 以下。

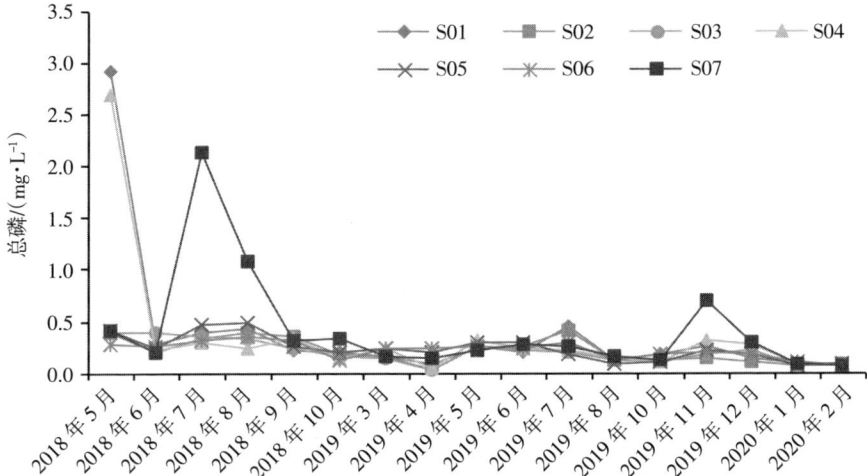

图 2-4-6　2018—2020 年卫宁段总磷时空分布

4.2.7　非离子氨

2018—2020 年卫宁段非离子氨的时空分布特征见图 2-4-7。由图可知,总体上卫宁段非离子氨的空间差异呈减小趋势,2018 年 8 月空间差异最大。从时间上来看,总体上非离子氨的含量在降低,除个别时间以外,同一站点不同时间的非离子氨含量差异不大,2018 年 8 月中宁枣园北岸和西气东输管道北的非离子氨含量较大, 依次为 0.464 9 mg/L、0.151 4 mg/L,2019 年 5 月中宁枣园北岸的非离子氨含量较大,为 0.375 2 mg/L。其余时间各点位非离子氨含量基本在 0.1 mg/L 以下,2020 年均低于 0.01 mg/L。

4.2.8　高锰酸盐指数

2018—2020 年卫宁段高锰酸盐指数的时空分布特征见图 2-4-8。由图可知, 总体上卫宁段高锰酸盐指数的空间差异呈减小趋势,2018 年 5 月和 2019 年 10 月空间差异较大, 其余时间各站点的高锰酸盐指数均在 2 mg/L 上下波

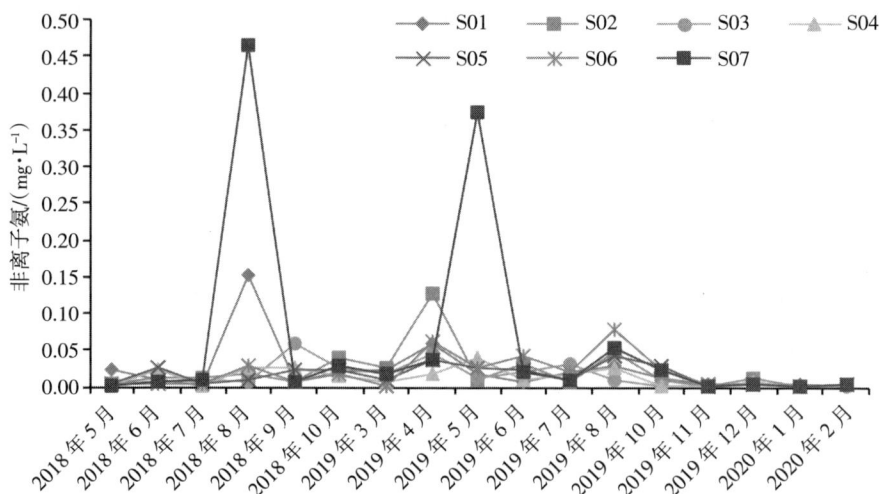

图 2-4-7　2018—2020 年卫宁段非离子氨时空分布

动。从时间上来看,总体上同一站点不同时间的高锰酸盐指数差异不大,2019年 10 月中宁枣园北岸高锰酸盐指数最大,为 10.01 mg/L。其余时间各点位高锰酸盐指数基本在 2 mg/L 左右。

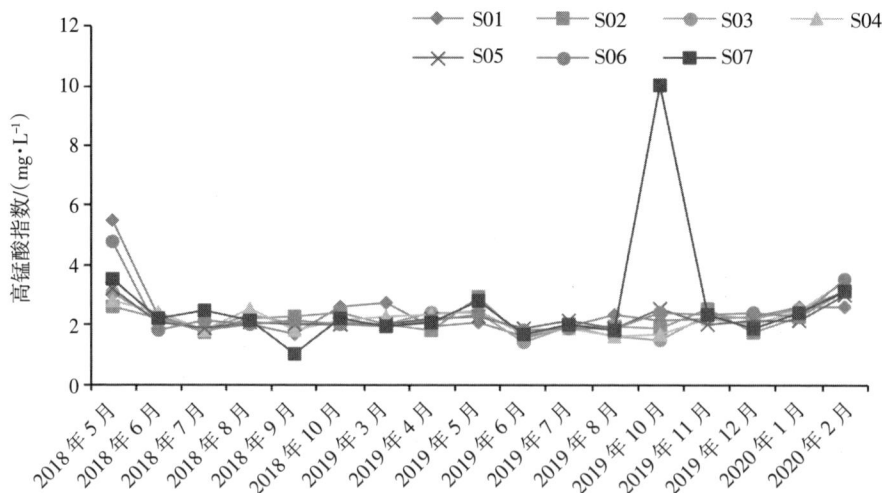

图 2-4-8　2018—2020 年卫宁段高锰酸盐指数时空分布

4.2.9　叶绿素 a

2018—2020 年卫宁段叶绿素 a 的时空分布特征见图 2-4-9。由图可知,总体上卫宁段叶绿素 a 的空间差异较小。叶绿素 a 的含量主要受时间影响,总体表现为 6 月份含量最高,12 月份含量最低。叶绿素 a 含量的最大值出现在 2018 年 6 月的坝上南岸,为 21.4 μg/L,最小值出现在 2019 年 12 月的西气东输管道北和西气东输管道南,含量均为 0。

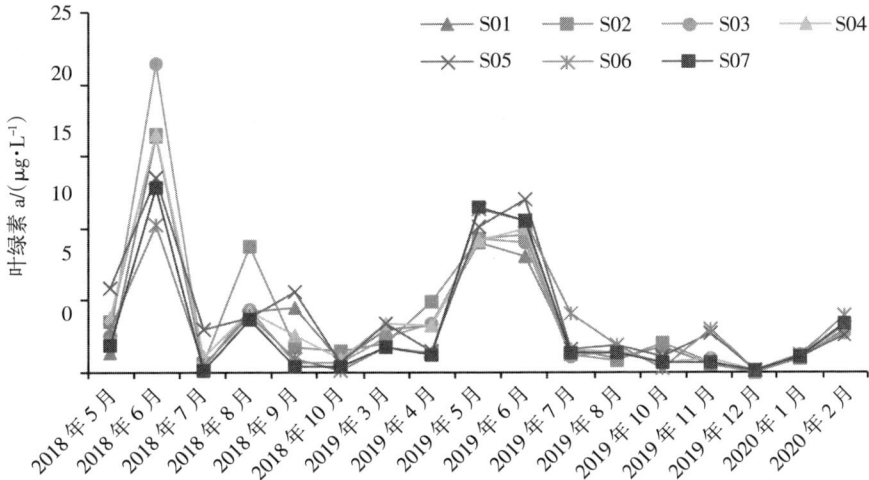

图 2-4-9 2018—2020 年卫宁段叶绿素 a 时空分布

4.2.10 挥发性酚

2018—2020 年卫宁段挥发性酚的时空分布特征见图 2-4-10。由图可知,

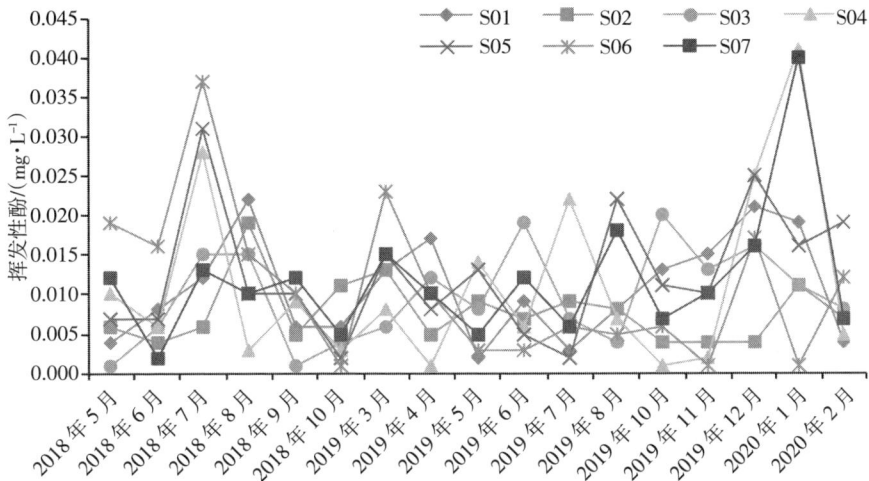

图 2-4-10 2018—2020 年卫宁段挥发性酚时空分布

卫宁段挥发性酚的含量较低，但时空差异较大，分布及其不均匀，在 0.001~0.037 mg/L。最大值出现在 2018 年 8 月中宁黄河大桥南岸，最小值出现在 2018 年 5 月和 9 月的坝上南岸、2019 年 4 月和 10 月的坝上北岸以及 2018 年 10 月、2019 年 7 月和 2020 年 1 月的中宁黄河大桥南岸。

4.2.11　石油类

2018—2020 年卫宁段石油类的时空分布特征见图 2-4-11。由图可知，总体上卫宁段石油类的空间差异及含量均较小，2019 年 5 月出现异常，7 个站点的含量均较高，最大值为中宁黄河大桥北岸，达到 1.915 mg/L，最小值为西气东输管道北，为 0.356 mg/L。其次在 2019 年 7 月，西气东输管道南和坝上南岸的石油类含量也较高，其余时间各站点的石油类含量普遍为 0.02 mg/L。

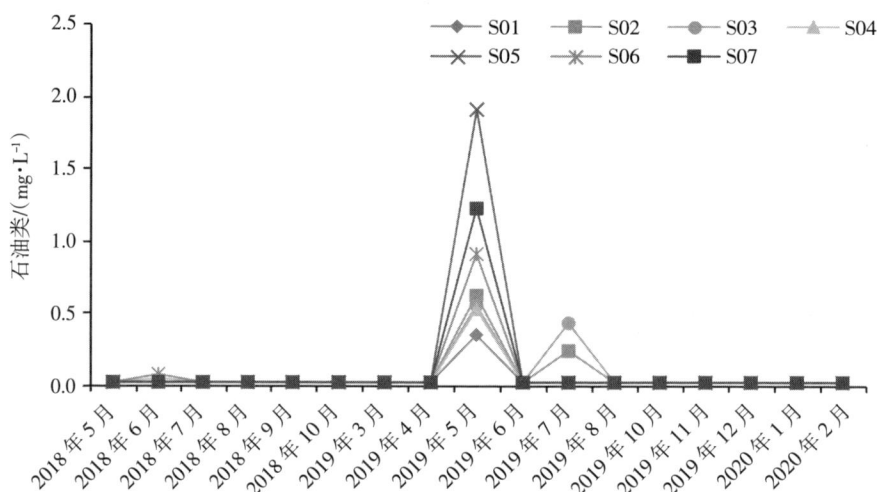

图 2-4-11　2018—2020 年卫宁段石油类时空分布

4.2.12　铜

2018—2020 年卫宁段铜的时空分布特征见图 2-4-12。由图可知，总体上卫宁段铜的含量较低，普遍低于 0.05 mg/L，最大值出现在 2018 年 6 月份的中宁枣园北岸，达到 0.243 mg/L。2019 年 5—6 月铜的含量呈增加趋势，6—8 月铜的含量呈下降趋势。

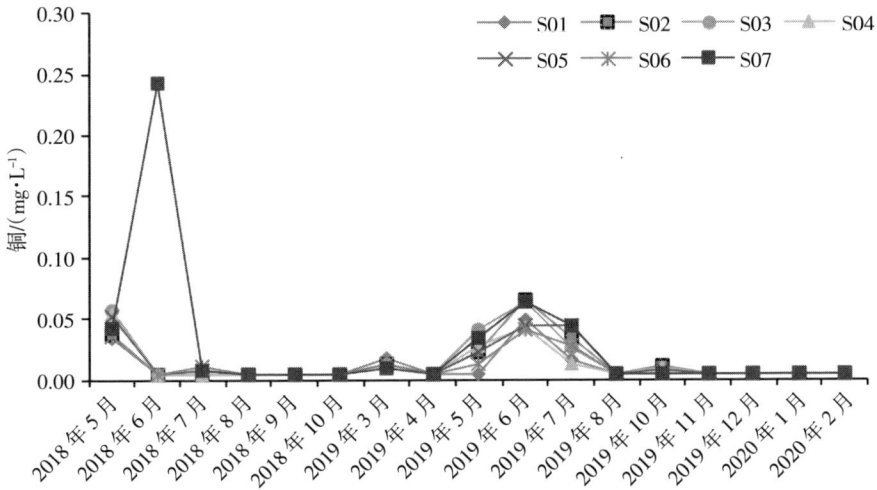

图 2-4-12　2018—2020 年卫宁段铜时空分布

4.2.13　锌

2018—2020 年卫宁段锌的时空分布特征见图 2-4-13。由图可知,总体上卫宁段锌的含量较低,普遍低于 0.05 mg/L,最大值出现在 2018 年 6 月份的坝上北岸,达到 1.027 mg/L。

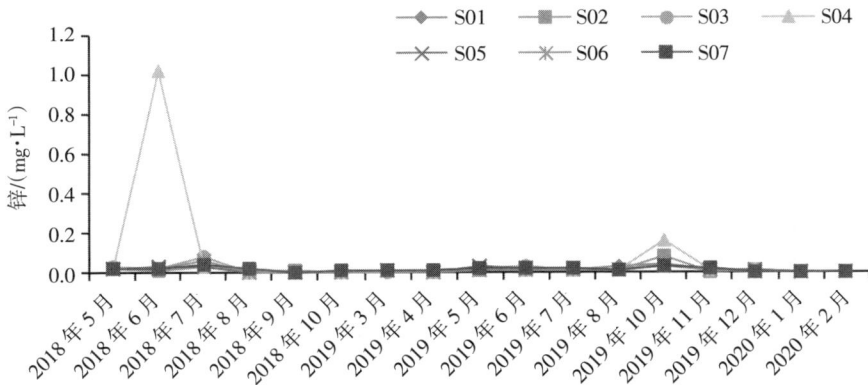

图 2-4-13　2018—2020 年卫宁段锌时空分布

4.2.14　铅

2018—2020 年卫宁段铅的时空分布特征见图 2-4-14。由图可知,总卫宁段铅的含量较低,低于仪器检出下限,均取 1/2 检出限为铅的含量,即 0.012 mg/L。

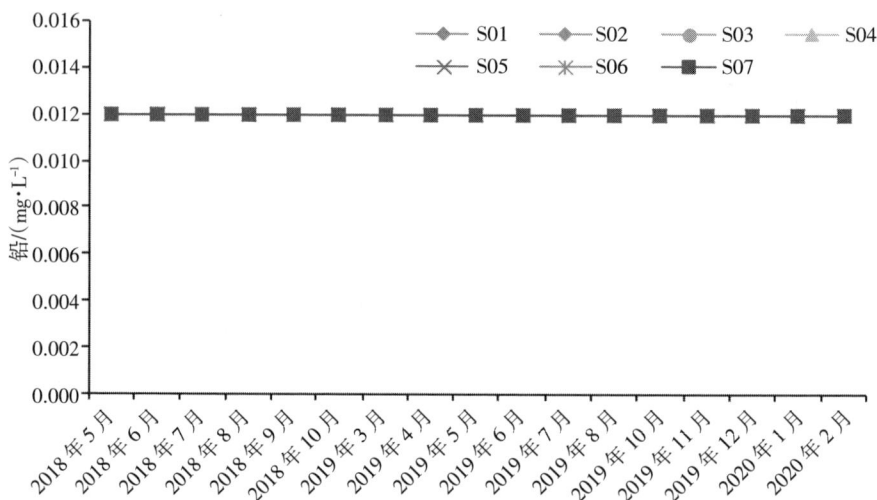

图 2-4-14　2018—2020 年卫宁段铅时空分布

4.2.15　镉

2018—2020 年卫宁段镉的时空分布特征见图 2-4-15。由图可知,镉的含量较低,大部分未检出,含量在 0.000 5~0.002 mg/L,总体上在 2018 年 9 月镉的含量最高,有 5 个站点均达到了 0.002 mg/L。

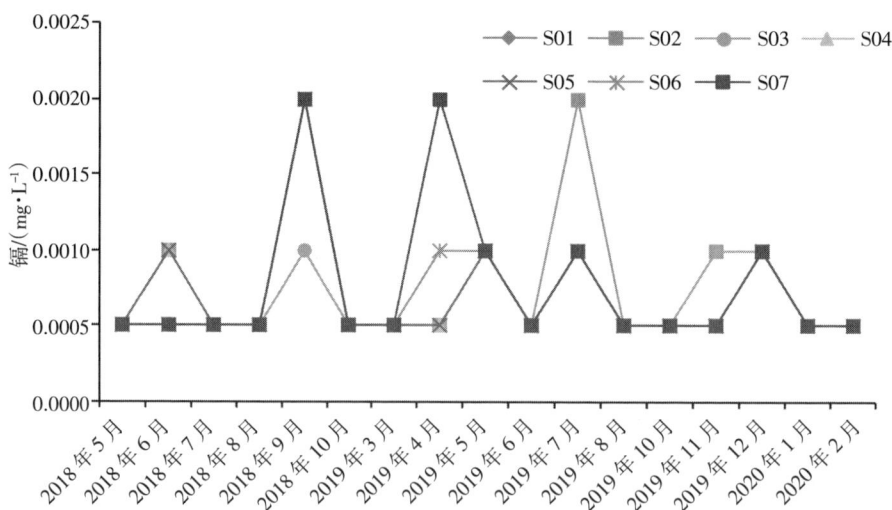

图 2-4-15　2018—2020 年卫宁段镉时空分布

4.2.16 汞

2018—2020年卫宁段汞的时空分布特征见图2-4-16。由图可知,2018年度汞的含量相对较高,且时空分布极不均匀,最大值出现在2018年5月份的坝上南岸,含量达到了0.020 5 mg/L。从整体来看,汞的含量呈下降趋势。

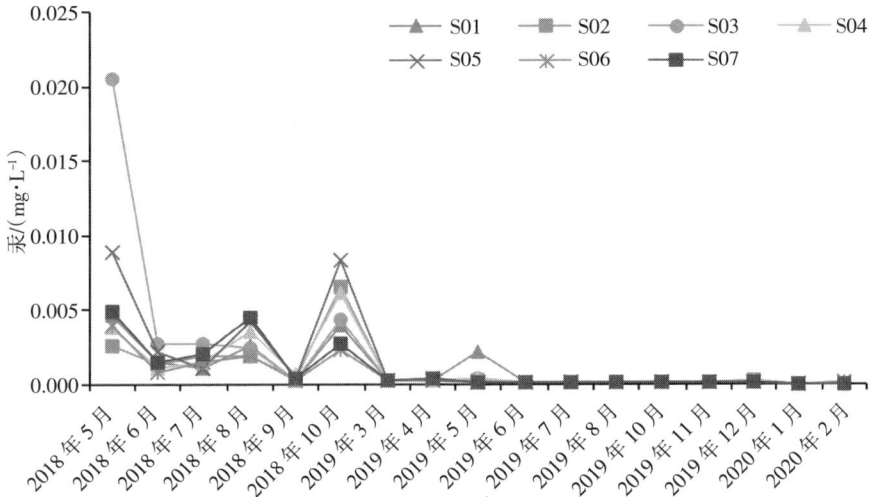

图2-4-16 2018—2020年卫宁段汞时空分布

4.3 2018—2020年卫宁段水质评价

在16项水质检测参数中选取pH、溶解氧、总氮、总磷、非离子氨、高锰酸盐指数、挥发性酚、石油类、铜、锌、铅、镉、汞13项常见污染物指标进行评价。用均值污染指数和水质分级表对水质进行综合定量和定性评价。2018—2020年黄河卫宁段各月份水质评价见表2-4-18至表2-4-34。

2018年5月份卫宁段水体中,超标物质有挥发性酚、总氮、总磷、高锰酸盐指数、非离子氨、汞和铜7种,占总污染负荷的93.7%,其中总氮、总磷、汞和铜是经常性主要污染物,4种污染物样本超标率100%, 总氮平均值超标3.55倍,总磷超标10.77倍,汞超标14.02倍,铜超标4.46倍,4种污染物占总污染负荷80.6%。5月均值污染指数评价等级为重度污染。

表 2-4-18　2018 年 5 月卫宁段水质总体监测结果及评价

项目	平均含量/（mg·L^{-1}）	样本超标率/%	判定标准/（mg·L^{-1}）	单项污染指数	综合污染指数	均值污染指数	负荷比/%
pH	7.99	0	6.5~8.5	0.49			1.89
溶解氧	8.87	0	>5	0.20			0.77
高锰酸盐指数	3.64	28.6	≤4	0.91			3.51
总氮	1.774	100	≤0.5	3.75			14.47
总磷	1.077	100	≤0.1	6.16			23.77
非离子氨	0.006 8	14.3	≤0.02	0.34			1.31
挥发性酚	0.008	71.4	≤0.005	2.13	25.92	1.99	8.23
石油类	0.020	0	≤0.05	0.40			1.54
铜	0.044 6	100	≤0.01	4.25			16.38
锌	0.021	0	≤0.1	0.21			0.81
铅	0.012	0	≤0.05	0.24			0.93
镉	0.000 5	0	≤0.005	0.10			0.39
汞	0.007 01	100	≤0.000 5	6.74			25.98

2018 年 6 月份卫宁段水体中，超标物质有挥发性酚、石油类、总氮、总磷、非离子氨、汞、锌和铜 8 种，占总污染负荷的 93.2%，其中总氮、总磷、汞是经常性主要污染物，3 种污染物样本超标率 100%，总氮平均值超标 7.18 倍，总磷超标 2.61 倍，汞超标 3.06 倍，3 种污染物占总污染负荷 53.0%，挥发性酚大部分点位超标。6 月均值污染指数评价等级为重度污染。

表 2-4-19　2018 年 6 月卫宁段水质总体监测结果及评价

项目	平均含量/（mg·L^{-1}）	样本超标率/%	判定标准/（mg·L^{-1}）	单项污染指数	综合污染指数	均值污染指数	负荷比/%
pH	7.85	0	6.5~8.5	0.35			1.57
溶解氧	8.35	0	>5	0.24	22.26	1.71	1.08
高锰酸盐指数	2.16	0	≤4	0.54			2.43
总氮	3.589	100	≤0.5	5.28			23.72

项目	平均含量/ (mg·L⁻¹)	样本超标 率/%	判定标准/ (mg·L⁻¹)	单项污染 指数	综合污染 指数	均值污染 指数	负荷 比/%
总磷	0.261	100	≤0.1	3.08			13.85
非离子氨	0.0132	28.6	≤0.02	0.66			2.96
挥发性酚	0.007	71.4	≤0.005	1.73			7.77
石油类	0.032	14.3	≤0.05	0.65			2.92
铜	0.037 7	14.3	≤0.01	3.88	22.26	1.71	17.44
锌	0.161	14.3	≤0.1	2.04			9.15
铅	0.012	0	≤0.05	0.24			1.08
镉	0.000 7	0	≤0.005	0.14			0.63
汞	0.001 53	100	≤0.000 5	3.43			15.39

2018 年 7 月份卫宁段水体中,超标物质有挥发性酚、总氮、总磷、汞 4 种,占总污染负荷的 85.4%,这 4 种污染物均是经常性主要污染物,4 种污染物样本超标率 100%,挥发性酚平均值超标 4.0 倍,总氮超标 5.50 倍,总磷超标 6.18 倍,汞超标 3.26 倍。7 月均值污染指数评价等级为重度污染。

表 2-4-20　2018 年 7 月卫宁段水质总体监测结果及评价

项目	平均含量/ (mg·L⁻¹)	样本超标 率/%	判定标准/ (mg·L⁻¹)	单项污染 指数	综合污染 指数	均值污染 指数	负荷 比/%
pH	7.45	0	6.5~8.5	0.05			0.25
溶解氧	8.12	0	>5	0.30			1.48
高锰酸盐指数	1.95	0	≤4	0.49			2.42
总氮	2.75	100	≤0.5	4.70			23.25
总磷	0.618	100	≤0.1	4.96	20.22	1.56	24.51
非离子氨	0.006 3	0	≤0.02	0.32			1.58
挥发性酚	0.02	100	≤0.005	4.04			19.99
石油类	0.02	0	≤0.05	0.40			1.98

续表

项目	平均含量/ （mg·L⁻¹）	样本超标 率/%	判定标准/ （mg·L⁻¹）	单项污染 指数	综合污染 指数	均值污染 指数	负荷 比/%
铜	0.006 2	0	≤0.01	0.62			3.07
锌	0.044	0	≤0.1	0.44			2.18
铅	0.012	0	≤0.05	0.24	20.22	1.56	1.19
镉	0.000 5	0	≤0.005	0.1			0.49
汞	0.001 63	100	≤0.000 5	3.56			17.63

　　2018 年 8 月份卫宁段水体中，超标物质有 pH、挥发性酚、总氮、总磷、非离子氨、汞 6 种，占总污染负荷的 92.5%，其中总氮、总磷、汞是经常性主要污染物，3 种污染物样本超标率 100%，总氮平均值超标 6 倍，总磷超标 4.76 倍，汞

表 2-4-21　2018 年 8 月卫宁段水质总体监测结果及评价

项目	平均含量/ （mg·L⁻¹）	样本超标 率/%	判定标准/ （mg·L⁻¹）	单项污染 指数	综合污染 指数	均值污染 指数	负荷 比/%
pH	8.63	85.7	6.5~8.5	1.26			5.04
溶解氧	8.74	0	>5	0.11			0.44
高锰酸盐指数	2.194	0	≤4	0.55			2.21
总氮	3	100	≤0.5	4.89			19.63
总磷	0.476	100	≤0.1	4.39			17.61
非离子氨	0.101 1	57.1	≤0.02	4.52			18.13
挥发性酚	0.013	85.7	≤0.005	3.15	24.92	1.92	12.62
石油类	0.02	0	≤0.05	0.40			1.61
铜	0.004 1	0	≤0.01	0.41			1.65
锌	0.005	0	≤0.1	0.05			0.20
铅	0.012	0	≤0.05	0.24			0.96
镉	0.000 5	0	≤0.005	0.10			0.40
汞	0.002 96	100	≤0.000 5	4.86			19.5

超标5.92倍,3种污染物占总污染负荷56.7%,pH、挥发性酚和非离子氨大部分点位超标。8月均值污染指数评价等级为重度污染。

2018年9月份卫宁段水体中,超标物质有挥发性酚、总氮、总磷、非离子氨、汞5种,占总污染负荷的79.3%,其中总氮、总磷是经常性主要污染物,两种污染物样本超标率100%,总氮平均值超标4.08倍,总磷超标2.92倍,两种污染物占总污染负荷53.8%,挥发性酚大部分点位超标,汞和非离子氨个别点位超标。9月均值污染指数评价等级为重度污染。

表2-4-22　2018年9月卫宁段水质总体监测结果及评价

项目	平均含量/ (mg·L⁻¹)	样本超标率/%	判定标准/ (mg·L⁻¹)	单项污染指数	综合污染指数	均值污染指数	负荷比/%
pH	8.24	0	6.5~8.5	0.74			5.40
溶解氧	8.72	0	>5	0.26			1.90
高锰酸盐指数	1.857	0	≤4	0.46			3.36
总氮	2.038	100	≤0.5	4.05			29.55
总磷	0.292	100	≤0.1	3.33			24.28
非离子氨	0.019 1	42.9	≤0.02	0.95			6.93
挥发性酚	0.008	71.4	≤0.005	1.90	13.71	1.05	13.87
石油类	0.02	0	≤0.05	0.40			2.92
铜	0.003 5	0	≤0.01	0.35			2.55
锌	0.005	0	≤0.1	0.05			0.36
铅	0.012	0	≤0.05	0.24			1.75
镉	0.001 7	0	≤0.005	0.34			2.48
汞	0.000 32	14.3	≤0.000 5	0.64			4.67

2018年10月份卫宁段水体中,超标物质有pH、挥发性酚、总氮、总磷、非离子氨、汞6种,占总污染负荷的88.8%,其中总氮、总磷、汞是经常性主要污染物,3种污染物样本超标率100%,总氮平均值超标4.43倍,总磷超标1.98

倍,汞超标 9.74 倍,3 种污染物占总污染负荷 69.4%,非离子氨大部分点位超标,挥发性酚个别点位超标。10 月均值污染指数评价等级为重度污染。

表 2-4-23　2018 年 10 月卫宁段水质总体监测结果及评价

项目	平均含量/ (mg·L⁻¹)	样本超标 率/%	判定标准/ (mg·L⁻¹)	单项污染 指数	综合污染 指数	均值污染 指数	负荷 比/%
pH	8.61	100	6.5~8.5	1.23			6.76
溶解氧	8.64	0	>5	0.35			1.92
高锰酸盐指数	2.22	0	≤4	0.56			3.07
总氮	2.215	100	≤0.5	4.23			23.18
总磷	0.198	100	≤0.1	2.49			13.63
非离子氨	0.024 2	71.43	≤0.02	1.41			7.72
挥发性酚	0.005	28.57	≤0.005	0.91	18.26	1.4	4.98
石油类	0.02	0	≤0.05	0.40			2.19
铜	0.003 5	0	≤0.01	0.35			1.92
锌	0.004	0	≤0.1	0.04			0.22
铅	0.012	0	≤0.05	0.24			1.31
镉	0.000 5	0	≤0.005	0.10			0.55
汞	0.004 87	100	≤0.000 5	5.94			32.55

2019 年 3 月份卫宁段水体中,超标物质有 pH、挥发性酚、总氮、总磷、非离子氨和铜 6 种,占总污染负荷的 86.1%,其中总氮、总磷、挥发性酚和铜是主要污染物,总氮平均值超标 6.02 倍,总磷超标 1.94 倍,挥发性酚超标 2.6 倍,4 种污染物占总污染负荷 72.2%。3 月均值污染指数评价等级为重度污染。

表 2-4-24　2019 年 3 月卫宁段水质总体监测结果及评价

项目	平均含量/ (mg·L⁻¹)	样本超标 率/%	判定标准/ (mg·L⁻¹)	单项污染 指数	综合污染 指数	均值污染 指数	负荷 比/%
pH	8.79	85.7	6.5~8.5	1.56	16.52	1.27	9.41
溶解氧	8.77	0	>5	0.44			2.66

续表

项目	平均含量/ (mg·L⁻¹)	样本超标 率/%	判定标准/ (mg·L⁻¹)	单项污染 指数	综合污染 指数	均值污染 指数	负荷 比/%
高锰酸盐指数	2.13	0	≤4	0.53			3.21
总氮	3.01	100	≤0.5	4.90			29.65
总磷	0.194	100	≤0.1	2.44			14.78
非离子氨	0.014 9	28.6	≤0.02	0.74			4.48
挥发性酚	0.013	100	≤0.005	3.12			18.90
石油类	0.02	0	≤0.05	0.40	16.52	1.27	2.42
铜	0.012 4	85.7	≤0.01	1.47			8.91
锌	0.007	0	≤0.1	0.07			0.42
铅	0.012	0	≤0.05	0.24			1.45
镉	0.000 5	0	≤0.005	0.10			0.61
汞	0.000 25	0	≤0.000 5	0.51			3.09

2019 年 4 月份卫宁段水体中,超标物质有 pH、挥发性酚、总氮、总磷、非离子氨,占总污染负荷的 81.6%,其中总氮、挥发性酚和非离子氨是主要污染物,3 种污染物样本半数以上超标,总氮平均值超标 5.12 倍,挥发性酚超标 1.8 倍,非离子氨超标 2.76 倍,3 种污染物占总污染负荷 62.01%。4 月均值污染指数评价等级为重度污染。

表 2-4-25　2019 年 4 月卫宁段水质总体监测结果及评价

项目	平均含量/ (mg·L⁻¹)	样本超标 率/%	判定标准/ (mg·L⁻¹)	单项污染 指数	综合污染 指数	均值污染 指数	负荷 比/%
pH	8.99	100	6.5~8.5	1.86			11.53
溶解氧	6.35	0	>5	0.73			4.51
高锰酸盐指数	2.14	0	≤4	0.53	16.17	1.24	3.28
总氮	2.56	100	≤0.5	4.55			28.12
总磷	0.115	42.9	≤0.1	1.31			8.09

续表

项目	平均含量/(mg·L^{-1})	样本超标率/%	判定标准/(mg·L^{-1})	单项污染指数	综合污染指数	均值污染指数	负荷比/%
非离子氨	0.055 2	85.7	≤0.02	3.20			19.81
挥发性酚	0.009	71.4	≤0.005	2.28			14.08
石油类	0.02	0	≤0.05	0.40			2.47
铜	0.003 5	0	≤0.01	0.35	16.17	1.24	2.16
锌	0.006	0	≤0.1	0.06			0.37
铅	0.012	0	≤0.05	0.24			1.48
镉	0.000 8	0	≤0.005	0.16			0.99
汞	0.000 25	0	≤0.000 5	0.50			3.09

2019 年 5 月份卫宁段水体中,超标物质有 pH、挥发性酚、石油、总氮、总磷、铜、汞和非离子氨 8 种,占总污染负荷的 93.4%。挥发性酚、石油类、总磷、总氮、铜和非离子氨 6 种是主要污染物,挥发性酚平均值超标 1.6 倍,石油超标 17.5 倍,总氮超标 4.52 倍,总磷超标 2.69 倍,铜超标 2.29 倍,非离子氨超标 3.61 倍。5 月均值污染指数评价等级为严重污染。

表 2-4-26　2019 年 5 月卫宁段水质总体监测结果及评价

项目	平均含量/(mg·L^{-1})	样本超标率/%	判定标准/(mg·L^{-1})	单项污染指数	综合污染指数	均值污染指数	负荷比/%
pH	8.89	100	6.5~8.5	1.72			6.21
溶解氧	7.13	0	>5	0.59			2.13
高锰酸盐指数	2.47	0	≤4	0.62			2.24
总氮	2.26	100	≤0.5	4.28	27.64	2.13	15.48
总磷	0.269	100	≤0.1	3.15			11.39
非离子氨	0.0721	57.1	≤0.02	3.79			13.7
挥发性酚	0.008	57.1	≤0.005	1.94			7.02
石油类	0.875	100	≤0.05	7.21			26.10

续表

项目	平均含量/(mg·L⁻¹)	样本超标率/%	判定标准/(mg·L⁻¹)	单项污染指数	综合污染指数	均值污染指数	负荷比/%
铜	0.0229	85.7	≤0.01	2.80			10.14
锌	0.016	0	≤0.1	0.16			0.58
铅	0.012	0	≤0.05	0.24	27.64	2.13	0.87
镉	0.001	0	≤0.005	0.20			0.72
汞	0.00047	14.3	≤0.0005	0.94			3.40

2019 年 6 月份卫宁段水体中,超标物质有 pH、挥发性酚、总氮、总磷、非离子氨、铜 6 种,占总污染负荷的 88.9%,其中总氮、总磷、挥发性酚、非离子氨和铜是主要污染物。总氮平均值超标 3.9 倍,总磷超标 2.48 倍,铜超标 5.21 倍,3

表 2-4-27　2019 年 6 月卫宁段水质总体监测结果及评价

项目	平均含量/(mg·L⁻¹)	样本超标率/%	判定标准/(mg·L⁻¹)	单项污染指数	综合污染指数	均值污染指数	负荷比/%
pH	9.01	100	6.5~8.5	1.89			9.99
溶解氧	6.4	0	>5	0.70			3.70
高锰酸盐指数	1.65	0	≤4	0.41			2.17
总氮	1.95	100	≤0.5	3.95			20.89
总磷	0.248	100	≤0.1	2.97			15.71
非离子氨	0.022 2	71.4	≤0.02	1.22			6.45
挥发性酚	0.009	71.4	≤0.005	2.21	18.93	1.46	11.66
石油类	0.02	0	≤0.05	0.40			2.11
铜	0.052 1	100	≤0.01	4.59			24.23
锌	0.02	0	≤0.1	0.20			1.06
铅	0.012	0	≤0.05	0.24			1.27
镉	0.000 5	0	≤0.005	0.10			0.53
汞	0.000 03	0	≤0.000 5	0.05			0.26

种污染物样本 100%超标,占总污染负荷 60.8%,挥发性酚和非离子氨大部分点位超标。6 月均值污染指数评价等级为重度污染。

2019 年 7 月份卫宁段水体中,超标物质有挥发性酚、石油、总氮、总磷、非离子氨、铜 6 种,占总污染负荷的 88.4%,其中挥发性酚、总氮、总磷和铜是主要污染物,挥发性酚平均值超标 1.6 倍,总氮平均值超标 4.6 倍,总磷超标 2.90 倍,铜超标 2.89 倍。7 月均值污染指数评价等级为重度污染。

表 2-4-28　2019 年 7 月卫宁段水质总体监测结果及评价

项目	平均含量/ (mg·L⁻¹)	样本超标 率/%	判定标准/ (mg·L⁻¹)	单项污染 指数	综合污染 指数	均值污染 指数	负荷 比/%
pH	8.24	0	6.5~8.5	0.74			3.96
溶解氧	8.21	0	>5	0.27			1.45
高锰酸盐指数	1.96	0	≤4	0.49			2.62
总氮	2.3	100	≤0.5	4.32			23.11
总磷	0.29	100	≤0.1	3.31			17.74
非离子氨	0.017 1	42.9	≤0.02	0.86			4.61
挥发性酚	0.008	71.4	≤0.005	1.98	18.67	1.44	10.61
石油类	0.111	28.6	≤0.05	2.73			14.65
铜	0.028 9	100	≤0.01	3.30			17.68
锌	0.015	0	≤0.1	0.15			0.80
铅	0.012	0	≤0.05	0.24			1.29
镉	0.001 1	0	≤0.005	0.23			1.23
汞	0.000 026	0	≤0.000 5	0.05			0.27

2019 年 8 月份卫宁段水体中,超标物质有 pH、挥发性酚、总氮、总磷、非离子氨 5 种,占总污染负荷的 84.5%,其中挥发性酚、总氮、总磷、非离子氨是主要污染物。总氮平均值超标 3.76 倍,总磷超标 1.27 倍,挥发性酚超标 2 倍,非离子氨超标 2.04 倍。8 月均值污染指数评价等级为重度污染。

表 2-4-29 2019 年 8 月卫宁段水质总体监测结果及评价

项目	平均含量/ (mg·L⁻¹)	样本超标 率/%	判定标准/ (mg·L⁻¹)	单项污染 指数	综合污染 指数	均值污染 指数	负荷 比/%
pH	8.75	71.4	6.5~8.5	1.48			10.42
溶解氧	7.37	0	>5	0.45			3.18
高锰酸盐指数	1.87	0	≤4	0.47			3.32
总氮	1.88	100	≤0.5	3.88			27.37
总磷	0.127	85.7	≤0.1	1.51			10.67
非离子氨	0.040 7	85.7	≤0.02	2.54			17.96
挥发性酚	0.01	71.4	≤0.005	2.57	14.17	1.09	18.11
石油类	0.02	0	≤0.05	0.40			2.82
铜	0.003 5	0	≤0.01	0.35			2.47
锌	0.013	0	≤0.1	0.13			0.92
铅	0.012	0	≤0.05	0.24			1.69
镉	0.000 5	0	≤0.005	0.10			0.71
汞	0.000 025	0	≤0.000 5	0.05			0.35

2019 年 10 月份卫宁段水体中,超标物质有 pH、挥发性酚、总氮、总磷、高锰酸盐指数、锌、非离子氨 7 种,占总污染负荷的 83.5%,其中挥发性酚、总氮、总磷是主要污染物,总氮平均值超标 4.54 倍,总磷超标 1.37 倍,挥发性酚超标 1.8 倍。10 月均值污染指数评价等级为重度污染。

表 2-4-30 2019 年 10 月卫宁段水质总体监测结果及评价

项目	平均含量/ (mg·L⁻¹)	样本超标 率/%	判定标准/ (mg·L⁻¹)	单项污染 指数	综合污染 指数	均值污染 指数	负荷 比/%
pH	8.26	71.4	6.5~8.5	0.76			5.75
溶解氧	6.7	0	>5	0.70			5.30
高锰酸盐指数	3.15	14.3	≤4	0.79	13.22	1.02	5.98
总氮	2.27	100	≤0.5	4.29			32.42
总磷	0.137	100	≤0.1	1.68			12.68

205

续表

项目	平均含量/ （mg·L⁻¹）	样本超标 率/%	判定标准/ （mg·L⁻¹）	单项污染 指数	综合污染 指数	均值污染 指数	负荷 比/%
非离子氨	0.013 6	42.9	≤0.02	0.68			5.14
挥发性酚	0.009	71.4	≤0.005	2.24			16.96
石油类	0.02	0	≤0.05	0.40			3.03
铜	0.007	0	≤0.01	0.70	13.22	1.02	5.30
锌	0.06	14.3	≤0.1	0.60			4.54
铅	0.012	0	≤0.05	0.24			1.82
镉	0.000 5	0	≤0.005	0.10			0.76
汞	0.000 025	0	≤0.000 5	0.05			0.38

2019年11月份卫宁段水体中，超标物质有pH、挥发性酚、总氮、总磷4种，占总污染负荷的80.5%，其中挥发性酚、总氮、总磷是主要污染物，总氮平均值超标4.44倍，总磷超标2.92倍，挥发性酚超标1.6倍。11月均值污染指数评价等级为重度污染。

表2-4-31　2019年11月卫宁段水质总体监测结果及评价

项目	平均含量/ （mg·L⁻¹）	样本超标 率/%	判定标准/ （mg·L⁻¹）	单项污染 指数	综合污染 指数	均值污染 指数	负荷 比/%
pH	8.48	28.6	6.5~8.5	0.98			7.49
溶解氧	7.64	0	>5	0.59			4.51
高锰酸盐指数	2.28	0	≤4	0.57			4.36
总氮	2.22	100	≤0.5	4.24			32.41
总磷	0.292	100	≤0.1	3.33	13.08	1.01	25.44
非离子氨	0.002 5	0	≤0.02	0.12			0.92
挥发性酚	0.008	57.1	≤0.005	1.98			15.15
石油类	0.02	0	≤0.05	0.40			3.06
铜	0.003 5	0	≤0.01	0.35			2.68

项目	平均含量/ (mg·L⁻¹)	样本超标 率/%	判定标准/ (mg·L⁻¹)	单项污染 指数	综合污染 指数	均值污染 指数	负荷 比/%
锌	0.01	0	≤0.1	0.10			0.76
铅	0.012	0	≤0.05	0.24	13.08	1.01	1.83
镉	0.000 6	0	≤0.005	0.13			0.99
汞	0.000 025	0	≤0.000 5	0.05			0.38

2019年12月份卫宁段水体中,超标物质有 pH、挥发性酚、总氮、总磷4种,占总污染负荷的79.5%,其中挥发性酚、总氮、总磷是主要污染物,总氮平均值超标6.7倍,总磷超标2.01倍,挥发性酚超标3.6倍。12月均值污染指数评价等级为重度污染。

表2-4-32　2019年12月卫宁段水质总体监测结果及评价

项目	平均含量/ (mg·L⁻¹)	样本超标 率/%	判定标准/ (mg·L⁻¹)	单项污染 指数	综合污染 指数	均值污染 指数	负荷 比/%
pH	8.25	28.6	6.5~8.5	0.75			4.91
溶解氧	6.86	0	>5	0.77			5.04
高锰酸盐指数	2.11	0	≤4	0.53			3.47
总氮	3.35	100	≤0.5	5.13			33.58
总磷	0.201	85.7	≤0.1	2.51			16.44
非离子氨	0.005 8	0	≤0.02	0.29			1.90
挥发性酚	0.018	85.7	≤0.005	3.75	15.28	1.18	24.52
石油类	0.02	0	≤0.05	0.40			2.62
铜	0.003 5	0	≤0.01	0.35			2.29
锌	0.006	0	≤0.1	0.06			0.39
铅	0.012	0	≤0.05	0.24			1.57
镉	0.001	0	≤0.005	0.20			1.31
汞	0.000 149	0	≤0.000 5	0.30			1.96

2020 年 1 月份卫宁段水体中,超标物质有 pH、挥发性酚、总氮 3 种,占总污染负荷的 74.7%,其中挥发性酚、总氮是主要污染物,总氮平均值超标 6.7 倍,挥发性酚超标 4 倍。1 月均值污染指数评价等级为重度污染。

表 2-4-33　2020 年 1 月卫宁段水质总体监测结果及评价

项目	平均含量/ (mg·L⁻¹)	样本超标 率/%	判定标准/ (mg·L⁻¹)	单项污染 指数	综合污染 指数	均值污染 指数	负荷 比/%
pH	8.2	14.3	6.5~8.5	0.70			5.33
溶解氧	7.5	0	>5	0.72			5.48
高锰酸盐指数	2.38	0	≤4	0.60			4.57
总氮	3.33	100	≤0.5	5.11			38.93
总磷	0.081	0	≤0.1	0.81			6.16
非离子氨	0.001 5	0	≤0.02	0.07			0.53
挥发性酚	0.02	85.7	≤0.005	3.99	13.14	1.01	30.40
石油类	0.02	0	≤0.05	0.40			3.04
铜	0.003 5	0	≤0.01	0.35			2.66
锌	0.003	0	≤0.1	0.03			0.23
铅	0.012	0	≤0.05	0.24			1.83
镉	0.000 5	0	≤0.005	0.10			0.76
汞	0.000 005	0	≤0.000 5	0.01			0.08

2020 年 2 月份卫宁段水体中,超标物质有挥发性酚、总氮 2 种,占总污染负荷的 63.5%,其中挥发性酚、总氮是主要污染物,总氮平均值超标 5.7 倍,挥发性酚超标 1.8 倍。2 月均值污染指数评价等级为中度污染。

表 2-4-34　2020 年 2 月卫宁段水质总体监测结果及评价

项目	平均含量/ (mg·L⁻¹)	样本超标 率/%	判定标准/ (mg·L⁻¹)	单项污染 指数	综合污染 指数	均值污染 指数	负荷 比/%
pH	8.26	0	6.5~8.5	0.76	11.05	0.85	6.88
溶解氧	9.48	0	>5	0.43			3.89

项目	平均含量/（mg·L⁻¹）	样本超标率/%	判定标准/（mg·L⁻¹）	单项污染指数	综合污染指数	均值污染指数	负荷比/%
高锰酸盐指数	3.14	0	≤4	0.78			7.06
总氮	2.85	100	≤0.5	4.78			43.25
总磷	0.075	0	≤0.1	0.75			6.79
非离子氨	0.003 6	0	≤0.02	0.18			1.63
挥发性酚	0.009	71.4	≤0.005	2.24			20.29
石油类	0.02	0	≤0.05	0.40	11.05	0.85	3.62
铜	0.003 5	0	≤0.01	0.35			3.17
锌	0.002	0	≤0.1	0.02			0.18
铅	0.012	0	≤0.05	0.24			2.17
镉	0.000 5	0	≤0.005	0.10			0.90
汞	0.000 008	0	≤0.000 5	0.02			0.18

4.4　2018—2020 年卫宁段水质分析

4.4.1　2018—2020 年卫宁段整体水质分析

2018—2020 年卫宁段水质均值污染指数如图 2-4-17 所示，综合污染指数如图 2-4-18 所示，由图可知，卫宁段水体均值污染指数在 0.85~2.13，综合污染指数在 11.05~27.64，均值污染指数和综合污染指数的最大值均出现在 2019 年 5 月，水质为严重污染，最小值均出现在 2020 年 2 月，为中度污染，其余均为重度污染，因此卫宁段的水质整体较差。在 2018 年，9 月份污染最轻，5 月份污染最严重；在 2019 年，2019 年 11 月污染最轻，下半年污染呈下降趋势，水质优于上半年；2020 年 1 月和 2 月水质优于 2018 年和 2019 年。从季度上来看，整体上卫宁段水质污染程度为夏季>春季>秋季>冬季。

4.4.2　2018—2020 年卫宁段主要污染物分析

2018—2020 年卫宁段水体中的污染物见表 2-4-35。由表可知，2018 年卫

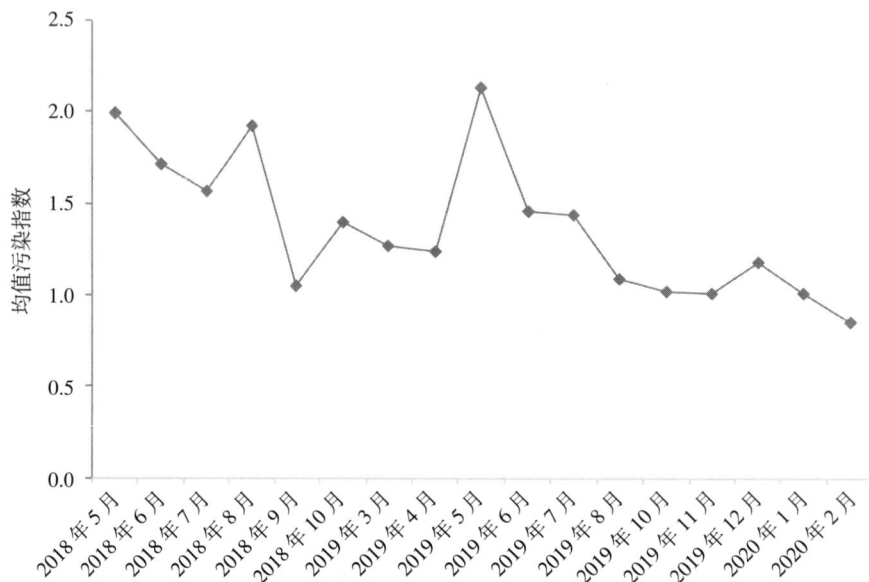

图 2-4-17　2018 年 5 月至 2020 年 2 月卫宁段水质均值污染指数

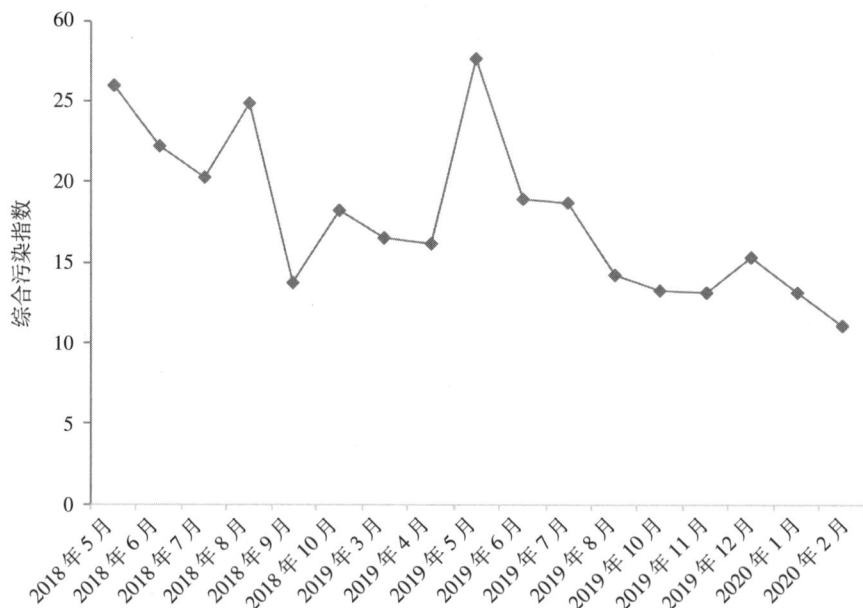

图 2-4-18　2018 年 5 月至 2020 年 2 月卫宁段水质综合污染指数

宁段水体中最主要的污染物质是总氮、总磷、汞,其次是挥发性酚和非离子氨,
2019—2020 年卫宁段水体中最主要的污染物质是总氮、总磷、挥发性酚,其次

是铜和非离子氨。

进一步分析 2018—2020 年主要污染物质的污染程度,6 种主要污染物质的单项污染指数如图 2-4-19 所示(单项污染指数大于 1 即是超标)。

2018 年所有采样点位样本 100% 超标的是总氮和总磷，总氮超标倍数在

表 2-4-35 2018—2020 年卫宁段水质污染物质

污染物质	2018 年						2019 年									2020 年	
	5月	6月	7月	8月	9月	10月	3月	4月	5月	6月	7月	8月	10月	11月	12月	1月	2月
挥发性酚	√	√	√	√	√	√	√	√	√	√	√	√	√	√	√	√	√
石油类		√							√		√						
总氮	√	√	√	√	√	√	√	√	√	√	√	√	√	√	√	√	√
总磷	√	√	√	√	√	√	√	√	√	√	√	√	√	√	√		
高锰酸盐指数	√												√				
汞	√	√	√	√	√	√			√								
铜	√	√					√		√								
锌		√											√				
非离子氨	√	√		√	√	√	√	√	√	√	√	√	√	√	√	√	√

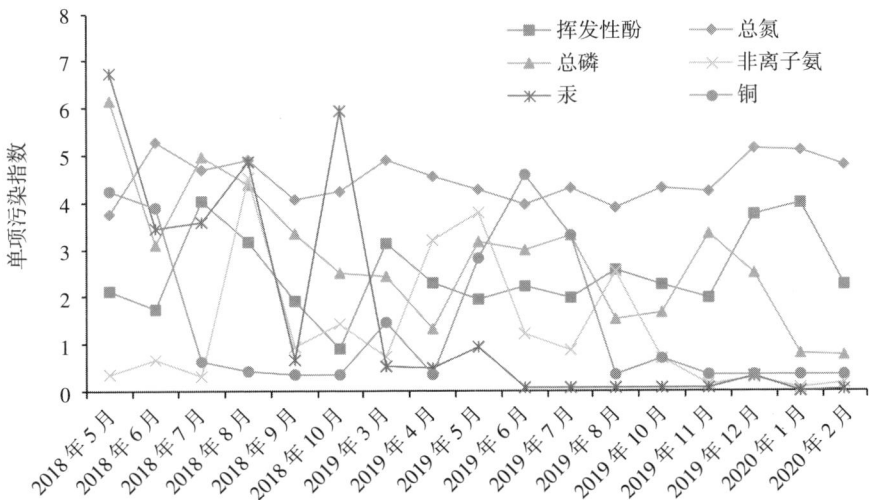

图 2-4-19 2018—2020 年卫宁段水质 6 种污染物单项污染指数

3.55~7.18,总磷超标倍数 1.98~10.77;汞除了在 9 月的汛期时超标样本 14.3%,其余月份所有点位样本 100%超标,汞超标倍数 0.64~14.02,波动剧烈,超标倍数最大;挥发性酚除 10 月外,其余月份样本超标率在 71.4%~100%;非离子氨除 7 月不超标以外,其余月份超标率在 14.3%~71.4%,且超标倍数不大,污染指数仅在 10 月份大于 1;铜只有 5 月和 6 月超标,5 月份超标率为 100%,6 月份超标率为 14.3%。从单项污染指数来看,污染程度为总氮>总磷>汞>挥发性酚>非离子氨。

2019—2020 年总氮在所有站点均超标,不受水期影响,超标倍数在 3.76~6.7;总磷在 2019 年所有样本中只有 8 月和 12 月各有一个样本不超标,其余样本均超标,在 2020 年均不超标;挥发性酚在 2019 年所有月份及 2020 年均有半数以上样本超标,超标率 57.1%~100.0%;非离子氨在 2019 年 11 月、12 月均不超标,2019 年 3—10 月样本超标率 28.6%~85.7%;铜 2019 年 3 月、5 月、6 月、7 月超标,超标率在 85.7%~100.0%,且超标倍数不大。从单项污染指数来看,污染程度为总氮>总磷>挥发性酚>非离子氨>铜。

4.4.3 2018—2020 年卫宁段各站点水质比较

2018 年 5—10 月卫宁段 7 个采样点的每种污染物平均值见表 2-4-36。由表可知,中宁枣园北岸的总氮和非离子氨含量最高,西气东输管道北的总磷含

表 2-4-36 2018 年卫宁段水质主要污染物质平均值

	挥发性酚/（mg·L⁻¹）	总氮/（mg·L⁻¹）	总磷/（mg·L⁻¹）	汞/（μg·L⁻¹）	非离子氨/（mg·L⁻¹）
西气东输管道北岸	0.010	2.508	0.747	2.3	0.035 9
西气东输管道南岸	0.009	2.416	0.311	2.4	0.015 4
坝上南岸	0.007	2.320	0.316	5.5	0.018 4
坝上北岸	0.010	2.387	0.658	2.7	0.015 8
中宁黄河大桥北岸	0.013	2.538	0.327	2.3	0.012 0
中宁黄河大桥南岸	0.016	2.686	0.310	2.9	0.011 9
中宁枣园北岸	0.008	3.074	0.742	3.3	0.089 6

量最高,中宁枣园北岸次之,坝上南岸汞含量最高,中宁黄河大桥南岸挥发性
酚含量最高。

为方便比较各点综合污染程度轻重,对各点主要污染物的年度平均的单
项污染指数做柱状堆积图,见图 2-4-20。由图可知,卫宁段 7 个采样站点综合
污染程度为中宁枣园北岸>坝上南岸>西气东输管道北岸>坝上北岸>中宁黄河
大桥南岸>中宁黄河大桥北岸>西气东输管道南岸。

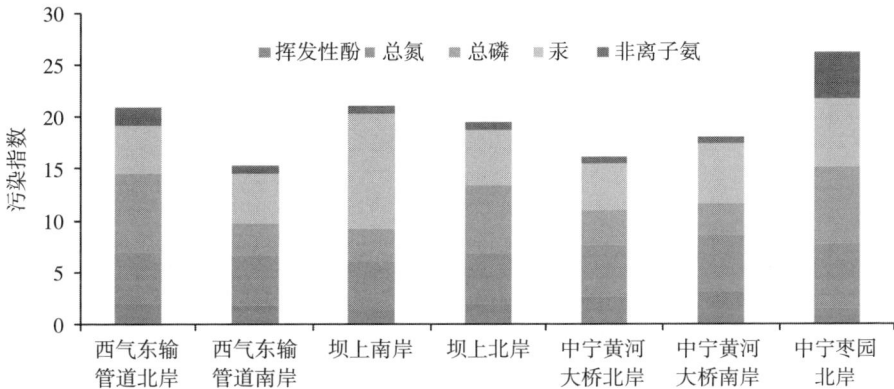

图 2-4-20　卫宁段 2018 年各采样点污染比较

2019—2020 年卫宁段 7 个采样点的五种主要污染物 11 个月平均值见表
2-4-37。中宁黄河大桥南岸总氮含量最高,中宁枣园北岸总磷、铜、非离子氨、

表 2-4-37　2019—2020 年卫宁段水质主要污染物质年度平均值

	挥发性酚/ (mg·L⁻¹)	总氮/ (mg·L⁻¹)	总磷/ (mg·L⁻¹)	铜/ (mg·L⁻¹)	非离子氨/ (mg·L⁻¹)
西气东输管道北岸	0.011	2.48	0.184	0.010 5	0.016 5
西气东输管道南岸	0.007	2.50	0.164	0.014 9	0.025 6
坝上南岸	0.011	2.42	0.149	0.015 4	0.013 6
坝上北岸	0.012	2.60	0.188	0.011 3	0.012 1
中宁黄河大桥南岸	0.013	2.73	0.181	0.013 5	0.016 9
中宁黄河大桥北岸	0.008	2.54	0.193	0.010 5	0.024 2
中宁枣园北岸	0.013	2.55	0.230	0.015 8	0.049 6

挥发性酚含量最高,中宁黄河桥南岸挥发性酚含量最高。

为方便比较各点综合污染程度轻重,对各站点主要污染物的年度平均值的单项污染指数做柱状堆积图,见图 2-4-21。由图可知,卫宁段 7 个采样站点综合污染程度为中宁枣园北岸>中宁黄河大桥南岸>坝上北岸>西气东输管道北岸>西气东输管道南岸>中宁黄河大桥北岸>坝上南岸。

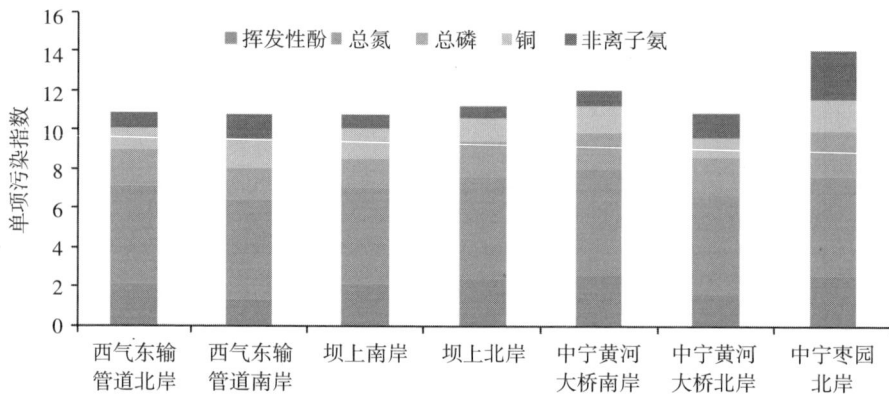

图 2-4-21　2019—2020 年卫宁段各站点主要污染物污染比较

4.5　2018—2020 年卫宁段水质评价小结

2018 年卫宁段水体均值污染指数在 1.05~1.99,综合污染指数在 18.26~25.92,污染等级为重度污染,5 月和 8 月污染最严重,9 月污染最轻。在参与评价的 13 项水质参数中,常见的污染物质是挥发性酚、总氮、总磷、汞和非离子氨,其中总氮和总磷样本 100%超标,总氮超标倍数在 3.55~7.18,总磷超标倍数 1.98~10.77,污染程度为总氮>总磷>汞>挥发性酚>非离子氨。7 个站点的污染程度为中宁枣园北岸>坝上南岸>西气东输管道北岸>坝上北岸>中宁黄河大桥南岸>中宁黄河大桥北岸>西气东输管道南岸。

2019 年 3—12 月(除 9 月)卫宁段月度水体均值污染指数在 1.01~2.13,综合污染指数为 11.05~27.64,在 2020 年 1 月和 2 月均值污染指数为 1.01、0.85,综合污染指数为 13.14、11.05。2019 年污染等级除 5 月外,其余月份处于重度污染中,5 月污染最重,达到严重污染,2019 年 11 月污染最轻,下半年污染呈下降趋势,水质优于上半年。

2020 年 1 月和 2 月水质优于 2019 年。2019 年 3—12 月(除 9 月)及 2020 年 1 月和 2 月卫宁段水质污染程度为 2019 年 5 月>6 月>7 月>3 月>4 月>12 月>8 月>10 月>11 月>2020 年 1 月>2020 年 2 月。从季度上来看,卫宁段水质污染程度为夏季>春季>秋季>冬季。

在参与评价的 13 项水质参数中,2019—2020 年卫宁段水体中最主要的污染物质是挥发性酚、总氮、总磷,其次是非离子氨和铜。所有采样点位样本 100%超标的是总氮,超标倍数在 3.76~6.70;总磷在 2019 年所有样本中只有 8 月和 12 月各一个样本不超标,其余样本均超标,2020 年卫宁段总磷所有站点样本均未超标;挥发性酚所有月份均有半数以上样本超标,超标率 57.1%~100%;非离子氨在 2019 年 11 月、12 月和 2020 年 1 月、2 月样本均不超标,2019 年 3—10 月样本超标率 28.6%~85.7%;铜 2019 年 3 月、5 月、6 月、7 月超标,超标率在 85.7%~100%,且超标倍数不大,2020 年年未超标。5 种污染物污染程度为总氮>总磷>挥发性酚>非离子氨>铜。5 种污染物质的季度污染趋势同整个卫宁段污染表现一致。

坝上北岸和中宁枣园北岸挥发性酚含量最高,中宁黄河大桥南岸总氮含量最高,中宁枣园北岸总磷、铜、非离子氨含量最高,坝上南岸汞含量最高。综合 5 种主要污染物单项污染指数,卫宁段 7 个采样站点综合污染程度为中宁枣园北岸>中宁黄河大桥南岸>坝上北岸>西气东输管道北岸>西气东输管道南岸>中宁黄河大桥北岸>坝上南岸。

5　青石段水质评价

5.1　2018—2020 年青石段水质检测结果

2018—2020 年黄河青石段各月份水质检测结果见表 2-5-1 至表 2-5-17。

表 2-5-1　2018 年 5 月青石段水质检测结果

水质指标	S08	S09	S10	S11	S12
水温/℃	15.90	15.10	15.70	15.00	14.50
pH	8.01	7.08	7.97	7.85	7.87
溶解氧/(mg·L⁻¹)	8.56	8.71	8.64	7.5	7.5
悬浮物/(mg·L⁻¹)	220	110	90	230	141
总氮/(mg·L⁻¹)	1.871	1.883	1.972	1.982	2.326
总磷/(mg·L⁻¹)	0.322	0.583	0.287	0.242	0.208
非离子氨/(mg·L⁻¹)	0.004 3	0.000 5	0.004 6	0.002 6	0.002 1
高锰酸盐指数/(mg·L⁻¹)	2.42	3.08	2.59	2.41	1.59
叶绿素 a/(μg·L⁻¹)	2.89	3.07	0.32	3.65	3.19
挥发性酚/(mg·L⁻¹)	0.006	0.016	0.011	0.006	0.036
石油类/(mg·L⁻¹)	0.02	0.02	0.02	0.02	0.02
铜/(mg·L⁻¹)	0.036	0.04	0.037	0.028	0.033
锌/(mg·L⁻¹)	0.020	0.015	0.015	0.019	0.022
铅/(mg·L⁻¹)	0.012	0.012	0.012	0.012	0.012
镉/(mg·L⁻¹)	0.000 5	0.000 5	0.000 5	0.002 0	0.001 0
汞/(mg·L⁻¹)	0.005 04	0.005 60	0.005 32	0.004 47	0.004 76

表 2-5-2　2018 年 6 月青石段水质检测结果

水质指标	S08	S09	S10	S11	S12
水温/℃	20.1	21.0	21.4	21.6	21.0
pH	7.67	8.06	8.01	8.10	8.00
溶解氧/(mg·L⁻¹)	8.73	7.88	7.79	7.52	7.50
悬浮物/(mg·L⁻¹)	60	135	180	385	165
总氮/(mg·L⁻¹)	2.567	2.671	2.483	2.914	3.141
总磷/(mg·L⁻¹)	0.452	0.232	0.236	0.201	0.554
非离子氨/(mg·L⁻¹)	0.031 2	0.039 6	0.035 1	0.017 1	0.013 0

续表

水质指标	S08	S09	S10	S11	S12
高锰酸盐指数/(mg·L⁻¹)	1.86	1.76	1.78	2.21	2.11
叶绿素 a/(μg·L⁻¹)	9.86	19.15	13.3	13.74	10.3
挥发性酚/(mg·L⁻¹)	0.006	0.003	0.020	0.010	0.005
石油类/(mg·L⁻¹)	0.020	0.020	0.020	0.063	0.020
铜/(mg·L⁻¹)	0.003 5	0.003 5	0.003 5	0.003 5	0.003 5
锌/(mg·L⁻¹)	0.007	0.005	0.009	0.007	0.013
铅/(mg·L⁻¹)	0.012	0.012	0.012	0.012	0.012
镉/(mg·L⁻¹)	0.000 5	0.000 5	0.000 5	0.000 5	0.001 0
汞/(mg·L⁻¹)	0.001 40	0.000 25	0.000 75	0.000 75	0.000 25

表 2-5-3　2018 年 7 月青石段水质检测结果

水质指标	S08	S09	S10	S11	S12
水温/℃	19.6	19.9	19.7	21.0	21.1
pH	7.46	7.75	7.73	7.69	7.72
溶解氧/(mg·L⁻¹)	7.69	7.90	7.87	6.78	6.91
悬浮物/(mg·L⁻¹)	330	1 110	760	330	1 060
总氮/(mg·L⁻¹)	2.484	2.575	3.545	3.173	3.011
总磷/(mg·L⁻¹)	0.353	0.829	0.536	2.498	2.578
非离子氨/(mg·L⁻¹)	0.001 3	0.014 1	0.014 0	0.009 0	0.012 4
高锰酸盐指数/(mg·L⁻¹)	1.76	2.15	2.21	2.10	2.59
叶绿素 a/(μg·L⁻¹)	0.36	0.31	0.40	0.81	0.77
挥发性酚/(mg·L⁻¹)	0.015	0.007	0.009	0.015	0.010
石油类/(mg·L⁻¹)	0.02	0.02	0.02	0.02	0.02
铜/(mg·L⁻¹)	0.008 0	0.008 0	0.003 5	0.003 5	0.003 5
锌/(mg·L⁻¹)	0.022	0.022	0.096	0.040	0.026
铅/(mg·L⁻¹)	0.012	0.012	0.012	0.012	0.012
镉/(mg·L⁻¹)	0.000 5	0.000 5	0.000 5	0.000 5	0.000 5
汞/(mg·L⁻¹)	0.001 0	0.001 3	0.001 0	0.000 6	0.001 0

表 2-5-4 2018 年 8 月青石段水质检测结果

水质指标	S08	S09	S10	S11	S12
水温/℃	20.0	19.4	19.7	17.1	17.3
pH	8.37	8.55	8.45	7.93	7.86
溶解氧/(mg·L⁻¹)	7.44	8.06	8.13	8.87	8.15
悬浮物/(mg·L⁻¹)	240	1 210	300	180	220
总氮/(mg·L⁻¹)	3.685	3.018	2.352	3.250	3.334
总磷/(mg·L⁻¹)	1.342	0.287	0.580	0.259	0.234
非离子氨/(mg·L⁻¹)	0.043 2	0.022 5	0.023 0	0.007 0	0.003 0
高锰酸盐指数/(mg·L⁻¹)	2.54	1.98	2.04	1.89	2.03
叶绿素 a/(μg·L⁻¹)	3.54	6.81	3.77	3.98	4.27
挥发性酚/(mg·L⁻¹)	0.006	0.019	0.005	0.008	0.013
石油类/(mg·L⁻¹)	0.02	0.02	0.02	0.02	0.02
铜/(mg·L⁻¹)	0.006 0	0.006 0	0.003 5	0.003 5	0.003 5
锌/(mg·L⁻¹)	0.011	0.009	0.002	0.006	0.004
铅/(mg·L⁻¹)	0.012	0.012	0.012	0.012	0.012
镉/(mg·L⁻¹)	0.000 5	0.000 5	0.000 5	0.000 5	0.000 5
汞/(mg·L⁻¹)	0.002 7	0.002 9	0.005 5	0.004 2	0.003 0

表 2-5-5 2018 年 9 月青石段水质检测结果

水质指标	S08	S09	S10	S11	S12
水温/℃	14.1	16.4	16.1	15.1	15.4
pH	7.61	7.73	7.71	8.60	8.61
溶解氧/(mg·L⁻¹)	8.81	8.12	8.17	8.81	8.84
悬浮物/(mg·L⁻¹)	150	190	180	170	190
总氮/(mg·L⁻¹)	2.116	1.935	2.307	2.511	2.257
总磷/(mg·L⁻¹)	0.268	0.397	0.284	0.608	0.309
非离子氨/(mg·L⁻¹)	0.006 5	0.011 6	0.010 9	0.193 1	0.018 2

水质指标	S08	S09	S10	S11	S12
高锰酸盐指数/(mg·L⁻¹)	1.30	1.87	2.01	1.21	1.64
叶绿素 a/(μg·L⁻¹)	0.05	1.25	0.08	0.03	0.96
挥发性酚/(mg·L⁻¹)	0.010	0.011	0.005	0.005	0.021
石油类/(mg·L⁻¹)	0.02	0.02	0.02	0.02	0.02
铜/(mg·L⁻¹)	0.003 5	0.003 5	0.003 5	0.003 5	0.003 5
锌/(mg·L⁻¹)	0.005	0.004	0.005	0.018	0.003
铅/(mg·L⁻¹)	0.012	0.012	0.012	0.012	0.012
镉/(mg·L⁻¹)	0.002	0.002	0.001	0.001	0.002
汞/(mg·L⁻¹)	0.000 31	0.000 24	0.000 38	0.000 46	0.000 24

表 2-5-6　2018 年 10 月青石段水质检测结果

水质指标	S08	S09	S10	S11	S12
水温/℃	12.7	11.9	11.7	12.4	12.2
pH	8.50	8.22	8.25	8.18	8.45
溶解氧/(mg·L⁻¹)	8.53	8.98	8.96	8.30	8.61
悬浮物/(mg·L⁻¹)	130	380	190	20	890
总氮/(mg·L⁻¹)	2.452	2.396	2.480	2.326	2.166
总磷/(mg·L⁻¹)	0.337	0.133	0.201	0.180	0.245
非离子氨/(mg·L⁻¹)	0.017 4	0.022 7	0.012 1	0.005 7	0.007 1
高锰酸盐指数/(mg·L⁻¹)	2.39	2.43	2.18	2.76	2.38
叶绿素 a/(μg·L⁻¹)	0.58	0.38	0.23	0.04	0.05
挥发性酚/(mg·L⁻¹)	0.009	0.004	0.006	0.012	0.010
石油类/(mg·L⁻¹)	0.02	0.02	0.02	0.02	0.02
铜/(mg·L⁻¹)	0.003 5	0.003 5	0.003 5	0.003 5	0.003 5
锌/(mg·L⁻¹)	0.003	0.004	0.011	0.002	0.002
铅/(mg·L⁻¹)	0.012	0.012	0.012	0.012	0.012
镉/(mg·L⁻¹)	0.000 5	0.000 5	0.000 5	0.000 5	0.000 5
汞/(mg·L⁻¹)	0.003 4	0.004 5	0.005 0	0.004 5	0.004 9

表 2-5-7　2019 年 3 月青石段水质检测结果

水质指标	S08	S09	S10	S11	S12
水温/℃	9.5	8.6	8.7	9.0	8.6
pH	8.23	8.75	8.77	8.41	8.43
溶解氧/(mg·L⁻¹)	8.70	8.91	9.18	8.85	8.81
悬浮物/(mg·L⁻¹)	40	150	140	120	210
总氮/(mg·L⁻¹)	3.001	3.685	2.677	2.992	2.923
总磷/(mg·L⁻¹)	0.292	0.308	0.233	0.216	0.274
非离子氨/(mg·L⁻¹)	0.005 4	0.027 4	0.070 2	0.014 8	0.014 3
高锰酸盐指数/(mg·L⁻¹)	2.01	2.01	1.97	2.29	2.53
叶绿素 a/(μg·L⁻¹)	7.33	0.77	0.74	2.95	10.56
挥发性酚/(mg·L⁻¹)	0.007	0.007	0.004	0.016	0.004
石油类/(mg·L⁻¹)	0.02	0.02	0.02	0.02	0.02
铜/(mg·L⁻¹)	0.011	0.006	0.009	0.009	0.008
锌/(mg·L⁻¹)	0.009	0.003	0.012	0.012	0.006
铅/(mg·L⁻¹)	0.012	0.012	0.012	0.012	0.012
镉/(mg·L⁻¹)	0.000 5	0.000 5	0.000 5	0.000 5	0.000 5
汞/(mg·L⁻¹)	0.000 270	0.000 230	0.000 240	0.000 258	0.000 280

表 2-5-8　2019 年 4 月青石段水质检测结果

水质指标	S08	S09	S10	S11	S12
水温/℃	15.0	13.3	13.5	14.4	14.7
pH	9.16	8.92	8.91	9.04	8.55
溶解氧/(mg·L⁻¹)	6.53	6.71	6.89	7.05	6.77
悬浮物/(mg·L⁻¹)	210	380	300	300	590
总氮/(mg·L⁻¹)	2.541	2.921	2.509	2.735	2.685
总磷/(mg·L⁻¹)	0.101	0.115	0.166	0.219	0.316
非离子氨/(mg·L⁻¹)	0.075 0	0.047 7	0.065 7	0.079 7	0.075 1

水质指标	S08	S09	S10	S11	S12
高锰酸盐指数/(mg·L⁻¹)	2.19	2.06	1.74	1.97	1.93
叶绿素 a/(μg·L⁻¹)	1.94	2.68	2.81	1.32	1.32
挥发性酚/(mg·L⁻¹)	0.013	0.007	0.014	0.008	0.007
石油类/(mg·L⁻¹)	0.02	0.02	0.02	0.02	0.02
铜/(mg·L⁻¹)	0.003 5	0.003 5	0.003 5	0.003 5	0.003 5
锌/(mg·L⁻¹)	0.004	0.006	0.003	0.004	0.004
铅/(mg·L⁻¹)	0.012	0.012	0.012	0.012	0.012
镉/(mg·L⁻¹)	0.002	0.003	0.002	0.002	0.002
汞/(mg·L⁻¹)	0.000 293	0.000 327	0.000 256	0.000 313	0.000 371

表 2-5-9　2019 年 5 月青石段水质检测结果

水质指标	S08	S09	S10	S11	S12
水温/℃	12.0	13.4	13.1	13.4	13.8
pH	9.15	8.85	8.83	9.12	8.71
溶解氧/(mg·L⁻¹)	7.48	7.57	7.54	8.11	8.50
悬浮物/(mg·L⁻¹)	160	280	60	220	130
总氮/(mg·L⁻¹)	2.188	2.332	2.307	2.026	2.081
总磷/(mg·L⁻¹)	0.278	0.285	0.295	0.715	0.312
非离子氨/(mg·L⁻¹)	0.044 2	0.042 6	0.025 9	0.052 0	0.003 9
高锰酸盐指数/(mg·L⁻¹)	2.42	2.06	2.05	2.24	2.13
叶绿素 a/(μg·L⁻¹)	1.19	4.66	1.57	0.08	0.96
挥发性酚/(mg·L⁻¹)	0.018	0.011	0.015	0.006	0.016
石油类/(mg·L⁻¹)	0.02	0.02	0.02	0.02	0.02
铜/(mg·L⁻¹)	0.003 5	0.003 5	0.003 5	0.003 5	0.003 5
锌/(mg·L⁻¹)	0.008	0.013	0.002	0.007	0.005
铅/(mg·L⁻¹)	0.012	0.012	0.012	0.012	0.012
镉/(mg·L⁻¹)	0.001 0	0.001 0	0.001 0	0.000 5	0.001 0
汞/(mg·L⁻¹)	0.001 120	0.000 513	0.000 127	0.000 265	0.000 320

表 2-5-10 　2019 年 6 月青石段水质检测结果

水质指标	S08	S09	S10	S11	S12
水温/℃	19.2	17.3	17.1	17.3	18.9
pH	8.18	8.90	8.92	9.04	9.03
溶解氧/(mg·L^{-1})	5.89	6.15	6.13	5.89	5.38
悬浮物/(mg·L^{-1})	30	20	10	70	40
总氮/(mg·L^{-1})	1.524	2.059	1.594	2.429	1.374
总磷/(mg·L^{-1})	0.259	0.314	0.321	0.355	0.329
非离子氨/(mg·L^{-1})	0.003 5	0.028 9	0.005 6	0.036 4	0.042 4
高锰酸盐指数/(mg·L^{-1})	2.04	1.62	1.94	1.73	2.12
叶绿素 a/(μg·L^{-1})	10.60	9.04	9.36	10.02	10.00
挥发性酚/(mg·L^{-1})	0.036	0.008	0.017	0.014	0.019
石油类/(mg·L^{-1})	0.02	0.02	0.02	0.02	0.02
铜/(mg·L^{-1})	0.053	0.048	0.069	0.049	0.046
锌/(mg·L^{-1})	0.021	0.019	0.024	0.024	0.015
铅/(mg·L^{-1})	0.012	0.012	0.012	0.012	0.012
镉/(mg·L^{-1})	0.000 5	0.000 5	0.000 5	0.000 5	0.000 5
汞/(mg·L^{-1})	0.000 025	0.000 025	0.000 025	0.000 025	0.000 025

表 2-5-11 　2019 年 7 月青石段水质检测结果

水质指标	S08	S09	S10	S11	S12
水温/℃	20.6	19.4	20.1	19.7	21.5
pH	8.05	8.24	8.18	8.16	8.08
溶解氧/(mg·L^{-1})	7.69	8.31	8.35	7.25	7.27
悬浮物/(mg·L^{-1})	0	0	0	80	50
总氮/(mg·L^{-1})	5.756	3.155	3.234	1.960	3.824
总磷/(mg·L^{-1})	0.261	0.417	0.229	0.260	0.175
非离子氨/(mg·L^{-1})	0.003 6	0.020 9	0.037 3	0.056 6	0.046

水质指标	S08	S09	S10	S11	S12
高锰酸盐指数/(mg·L⁻¹)	2.75	1.81	1.84	1.83	2.04
叶绿素 a/(μg·L⁻¹)	1.19	1.52	0.75	1.60	0.91
挥发性酚/(mg·L⁻¹)	0.014	0.012	0.001	0.009	0.008
石油类/(mg·L⁻¹)	0.020	0.020	0.020	0.020	0.229
铜/(mg·L⁻¹)	0.016	0.049	0.038	0.052	0.016
锌/(mg·L⁻¹)	0.013	0.025	0.028	0.023	0.011
铅/(mg·L⁻¹)	0.012	0.012	0.012	0.012	0.012
镉/(mg·L⁻¹)	0.002	0.001	0.001	0.001	0.001
汞/(mg·L⁻¹)	0.000 025	0.000 025	0.000 025	0.000 025	0.000 025

表 2-5-12　2019 年 8 月青石段水质检测结果

水质指标	S08	S09	S10	S11	S12
水温/℃	18.7	19.1	19.0	20.0	20.3
pH	8.51	8.47	8.50	8.40	8.20
溶解氧/(mg·L⁻¹)	7.71	7.63	7.66	7.20	7.03
悬浮物/(mg·L⁻¹)	250	150	200	430	240
总氮/(mg·L⁻¹)	1.873	1.902	2.161	1.883	2.050
总磷/(mg·L⁻¹)	0.173	0.164	0.189	0.335	0.137
非离子氨/(mg·L⁻¹)	0.038 0	0.028 9	0.048 1	0.098 2	0.032 2
高锰酸盐指数/(mg·L⁻¹)	1.69	6.34	4.20	2.32	3.57
叶绿素 a/(μg·L⁻¹)	1.28	1.11	1.11	0.78	0.61
挥发性酚/(mg·L⁻¹)	0.009	0.027	0.006	0.003	0.005
石油类/(mg·L⁻¹)	0.02	0.02	0.02	0.02	0.02
铜/(mg·L⁻¹)	0.003 5	0.003 5	0.003 5	0.003 5	0.003 5
锌/(mg·L⁻¹)	0.003	0.006	0.012	0.002	0.003
铅/(mg·L⁻¹)	0.012	0.012	0.012	0.012	0.012
镉/(mg·L⁻¹)	0.000 5	0.000 5	0.000 5	0.000 5	0.000 5
汞/(mg·L⁻¹)	0.000 025	0.000 025	0.000 025	0.000 025	0.000 025

表 2-5-13　2019 年 10 月青石段水质检测结果

水质指标	S08	S09	S10	S11	S12
水温/℃	13.4	13.1	13.2	12.3	12.1
pH	8.7	8.7	8.5	8.4	8.31
溶解氧/(mg·L^{-1})	6.86	6.53	6.54	7.23	7.76
悬浮物/(mg·L^{-1})	130	230	160	80	90
总氮/(mg·L^{-1})	2.271	2.089	3.133	2.274	2.280
总磷/(mg·L^{-1})	0.205	0.154	0.184	0.148	0.227
非离子氨/(mg·L^{-1})	0.006	0.036 3	0.028 1	0.021 3	0.020 0
高锰酸盐指数/(mg·L^{-1})	2.17	2.05	1.79	1.91	1.94
叶绿素 a/(μg·L^{-1})	1.93	2.30	1.51	1.09	1.04
挥发性酚/(mg·L^{-1})	0.007	0.022	0.016	0.005	0.010
石油类/(mg·L^{-1})	0.02	0.02	0.02	0.02	0.02
铜/(mg·L^{-1})	0.009 0	0.003 5	0.003 5	0.009 0	0.009 0
锌/(mg·L^{-1})	0.008	0.011	0.013	0.020	0.038
铅/(mg·L^{-1})	0.012	0.012	0.012	0.012	0.012
镉/(mg·L^{-1})	0.000 5	0.000 5	0.000 5	0.000 5	0.000 5
汞/(mg·L^{-1})	0.000 067	0.000 091	0.000 102	0.000 025	0.000 025

表 2-5-14　2019 年 11 月青石段水质检测结果

水质指标	S08	S09	S10	S11	S12
水温/℃	8.6	9.7	9.2	7.6	7.8
pH	8.41	8.01	8.02	8.20	7.81
溶解氧/(mg·L^{-1})	7.41	7.78	7.76	6.96	6.94
悬浮物/(mg·L^{-1})	150	270	300	270	330
总氮/(mg·L^{-1})	2.364	2.306	2.448	2.398	2.306
总磷/(mg·L^{-1})	0.234	0.201	0.250	0.289	0.318
非离子氨/(mg·L^{-1})	0.007 5	0.003 3	0.005 8	0.012 7	0.002 5

水质指标	S08	S09	S10	S11	S12
高锰酸盐指数/(mg·L^{-1})	2.24	2.56	2.04	2.53	2.63
叶绿素 a/(μg·L^{-1})	0.90	0.79	0.81	3.94	3.05
挥发性酚/(mg·L^{-1})	0.014	0.010	0.026	0.005	0.037
石油类/(mg·L^{-1})	0.02	0.02	0.02	0.02	0.02
铜/(mg·L^{-1})	0.003 5	0.003 5	0.003 5	0.042 0	0.042 0
锌/(mg·L^{-1})	0.02	0.008	0.018	0.007	0.004
铅/(mg·L^{-1})	0.012	0.012	0.012	0.012	0.012
镉/(mg·L^{-1})	0.000 5	0.000 5	0.001 0	0.000 5	0.000 5
汞/(mg·L^{-1})	0.000 025	0.000 025	0.000 025	0.000 025	0.000 025

表 2-5-15　2019 年 12 月青石段水质检测结果

水质指标	S08	S09	S10	S11	S12
水温/℃	5.2	5.7	5.6	4.0	2.3
pH	8.2	7.8	7.9	8.4	8.1
溶解氧/(mg·L^{-1})	6.32	6.34	6.35	6.62	7.05
悬浮物/(mg·L^{-1})	30	40	30	0	70
总氮/(mg·L^{-1})	3.656	3.258	3.712	3.795	3.391
总磷/(mg·L^{-1})	0.234	0.170	0.126	0.233	0.331
非离子氨/(mg·L^{-1})	0.004 7	0.002 6	0.003 3	0.013 7	0.007 0
高锰酸盐指数/(mg·L^{-1})	2.10	2.00	1.85	2.50	2.46
叶绿素 a/(μg·L^{-1})	0.06	0.02	0.02	0.01	0.02
挥发性酚/(mg·L^{-1})	0.019	0.027	0.009	0.014	0.022
石油类/(mg·L^{-1})	0.02	0.02	0.02	0.02	0.02
铜/(mg·L^{-1})	0.007 0	0.007 0	0.003 5	0.007 0	0.009 0
锌/(mg·L^{-1})	0.003	0.005	0.008	0.003	0.009
铅/(mg·L^{-1})	0.012	0.012	0.012	0.012	0.012
镉/(mg·L^{-1})	0.001 0	0.001 0	0.001 0	0.001 0	0.000 5
汞/(mg·L^{-1})	0.000 093	0.000 092	0.000 082	0.000 095	0.000 101

表 2-5-16　2020 年 1 月青石段水质检测结果

水质指标	S08	S09	S10	S11	S12
水温/℃	3.1	3.0	3.1	2.2	1.6
pH	7.8	7.7	7.8	7.9	6.8
溶解氧/(mg·L^{-1})	6.56	6.92	6.94	6.19	7.31
悬浮物/(mg·L^{-1})	20	10	300	270	330
总氮/(mg·L^{-1})	3.42	3.18	3.17	3.65	3.55
总磷/(mg·L^{-1})	0.204	0.269	0.215	0.427	0.275
非离子氨/(mg·L^{-1})	0.000 6	0.000 7	0.000 5	0.001 4	0.000 2
高锰酸盐指数/(mg·L^{-1})	2.54	2.21	2.55	2.84	2.79
叶绿素 a/(μg·L^{-1})	1.69	1.79	2.22	1.98	1.77
挥发性酚/(mg·L^{-1})	0.017	0.030	0.009	0.018	0.024
石油类/(mg·L^{-1})	0.02	0.02	0.02	0.02	0.02
铜/(mg·L^{-1})	0.003 5	0.003 5	0.003 5	0.003 5	0.003 5
锌/(mg·L^{-1})	0.019	0.002	0.004	0.003	0.008
铅/(mg·L^{-1})	0.012	0.012	0.012	0.012	0.012
镉/(mg·L^{-1})	0.000 5	0.000 5	0.000 5	0.000 5	0.000 5
汞/(mg·L^{-1})	0.000 005	0.000 005	0.000 005	0.000 005	0.000 005

表 2-5-17　2020 年 2 月青石段水质检测结果

水质指标	S08	S09	S10	S11	S12
水温/℃	6.2	7.9	7.7	5.4	4.7
pH	7.8	8.2	8.3	8.4	9.6
溶解氧/(mg·L^{-1})	8.62	9.07	8.79	8.72	8.75
悬浮物/(mg·L^{-1})	0	0	0	0	0
总氮/(mg·L^{-1})	2.42	3.11	3.45	3.39	3.32
总磷/(mg·L^{-1})	0.063	0.056	0.072	0.064	0.103
非离子氨/(mg·L^{-1})	0.000 6	0.001 8	0.004 7	0.002 9	0.038 5

水质指标	S08	S09	S10	S11	S12
高锰酸盐指数/(mg·L⁻¹)	2.55	2.09	2.02	2.15	1.9
叶绿素 a/(μg·L⁻¹)	3.48	3.39	3.37	2.58	2.52
挥发性酚/(mg·L⁻¹)	0.022	0.016	0.01	0.011	0.022
石油类/(mg·L⁻¹)	0.02	0.02	0.02	0.02	0.02
铜/(mg·L⁻¹)	0.003 5	0.003 5	0.003 5	0.003 5	0.003 5
锌/(mg·L⁻¹)	0.004	0.003	0.001	0.001	0.004
铅/(mg·L⁻¹)	0.012	0.012	0.012	0.012	0.012
镉/(mg·L⁻¹)	0.000 5	0.000 5	0.000 5	0.000 5	0.000 5
汞/(mg·L⁻¹)	0.000 005	0.000 005	0.000 005	0.000 005	0.000 005

5.2 2018—2020 年青石段水环境因子时空分布

5.2.1 水温

2018—2020 年青石段水温时空分布特征见图 2-5-1。由图可知,青石段的水温随时间变幅较大，最低温出现在 2020 年 1 月份的平罗黄河大桥东岸,最

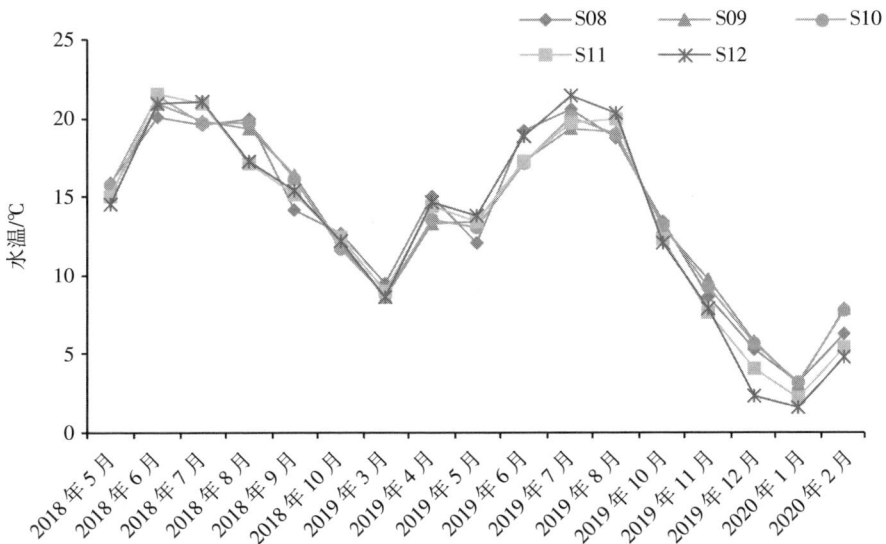

图 2-5-1 2018—2020 年青石段水温时空分布

高温出现在 2020 年 6 月份的兴庆区头道墩黄河西岸。在 5 个站点中,总体上同一时间不同点位温度相差不大。

5.2.2 pH

2018—2020 年青石段 pH 时空分布特征见图 2-5-2。由图可知,青石段的 pH 在 6.8~9.6,最小值出现在 2020 年 1 月份的平罗黄河大桥东岸,最大值出现在 2020 年 2 月份的平罗黄河大桥东岸。总体上 pH 在 2020 年 1 月份最小,2019 年 4 月份最大。

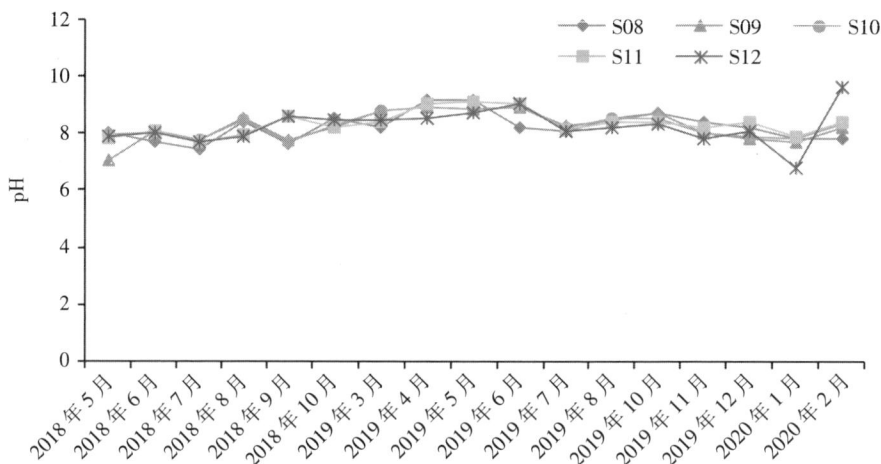

图 2-5-2 2018—2020 年青石段 pH 时空分布

5.2.3 溶解氧

2018—2020 年青石段溶解氧时空分布特征见图 2-5-3。由图可知,青石段的溶解氧含量在 5.38~9.18 mg/L,最小值出现在 2019 年 6 月的平罗黄河大桥东岸,最大值出现在 2019 年 3 月的青铜峡铁桥西岸。总体上溶解氧的含量随时间变化较大,含量较高的是 2019 年 3 月,最低的是 2019 年 6 月,同一时间不同站点的溶解氧含量变化不大。

5.2.4 悬浮物

2018—2020 年青石段悬浮物时空分布特征见图 2-5-4。由图可知,总体上青石段悬浮物的空间差异呈减小趋势,2018 年 7 月、8 月和 10 月空间差异较

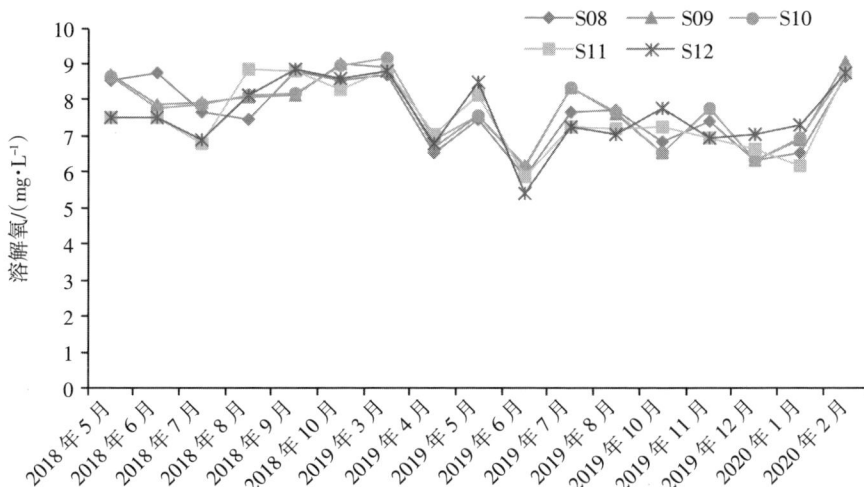

图 2-5-3　2018—2020 年青石段溶解氧时空分布

大。从时间上来看,同一站点不同时间的悬浮物含量差异较大,青铜峡铁桥东岸的含量差异最大,最大值出现在 2018 年 8 月,为 1 210 mg/L;最小值出现在 2019 年 7 月和 2020 年 2 月,为 0 mg/L。

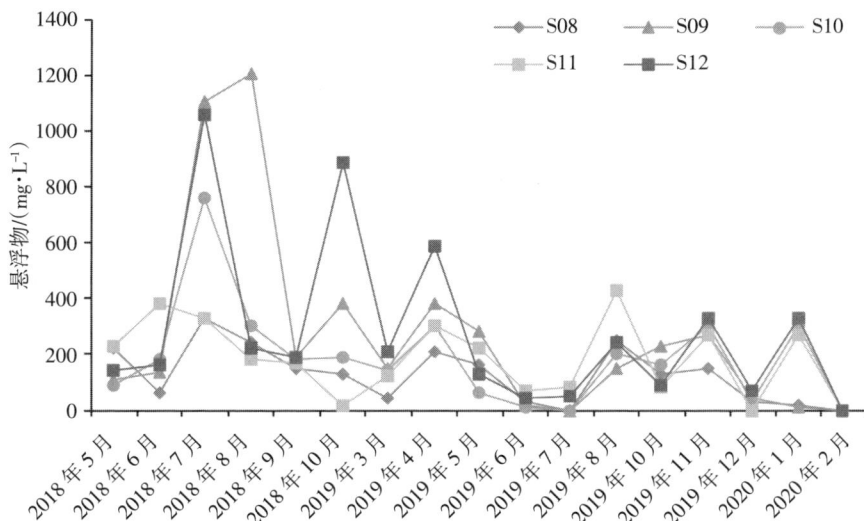

图 2-5-4　2018—2020 年青石段悬浮物时空分布

5.2.5　总氮

2018—2020 年青石段总氮的时空分布特征见图 2-5-5。由图可知,总体上青石段总氮的空间差异呈减小趋势,2019 年 7 月空间差异最大。从时间上来看,同一站点不同时间的总氮含量差异较大,永定铁路大桥西岸的含量差异最大,其中最大值出现在 2019 年 7 月,为 5.756 mg/L;最小值出现在 2019 年 6 月,为 1.524 mg/L。

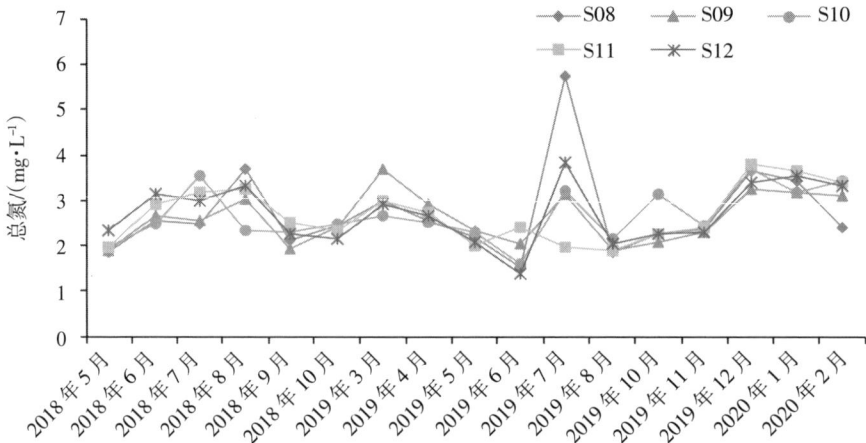

图 2-5-5　2018—2020 年青石段总氮时空分布

5.2.6　总磷

2018—2020 年青石段总磷的时空分布特征见图 2-5-6。由图可知,总体上青石段总磷的空间差异呈减小趋势,2018 年 7 月空间差异最大。从时间上来

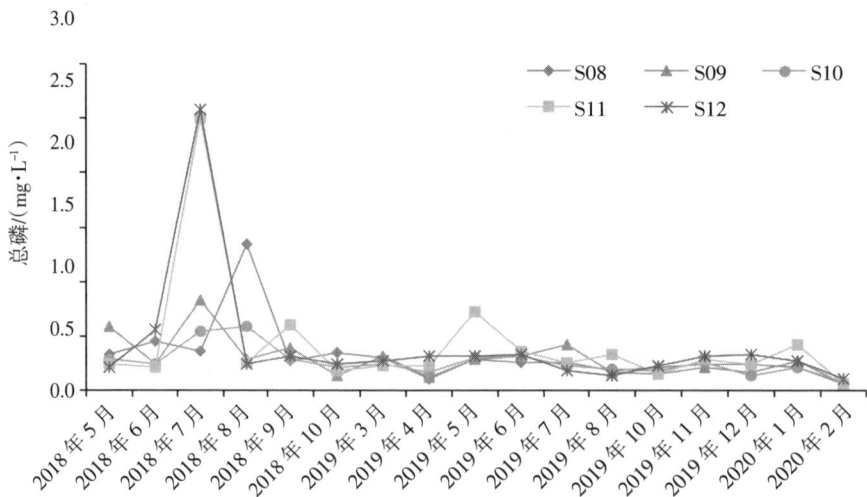

图 2-5-6　2018—2020 年青石段总磷时空分布

看,除个别时间以外,同一站点不同时间的总磷含量差异不大,2018 年 7 月平罗黄河大桥东岸和兴庆区头道墩黄河西岸的总磷含量较大,依次为 2.578 mg/L、2.498 mg/L,其余时间各点位总磷含量基本在 0.5 mg/L 以下。

5.2.7　非离子氨

2018—2020 年青石段非离子氨的时空分布特征见图 2-5-7。由图可知,总体上青石段非离子氨的空间差异呈先增大后减小的趋势,2018 年 9 月空间差异最大。从时间上来看,总体上非离子氨的含量先增加后降低,兴庆区头道墩黄河西岸的时间差异最大,最大值出现在 2018 年 9 月,达到 0.193 1 mg/L;最小值出现在 2020 年 1 月,为 0.001 4 mg/L。

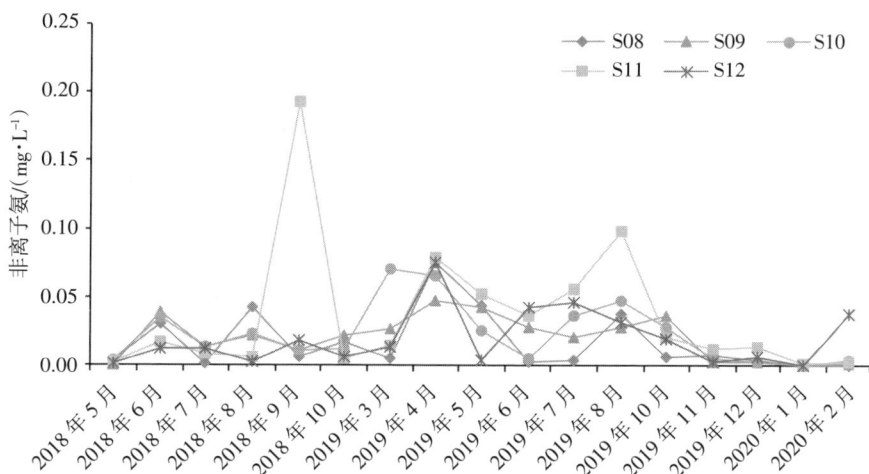

图 2-5-7　2018—2020 年青石段非离子氨时空分布

5.2.8　高锰酸盐指数

2018—2020 年青石段高锰酸盐指数的时空分布特征见图 2-5-8。由图可知,总体上青石段高锰酸盐指数的空间差异不大,2019 年 8 月出现异常,含量最大值出现在青铜峡铁桥东岸,达到 6.34 mg/L;最小值出现在永定铁路大桥西岸,为 1.69 mg/L。从时间上来看,除 2019 年 8 月以外,同一站点不同时间的高锰酸盐指数差异不大,基本在 2 mg/L 左右。

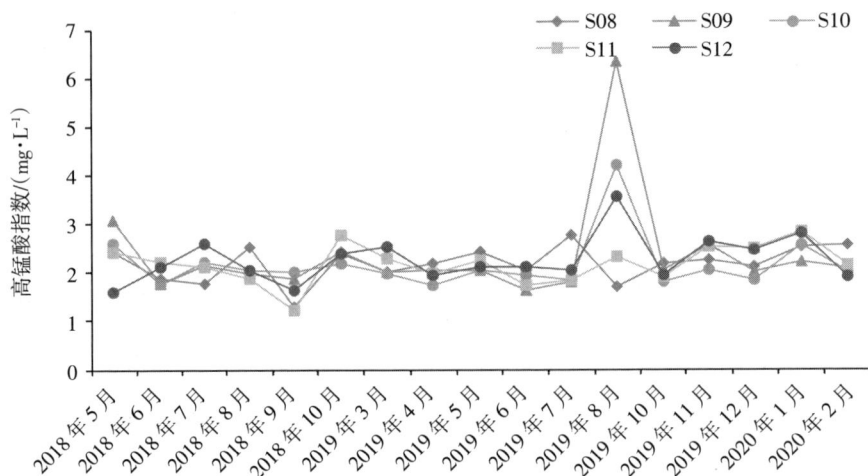

图 2-5-8   2018—2020 年青石段高锰酸盐指数时空分布

5.2.9   叶绿素 a

2018—2020 年青石段叶绿素 a 的时空分布特征见图 2-5-9。由图可知,总体上青石段叶绿素 a 的空间差异较小。叶绿素 a 的含量主要受时间影响,总体表现为 6 月份含量最高,12 月份含量最低。叶绿素 a 含量的最大值出现在 2018 年 6 月的青铜峡铁桥东岸,为 19.15 μg/L;最小值出现在 2019 年 12 月的兴庆区头道墩黄河西岸,含量均为 0.01 μg/L。

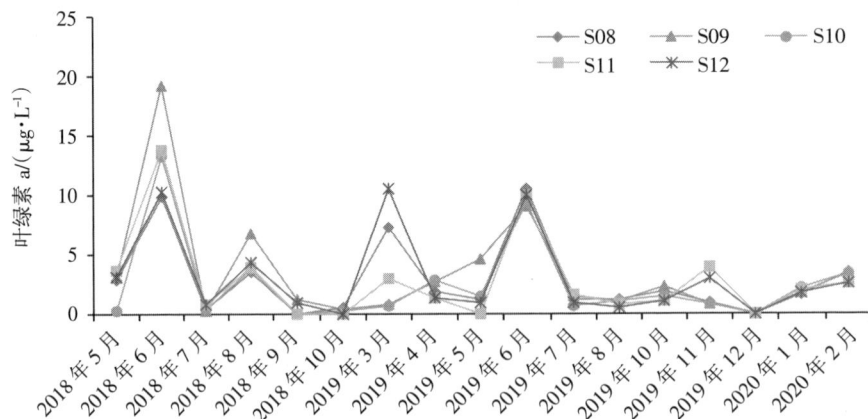

图 2-5-9   2018—2020 年青石段叶绿素 a 时空分布

5.2.10　挥发性酚

2018—2020 年青石段挥发性酚的时空分布特征见图 2-5-10。由图可知，总体上青石段挥发性酚的含量较低，但时空差异较大，分布及其不均匀，在 0.001~0.037 mg/L。最大值出现在 2019 年 11 月平罗黄河大桥东岸，最小值出现在 2019 年 7 月的坝上南岸的青铜峡铁桥西岸。

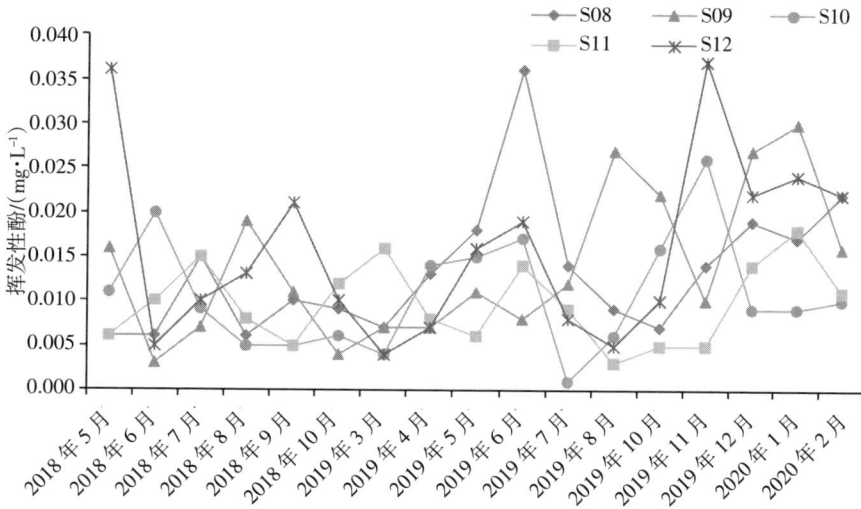

图 2-5-10　2018—2020 年青石段挥发性酚时空分布

5.2.11　石油类

2018—2020 年青石段石油类的时空分布特征见图 2-5-11。由图可知，总体上青石段石油类的空间差异及含量均较小，2018 年 6 月兴庆区头道墩黄河西岸出现异常，达到 0.063 mg/L；2019 年 7 月平罗黄河大桥东岸出现异常，达到 2018—2020 年青石段石油类含量的最大值 0.229 mg/L。其余时间各点位的石油类含量均为 0.02 mg/L。

5.2.12　铜

2018—2020 年青石段铜的时空分布特征见图 2-5-12。由图可知，总体上青石段铜的含量呈先降低后增加再降低的趋势。最大值出现在 2019 年 6 月份的青铜峡铁桥西岸，达到 0.069 mg/L。除 2019 年 11 月以外，铜的空间差异较小。

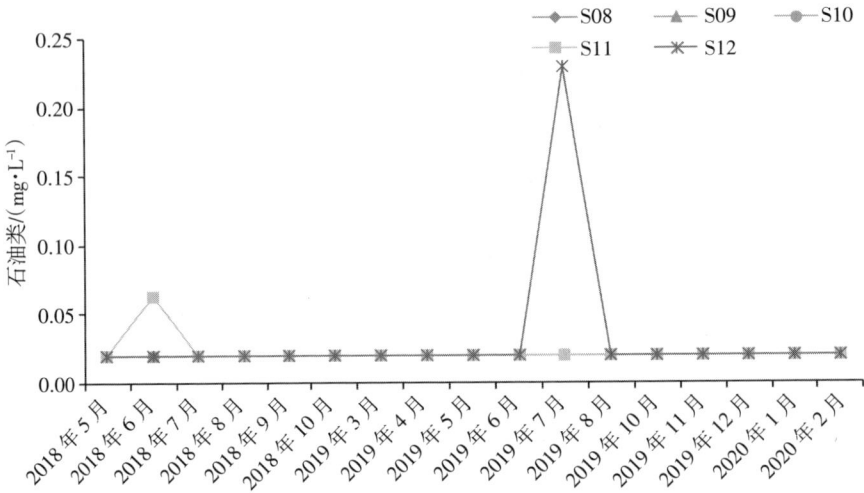

图 2-5-11　2018—2020 年青石段石油类时空分布

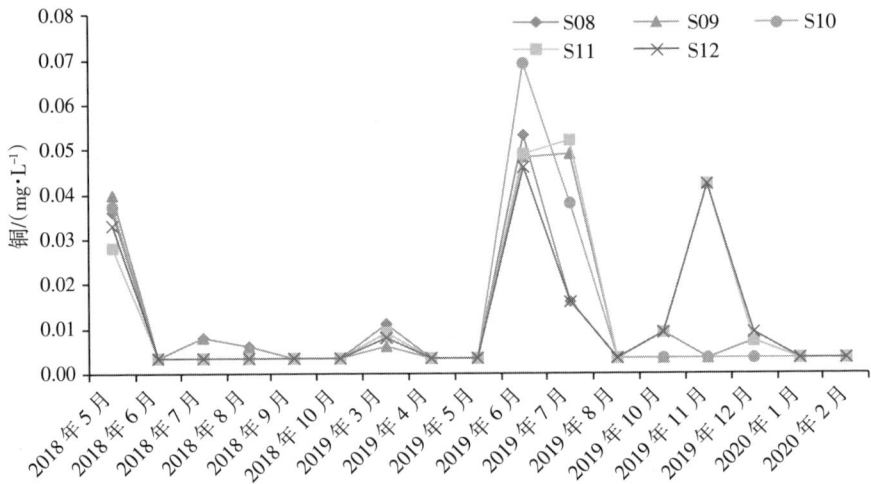

图 2-5-12　2018—2020 年青石段铜时空分布

5.2.13　锌

2018—2020 年青石段锌的时空分布特征见图 2-5-13。由图可知,总体上青石段锌的含量较低,普遍低于 0.05 mg/L;最大值出现在 2018 年 7 月份的青铜峡铁桥西岸,达到 0.096 mg/L。

5.2.14　铅

2018—2020 年青石段铅的时空分布特征见图 2-5-14。由图可知,总体

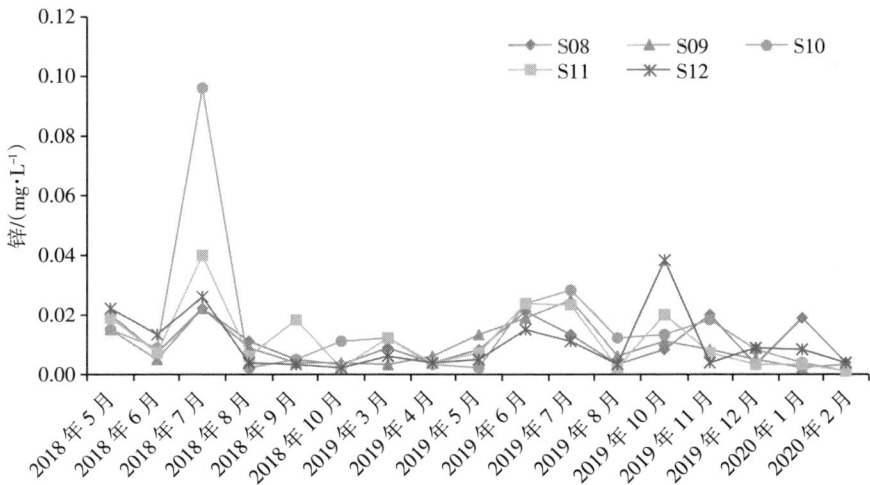

图 2-5-13　2018—2020 年青石段锌时空分布

上青石段铅的含量较低,低于仪器检出下限,均取 1/2 检出限为铅的含量,即 0.012 mg/L。

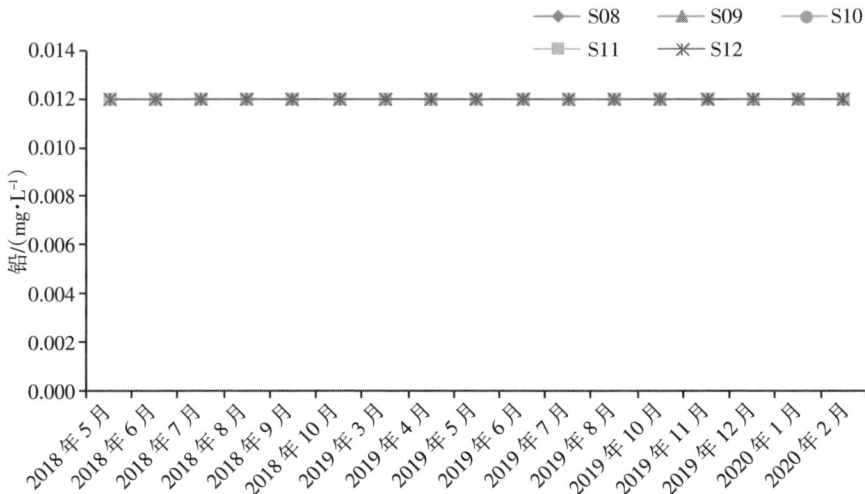

图 2-5-14　2018—2020 年青石段铅时空分布

5.2.15　镉

2018—2020 年青石段镉的时空分布特征见图 2-5-15。由图可知,总体上青石段镉的含量较低,大部分未检出,含量在 0.000 5~0.003 mg/L。在 2019 年 4 月镉的含量最高,5 个站点镉的含量均不低于 0.002 mg/L。

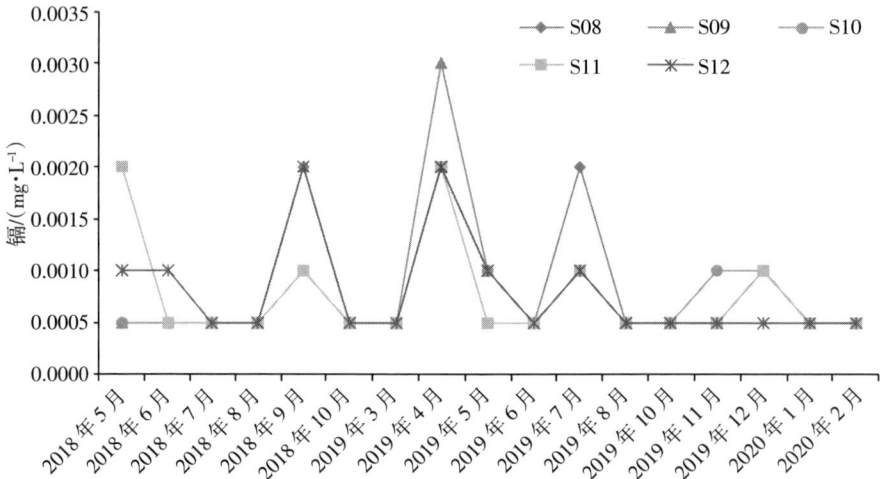

图 2-5-15　2018—2020 年青石段镉时空分布

5.2.16　汞

2018—2020 年青石段汞的时空分布特征见图 2-5-16。由图可知,2018年度汞的含量相对较高,且时空分布极不均匀,最大值出现在 2018 年 5 月份的青铜峡铁桥东岸,含量达到了 0.005 6 mg/L。从整体来看,汞的含量呈下降趋势。

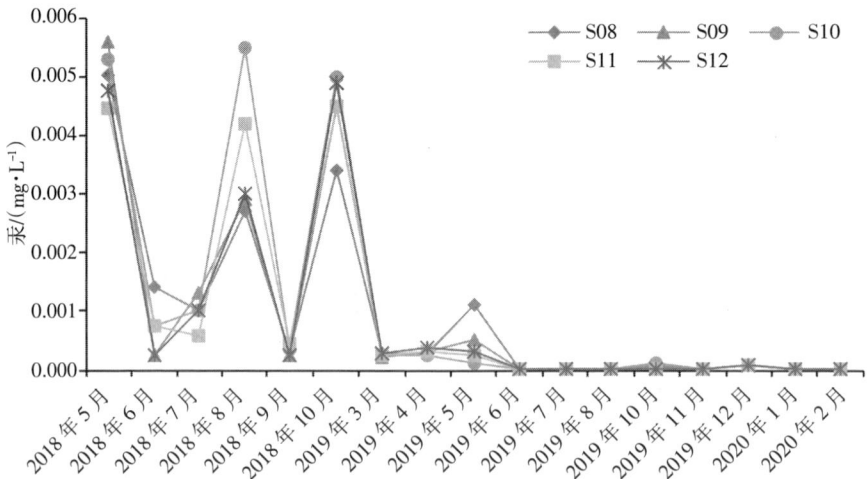

图 2-5-16　2018—2020 年青石段汞时空分布

在 17 项水质检测参数中选取pH、溶解氧、总氮、总磷、非离子氨、石油类、挥发性酚、高锰酸盐指数、铜、锌、铅、镉、汞 13 项常见污染物质以及与水生动植物密切相关的参数进行评价。用均值污染指数和水质分级表对水质进行综合定量和定性评价。2018—2020 年黄河青石段各月份水质评价见表 2-5-18 至表 2-5-34。

5 月份青石段水体中,超标物质有挥发性酚、总氮、总磷、汞和铜 5 种,5 种污染物样本超标率 100%,占总污染负荷的 89.8%。挥发性酚平均值超标 3.00 倍,总氮超标 4.01 倍,总磷超标 3.28 倍,铜超标 3.48 倍,汞超标 10.08 倍。汞超标倍数最大,污染负荷最高。5 月均值污染指数评价等级为重度污染。

表 2-5-18　2018 年 5 月青石段水质总体监测结果及评价

项目	平均含量/ (mg·L⁻¹)	样本超标 率/%	判定标准/ (mg·L⁻¹)	单项污染 指数	综合污染 指数	均值污染 指数	负荷比/ %
pH	7.76	0	6.5~8.5	0.26			1.13
溶解氧	8.18	0	>5	0.36			1.56
高锰酸盐指数	2.418	0	≤4	0.60			2.60
总氮	2.007	100	≤0.5	4.02			17.42
总磷	0.328	100	≤0.1	3.58			15.53
非离子氨	0.002 8	0	≤0.02	0.14			0.61
挥发性酚	0.015	100	≤0.005	3.39	23.07	1.77	14.68
石油类	0.020	0	≤0.05	0.40			1.73
铜	0.034 8	100	≤0.01	3.71			16.07
锌	0.018	0	≤0.1	0.18			0.78
铅	0.012	0	≤0.05	0.24			1.04
镉	0.000 9	0	≤0.005	0.18			0.78
汞	0.005 04	100	≤0.000 5	6.02			26.08

6 月份青石段水体中,超标物质有挥发性酚、石油、总氮、总磷、汞和非离子氨 6 种,6 种污染物占总污染负荷的 87.8%。总氮和总磷是经常性主要污染物,样本超标率 100%,总氮超标 5.51 倍,总磷超标 3.35 倍;石油类 1 个样本超

标,挥发性酚、汞和非离子氨3个样本超标,平均值超标倍数不大。6月均值污染指数评价等级为重度污染。

表 2-5-19 2018 年 6 月青石段段水质总体监测结果及评价

项目	平均含量/ (mg·L⁻¹)	样本超标 率/%	判定标准/ (mg·L⁻¹)	单项污染 指数	综合污染 指数	均值污染 指数	负荷比/ %
pH	7.97	0	6.5~8.5	0.47			2.85
溶解氧	7.88	0	>5	0.26			1.58
高锰酸盐指数	1.944	0	≤4	0.49			2.97
总氮	2.755	100	≤0.5	4.71			28.56
总磷	0.335	100	≤0.1	3.63			22.00
非离子氨	0.027 2	60	≤0.02	1.67			10.13
挥发性酚	0.009	60	≤0.005	2.23	16.48	1.27	13.52
石油类	0.029	20	≤0.05	0.57			3.46
铜	0.003 5	0	≤0.01	0.35			2.12
锌	0.008	0	≤0.1	0.08			0.49
铅	0.012	0	≤0.05	0.24			1.46
镉	0.000 6	0	≤0.005	0.12			0.73
汞	0.000 68	60	≤0.000 5	1.67			10.12

7月份青石段水体中,超标物质有挥发性酚、总氮、总磷、汞4种,4种污染物样本超标率100%,占总污染负荷的83.5%。挥发性酚超标2.2倍,总氮超标5.92倍,总磷超标13.59倍,汞超标1.96倍。7月均值污染指数评价等级为重度污染。

表 2-5-20 2018 年 7 月青石段段水质总体监测结果及评价

项目	平均含量/ (mg·L⁻¹)	样本超标 率/%	判定标准/ (mg·L⁻¹)	单项污染 指数	综合污染 指数	均值污染 指数	负荷比/ %
pH	7.67	0	6.5~8.5	0.17	20.04	1.54	0.85
溶解氧	7.43	0	>5	0.40			2.00

续表

项目	平均含量/ （mg·L⁻¹）	样本超标 率/%	判定标准/ （mg·L⁻¹）	单项污染 指数	综合污染 指数	均值污染 指数	负荷比/ %
高锰酸盐指数	2.162	0	≤4	0.54			2.69
总氮	2.958	100	≤0.5	4.86			24.25
总磷	1.359	100	≤0.1	6.67			33.26
非离子氨	0.010 2	0	≤0.02	0.51			2.54
挥发性酚	0.011	100	≤0.005	2.75			13.73
石油类	0.02	0	≤0.05	0.40	20.04	1.54	2.00
铜	0.005 3	0	≤0.01	0.53			2.64
锌	0.041	0	≤0.1	0.41			2.05
铅	0.012	0	≤0.05	0.24			1.20
镉	0.000 5	0	≤0.005	0.10			0.50
汞	0.000 98	100	≤0.000 5	2.46			12.28

8月份青石段水体中,超标物质有挥发性酚、总氮、总磷、汞和非离子氨5种,5种污染物样占总污染负荷的87.0%。总磷、总氮和汞样本超标率100%,挥发性酚和非离子氨大部分样本超标;挥发性酚平均值超标2倍,总氮超标6.26倍,总磷超标5.4倍,汞超标7.32倍,非离子氨均值不超标。8月均值污染指数评价等级为重度污染。

表2-5-21 2018年8月青石段段水质总体监测结果及评价

项目	平均含量/ （mg·L⁻¹）	样本超标 率/%	判定标准/ （mg·L⁻¹）	单项污染 指数	综合污染 指数	均值污染 指数	负荷比/ %
pH	8.23	20	6.5~8.5	0.73			3.43
溶解氧	8.13	0	>5	0.27			1.27
高锰酸盐指数	2.096	0	≤4	0.52	21.28	1.64	2.44
总氮	3.128	100	≤0.5	4.98			23.41
总磷	0.54	100	≤0.1	4.66			21.92

续表

项目	平均含量/（mg·L⁻¹）	样本超标率/%	判定标准/（mg·L⁻¹）	单项污染指数	综合污染指数	均值污染指数	负荷比/%
非离子氨	0.019 7	60	≤0.02	0.99			4.65
挥发性酚	0.01	80	≤0.005	2.55			11.97
石油类	0.02	0	≤0.05	0.40			1.88
铜	0.004 5	0	≤0.01	0.45	21.28	1.64	2.11
锌	0.006	0	≤0.1	0.06			0.28
铅	0.012	0	≤0.05	0.24			1.13
镉	0.000 5	0	≤0.005	0.10			0.47
汞	0.003 66	100	≤0.000 5	5.32			25.01

9月份青石段水体中，超标物质有挥发性酚、总氮、总磷、非离子氨4种，4种污染物样占总污染负荷的80.6%。总磷、总氮样本超标率100%，挥发性酚大部分样本超标，非离子氨1个样本超标；挥发性酚平均值超标2倍，总氮超标4.45倍，总磷超标3.73倍，非离子氨超标2.41。9月均值污染指数评价等级为重度污染。

表2-5-22　2018年9月青石段段水质总体监测结果及评价

项目	平均含量/（mg·L⁻¹）	样本超标率/%	判定标准/（mg·L⁻¹）	单项污染指数	综合污染指数	均值污染指数	负荷比/%
pH	8.05	40	6.5~8.5	0.55			3.26
溶解氧	8.55	0	>5	0.28			1.66
高锰酸盐指数	1.606	0	≤4	0.40			2.37
总氮	2.225	100	≤0.5	4.24			25.16
总磷	0.373	100	≤0.1	3.86	16.86	1.3	22.89
非离子氨	0.048 1	20	≤0.02	2.90			17.22
挥发性酚	0.01	60	≤0.005	2.59			15.36
石油类	0.02	0	≤0.05	0.40			2.37

项目	平均含量/ (mg·L⁻¹)	样本超标 率/%	判定标准/ (mg·L⁻¹)	单项污染 指数	综合污染 指数	均值污染 指数	负荷比/ %
铜	0.003 5	0	≤0.01	0.35			2.08
锌	0.007	0	≤0.1	0.07			0.42
铅	0.012	0	≤0.05	0.24	16.86	1.3	1.42
镉	0.001 6	0	≤0.005	0.32			1.90
汞	0.000 33	0	≤0.000 5	0.65			3.86

10 月份青石段水体中,超标物质有挥发性酚、总氮、总磷、汞和非离子氨 5 种,5 种污染物样占总污染负荷的 84.3%。总磷、总氮和汞样本超标率 100%,挥发性酚大部分样本超标,非离子氨 1 个样本超标;挥发性酚平均值超标 1.6 倍,

表 2-5-23　2018 年 10 月青石段段水质总体监测结果及评价

项目	平均含量/ (mg·L⁻¹)	样本超标 率/%	判定标准/ (mg·L⁻¹)	单项污染 指数	综合污染 指数	均值污染 指数	负荷比/ %
pH	8.32	0	6.5~8.5	0.82			4.44
溶解氧	8.68	0	>5	0.35			1.90
高锰酸盐指数	2.428	0	≤4	0.61			3.30
总氮	2.364	100	≤0.5	4.37			23.69
总磷	0.219	100	≤0.1	2.70			14.65
非离子氨	0.013	20	≤0.02	0.65			3.52
挥发性酚	0.008	80	≤0.005	2.07			11.24
石油类	0.02	0	≤0.05	0.40	18.46	1.42	2.17
铜	0.003 5	0	≤0.01	0.35			1.90
锌	0.004	0	≤0.1	0.04			0.22
铅	0.012	0	≤0.05	0.24			1.30
镉	0.000 5	0	≤0.005	0.10			0.54
汞	0.004 46	100	≤0.000 5	5.75			31.16

总氮超标 4.73 倍,总磷超标 2.19 倍,汞超标 8.92 倍,非离子氨不超标。10 月均值污染指数评价等级为重度污染。

3 月份青石段水体中,超标物质有 pH、挥发性酚、总氮、总磷、铜和非离子氨 6 种,占总污染负荷的 85.3%。挥发性酚、总磷、总氮是主要污染物质,其中总氮总磷样本超标率 100%,挥发性酚平均值超标 1.6 倍,总氮超标 6.12 倍,总磷超标 2.65 倍。3 月均值污染指数评价等级为重度污染。

表 2-5-24　2019 年 3 月青石段水质总体监测结果及评价

项目	平均含量/(mg·L⁻¹)	样本超标率/%	判定标准/(mg·L⁻¹)	单项污染指数	综合污染指数	均值污染指数	负荷比/%
pH	8.52	40	6.5~8.5	1.04			6.72
溶解氧	8.89	0	>5	0.41			2.65
高锰酸盐指数	2.16	0	≤4	0.54			3.50
总氮	3.06	100	≤0.5	4.93			31.91
总磷	0.265	100	≤0.1	3.11			20.15
非离子氨	0.026 4	40	≤0.02	1.32			8.54
挥发性酚	0.008	60	≤0.005	1.91	15.45	1.19	12.36
石油类	0.02	0	≤0.05	0.40			2.59
铜	0.008 6	20	≤0.01	0.86			5.57
锌	0.008	0	≤0.1	0.08			0.52
铅	0.012	0	≤0.05	0.24			1.55
镉	0.000 5	0	≤0.005	0.10			0.65
汞	0.000 256	0	≤0.000 5	0.51			3.30

4 月份青石段水体中,超标物质有 pH、挥发性酚、总氮、总磷、非离子氨 5 种,占总污染负荷的 82.1%。挥发性酚、总磷、总氮和非离子氨是主要污染物质,样本超标率 100%,挥发性酚平均值超标 2.0 倍,总氮超标 5.36 倍,总磷超标 1.83 倍,非离子氨超标 3.43 倍。4 月均值污染指数评价等级为重度污染。

表 2-5-25　2019 年 4 月青石段段水质总体监测结果及评价

项目	平均含量/ (mg·L⁻¹)	样本超标 率/%	判定标准/ (mg·L⁻¹)	单项污染 指数	综合污染 指数	均值污染 指数	负荷比/ %
pH	8.92	100	6.5~8.5	1.76			9.70
溶解氧	6.79	0	>5	0.66			3.65
高锰酸盐指数	1.98	0	≤4	0.49			2.71
总氮	2.68	100	≤0.5	4.64			25.66
总磷	0.183	100	≤0.1	2.32			12.80
非离子氨	0.068 6	100	≤0.02	3.68			20.32
挥发性酚	0.01	100	≤0.005	2.46	18.1	1.39	13.60
石油类	0.02	0	≤0.05	0.40			2.21
铜	0.003 5	0	≤0.01	0.35			1.93
锌	0.004	0	≤0.1	0.04			0.22
铅	0.012	0	≤0.05	0.24			1.33
镉	0.002 2	0	≤0.005	0.44			2.43
汞	0.000 31	0	≤0.000 5	0.62			3.43

5 月份青石段水体中,超标物质有 pH、挥发性酚、总氮、总磷、汞和非离子氨 6 种,占总污染负荷的 87.6%。挥发性酚、总磷、总氮和非离子氨是主要污染物质,挥发性酚平均值超标 2.6 倍,总氮超标 4.38 倍,总磷超标 3.77 倍,非离子氨超标 1.69 倍。5 月均值污染指数评价等级为重度污染。

表 2-5-26　2019 年 5 月青石段段水质总体监测结果及评价

项目	平均含量/ (mg·L⁻¹)	样本超标 率/%	判定标准/ (mg·L⁻¹)	单项污染 指数	综合污染 指数	均值污染 指数	负荷比/ %
pH	8.93	100	6.5~8.5	1.78			9.71
溶解氧	7.84	0	>5	0.48			2.62
高锰酸盐指数	2.18	0	≤4	0.55	18.32	1.41	3.00
总氮	2.19	100	≤0.5	4.20			22.95
总磷	0.377	100	≤0.1	3.88			21.19

续表

项目	平均含量/ (mg·L⁻¹)	样本超标 率/%	判定标准/ (mg·L⁻¹)	单项污染 指数	综合污染 指数	均值污染 指数	负荷比/ %
非离子氨	0.033 7	80	≤0.02	2.13			11.65
挥发性酚	0.013	100	≤0.005	3.11			16.97
石油类	0.02	0	≤0.05	0.40			2.18
铜	0.003 5	0	≤0.01	0.35	18.32	1.41	1.91
锌	0.007	0	≤0.1	0.07			0.38
铅	0.012	0	≤0.05	0.24			1.31
镉	0.000 9	0	≤0.005	0.18			0.98
汞	0.000 47	40	≤0.000 5	0.94			5.13

6月份青石段水体中,超标物质有pH、挥发性酚、总氮、总磷、铜和非离子氨6种,占总污染负荷的89.2%。挥发性酚、总磷、总氮、铜和非离子氨是主要污染物质,挥发性酚平均值超标3.8倍,总氮超标3.6倍,总磷超标3.16倍,铜超标5.3倍,非离子氨超标1.17倍。6月均值污染指数评价等级为重度污染。

表2-5-27　2019年6月青石段段水质总体监测结果及评价

项目	平均含量/ (mg·L⁻¹)	样本超标 率/%	判定标准/ (mg·L⁻¹)	单项污染 指数	综合污染 指数	均值污染 指数	负荷比/ %
pH	8.81	80	6.5~8.5	1.59			7.60
溶解氧	5.89	0	>5	0.80			3.81
高锰酸盐指数	1.89	0	≤4	0.47			2.24
总氮	1.8	100	≤0.5	3.78			18.01
总磷	0.316	100	≤0.1	3.50	20.97	1.61	16.67
非离子氨	0.023 4	60	≤0.02	1.34			6.37
挥发性酚	0.019	100	≤0.005	3.88			18.48
石油类	0.02	0	≤0.05	0.40			1.91
铜	0.053	100	≤0.01	4.62			22.04

项目	平均含量/ (mg·L⁻¹)	样本超标 率/%	判定标准/ (mg·L⁻¹)	单项污染 指数	综合污染 指数	均值污染 指数	负荷比/ %
锌	0.021	0	≤0.1	0.21			1.00
铅	0.012	0	≤0.05	0.24	20.97	1.61	1.14
镉	0.000 5	0	≤0.005	0.10			0.48
汞	0.000 03	0	≤0.000 5	0.05			0.24

7月份青石段水体中,超标物质有挥发性酚、石油类、总氮、总磷、铜和非离子氨6种,占总污染负荷的81.9%。挥发性酚、总磷、总氮、铜和非离子氨是主要污染物质,石油类一个样本超标。挥发性酚平均值超标1.8倍,总氮超标7.18倍,总磷超标2.68倍,铜超标3.42倍,非离子氨超标1.65倍。7月均值污染指数评价等级为重度污染。

表2-5-28　2019年7月青石段段水质总体监测结果及评价

项目	平均含量/ (mg·L⁻¹)	样本超标 率/%	判定标准/ (mg·L⁻¹)	单项污染 指数	综合污染 指数	均值污染 指数	负荷比/ %
pH	8.14	0	6.5~8.5	0.64			3.20
溶解氧	7.77	0	>5	0.31			1.55
高锰酸盐指数	2.05	0	≤4	0.51			2.55
总氮	3.59	100	≤0.5	5.28			26.35
总磷	0.268	100	≤0.1	3.14			15.70
非离子氨	0.032 9	80	≤0.02	2.08			10.38
挥发性酚	0.009	80	≤0.005	2.23	20.03	1.54	11.12
石油类	0.062	20	≤0.05	1.46			7.29
铜	0.034 2	100	≤0.01	3.67			18.32
锌	0.02	0	≤0.1	0.20			10
铅	0.012	0	≤0.05	0.24			1.20
镉	0.001 1	0	≤0.005	0.22			1.10
汞	0.000 03	0	≤0.000 5	0.05			0.25

8月份青石段水体中,超标物质有pH、挥发性酚、总氮、总磷、高锰酸盐指数和非离子氨6种,占总污染负荷的89.6%。挥发性酚、总磷、总氮、非离子氨是主要污染物质,挥发性酚平均值超标2.0倍,总氮超标3.94倍,总磷超标2.0倍,非离子氨超标2.46倍。8月均值污染指数评价等级为重度污染。

表 2-5-29　2019 年 8 月青石段段水质总体监测结果及评价

项目	平均含量/ (mg·L⁻¹)	样本超标 率/%	判定标准/ (mg·L⁻¹)	单项污染 指数	综合污染 指数	均值污染 指数	负荷比/ %
pH	8.42	20	6.5~8.5	0.92			5.99
溶解氧	7.45	0	>5	0.41			2.67
高锰酸盐指数	3.62	40	≤4	0.91			5.92
总氮	1.97	100	≤0.5	3.98			25.91
总磷	0.2	100	≤0.1	2.50			16.27
非离子氨	0.049 1	100	≤0.02	2.95			19.19
挥发性酚	0.01	60	≤0.005	2.51	15.37	1.18	16.30
石油类	0.02	0	≤0.05	0.40			2.60
铜	0.003 5	0	≤0.01	0.35			2.28
锌	0.005	0	≤0.1	0.05			0.33
铅	0.012	0	≤0.05	0.24			1.56
镉	0.000 5	0	≤0.005	0.10			0.65
汞	0.000 03	0	≤0.000 5	0.05			0.33

10月份青石段水体中,超标物质有pH、挥发性酚、总氮、总磷和非离子氨6种,占总污染负荷的80.7%。挥发性酚、总磷、总氮、非离子氨是主要污染物质。挥发性酚平均值超标2.4倍,总氮超标4.82倍,总磷超标1.84倍,非离子氨超标1.12倍。10月均值污染指数评价等级为重度污染。

表 2-5-30　2019 年 10 月青石段段水质总体监测结果及评价

项目	平均含量/(mg·L⁻¹)	样本超标率/%	判定标准/(mg·L⁻¹)	单项污染指数	综合污染指数	均值污染指数	负荷比/%
pH	8.52	40	6.5~8.5	1.05			7.09
溶解氧	6.98	0	>5	0.64			4.33
高锰酸盐指数	1.97	0	≤4	0.49			3.32
总氮	2.41	100	≤0.5	4.41			29.89
总磷	0.184	100	≤0.1	2.32			15.70
非离子氨	0.022 3	60	≤0.02	1.24			8.40
挥发性酚	0.012	80	≤0.005	2.90	14.77	1.14	19.64
石油类	0.02	0	≤0.05	0.40			2.71
铜	0.006 8	0	≤0.01	0.68			4.60
锌	0.018	0	≤0.1	0.18			1.22
铅	0.012	0	≤0.05	0.24			1.62
镉	0.000 5	0	≤0.005	0.10			0.68
汞	0.000 06	0	≤0.000 5	0.12			0.81

　　11 月份青石段水体中,超标物质有挥发性酚、总氮、总磷和铜 4 种,占总污染负荷的 81.6%。挥发性酚、总磷、总氮是主要污染物质,挥发性酚平均值超标 3.6 倍,总氮超标 4.73 倍,总磷超标 2.58 倍。11 月均值污染指数评价等级为重度污染。

表 2-5-31　2019 年 11 月青石段段水质总体监测结果及评价

项目	平均含量/(mg·L⁻¹)	样本超标率/%	判定标准/(mg·L⁻¹)	单项污染指数	综合污染指数	均值污染指数	负荷比/%
pH	8.09	0	6.5~8.5	0.59			3.53
溶解氧	7.37	0	>5	0.64			3.83
高锰酸盐指数	2.4	0	≤4	0.60	16.72	1.29	3.59
总氮	2.364	100	≤0.5	4.37			26.16
总磷	0.258	100	≤0.1	3.06			18.31
非离子氨	0.006 4	0	≤0.02	0.32			1.91

续表

项目	平均含量/ (mg·L⁻¹)	样本超标 率/%	判定标准/ (mg·L⁻¹)	单项污染 指数	综合污染 指数	均值污染 指数	负荷比/ %
挥发性酚	0.018	80	≤0.005	3.83			22.90
石油类	0.02	0	≤0.05	0.40			2.39
铜	0.018 9	40	≤0.01	2.38			14.25
锌	0.011	0	≤0.1	0.11	16.72	1.29	0.66
铅	0.012	0	≤0.05	0.24			1.44
镉	0.000 6	0	≤0.005	0.12			0.72
汞	0.000 03	0	≤0.000 5	0.05			0.30

12月份青石段水体中,超标物质有挥发性酚、总氮、总磷3种,占总污染负荷的74.7%。挥发性酚、总磷、总氮是主要污染物质。挥发性酚平均值超标1.6倍,总氮超标7.12倍,总磷超标2.19倍。12月均值污染指数评价等级为重度污染。

表 2-5-32　2019 年 12 月青石段段水质总体监测结果及评价

项目	平均含量/ (mg·L⁻¹)	样本超标 率/%	判定标准/ (mg·L⁻¹)	单项污染 指数	综合污染 指数	均值污染 指数	负荷比/ %
pH	8.08	0	6.5~8.5	0.58			3.68
溶解氧	6.54	0	>5	0.81			5.14
高锰酸盐指数	2.18	0	≤4	0.55			3.49
总氮	3.56	100	≤0.5	5.26			33.40
总磷	0.219	100	≤0.1	2.70			17.13
非离子氨	0.006 3	0	≤0.02	0.31			1.97
挥发性酚	0.018	100	≤0.005	3.81	15.76	1.21	24.15
石油类	0.02	0	≤0.05	0.40			2.54
铜	0.006 7	0	≤0.01	0.67			4.25
锌	0.006	0	≤0.1	0.06			0.38
铅	0.012	0	≤0.05	0.24			1.52
镉	0.000 9	0	≤0.005	0.18			1.14
汞	0.000 09	0	≤0.000 5	0.19			1.21

1月份青石段水体中,超标物质有挥发性酚、总氮、总磷3种,占总污染负荷的81.9%。挥发性酚、总磷、总氮是主要污染物质,挥发性酚平均值超标4倍,总氮超标6.78倍,总磷超标2.78倍。1月均值污染指数评价等级为重度污染。

表2-5-33　2020年1月青石段段水质总体监测结果及评价

项目	平均含量/ (mg·L⁻¹)	样本超标率/%	判定标准/ (mg·L⁻¹)	单项污染指数	综合污染指数	均值污染指数	负荷比/%
pH	7.6	0	6.5~8.5	0.10			0.66
溶解氧	6.78	0	>5	0.79			5.24
高锰酸盐指数	2.59	0	≤4	0.65			4.31
总氮	3.39	100	≤0.5	5.16			34.21
总磷	0.278	100	≤0.1	3.22			21.35
非离子氨	0.000 7	0	≤0.02	0.03			0.20
挥发性酚	0.02	100	≤0.005	3.97	15.08	1.16	26.3
石油类	0.02	0	≤0.05	0.40			2.65
铜	0.003 5	0	≤0.01	0.35			2.32
锌	0.007	0	≤0.1	0.07			0.46
铅	0.012	0	≤0.05	0.24			1.59
镉	0.000 5	0	≤0.005	0.10			0.66
汞	0.000 005	0	≤0.000 5	0.01			0.07

2月份青石段水体中,超标物质有pH、挥发性酚、总氮、总磷、非离子氨5种,占总污染负荷的83.3%。挥发性酚、总氮是主要污染物质,所有样本均超标;pH、总磷、非离子氨仅一个样本超标。挥发性酚平均值超标3.2倍,总氮超标6.28倍。2月均值污染指数评价等级为中度污染。

表 2-5-34　2020 年 2 月青石段段水质总体监测结果及评价

项目	平均含量/ (mg·L⁻¹)	样本超标 率/%	判定标准/ (mg·L⁻¹)	单项污染 指数	综合污染 指数	均值污染 指数	负荷比/ %
pH	8.46	20	6.5~8.5	0.96			7.47
溶解氧	8.79	0	>5	0.48			3.74
高锰酸盐指数	2.14	0	≤4	0.54			4.20
总氮	3.14	100	≤0.5	4.99			38.82
总磷	0.072	20	≤0.1	0.72			5.60
非离子氨	0.009 7	20	≤0.02	0.48			3.74
挥发性酚	0.016	100	≤0.005	3.55	12.85	0.99	27.65
石油类	0.02	0	≤0.05	0.40			3.11
铜	0.003 5	0	≤0.01	0.35			2.72
锌	0.003	0	≤0.1	0.03			0.23
铅	0.012	0	≤0.05	0.24			1.87
镉	0.000 5	0	≤0.005	0.10			0.78
汞	0.000 005	0	≤0.000 5	0.01			0.08

5.3　2018—2020 年青石段水质分析

5.3.1　2018—2020 年青石段整体水质分析

2018—2020 年青石段水质均值污染指数如图 2-5-17 所示,综合污染指数如图 2-5-18 所示,由图可知,卫宁段水体均值污染指数在 0.99~1.77,综合污染指数在 12.85~23.07,最小值出现在 2020 年 2 月,为中度污染,其余均为重度污染,其中最大值出现在 2018 年 5 月,因此青石段的水质整体较差。在 2018 年 6 月份污染最轻,5 月份污染最严重;在 2019 年 10 月污染最轻,下半年污染相对较小,水质优于上半年;2020 年水质优于 2018 年和 2019 年,其中 2020 年 2 月水质最好。从季度上来看,整体上青石段水质污染程度为夏季>春季>秋季>冬季。

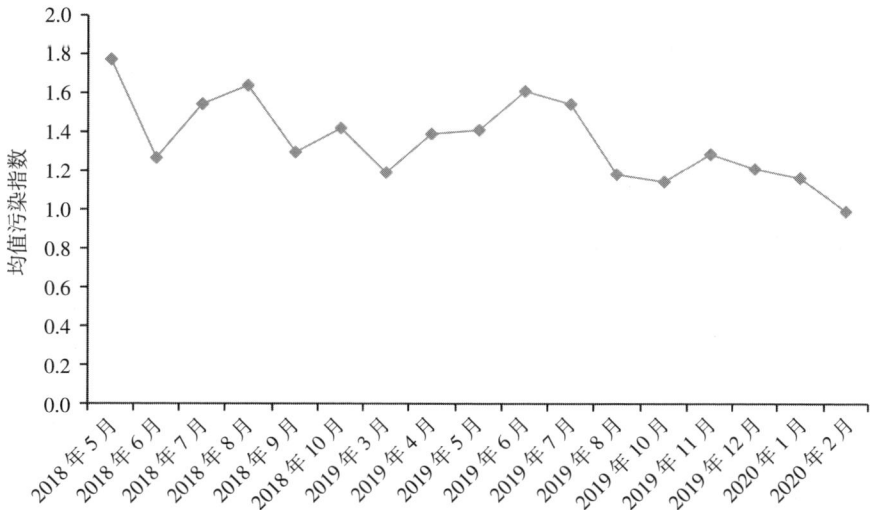

图 2-5-17　2018 年 5 月—2020 年 2 月青石段水质均值污染指数

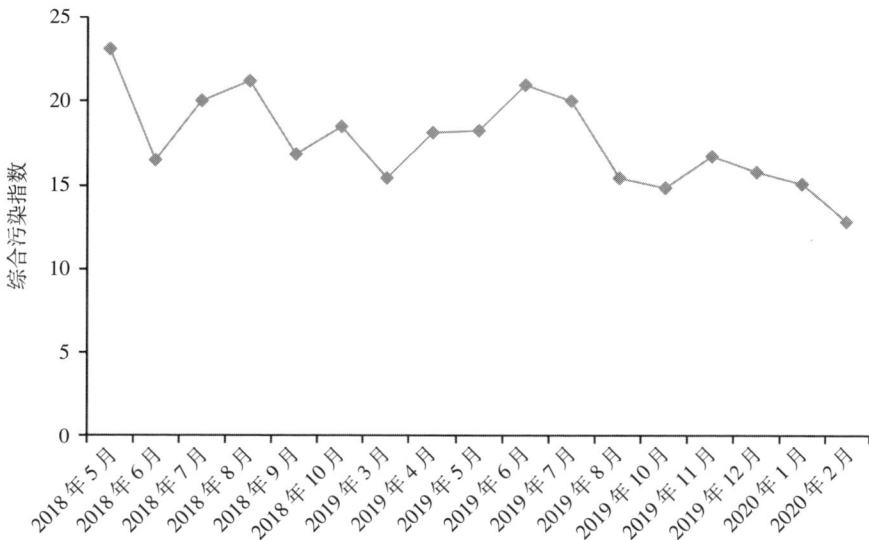

图 2-5-18　2018 年 5 月—2020 年 2 月青石段水质综合污染指数

5.3.2　2018—2020 年青石段主要污染物分析

2018—2020 年青石段水体中的污染物见表 2-5-35。由表可知，2018 年卫宁段水体中最主要的污染物质是总氮、总磷、挥发性酚，其次是汞和非离子氨。2019—2020 年卫宁段水体中最主要的污染物质是总氮、总磷、挥发性酚，其次是铜和非离子氨。

进一步分析 2018—2020 年主要污染物质的污染程度,6 种主要污染物质的单项污染指数图如图 2-5-19 所示(单项污染指数大于 1 即是超标)。

2018 年所有采样点位样本 100%超标的是总氮和总磷,总氮超标倍数在4.01~6.26,总磷超标倍数 2.19~13.59;汞除了在 9 月的汛期时样本不超标,6 月60%样本超标,其余月份所有点位样本 100%超标,汞超标倍数 0.00~10.08,波动剧烈;挥发性酚每个月份均有超标,样本超标率在 60%~100%;非离子氨样本超标率在 0%~60%,超标不多,污染指数仅在 6 月、9 月份大于 1。5 种污染物

表 2-5-35　2018 年 5 月—2020 年 2 月青石段水质污染物质

年份	2018 年						2019 年								2020 年	
污染物质	5 月	6 月	7 月	8 月	9 月	10 月	3 月	4 月	5 月	6 月	7 月	8 月	10 月	11 月	12 月	1 月	2 月
挥发性酚	√	√	√	√	√	√	√	√	√	√	√	√	√	√	√	√	√
石油类		√									√						
总氮	√	√	√	√	√	√	√	√	√	√	√	√	√	√	√	√	√
总磷	√	√	√	√	√	√	√	√	√	√	√	√	√	√	√	√	√
汞	√	√	√	√		√		√									
铜	√						√			√	√			√			
非离子氨		√		√	√	√	√		√	√	√	√	√				√

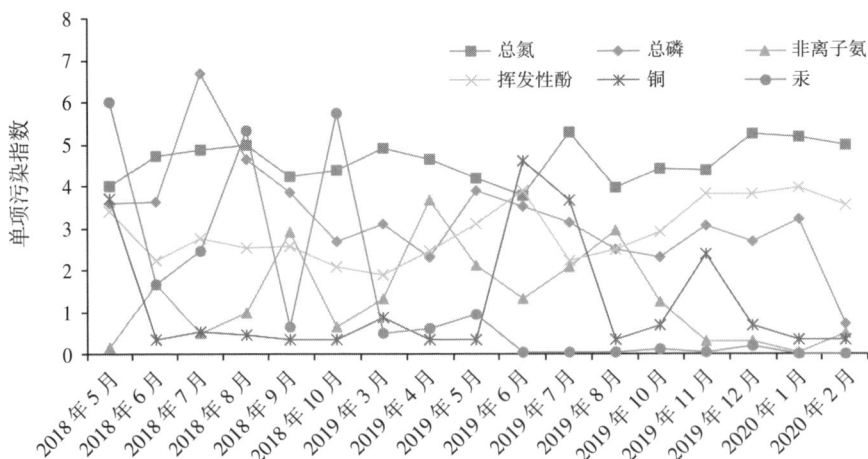

图 2-5-19　2018—2020 年青石段水质 6 种污染物单项污染指数

污染程度为总氮>总磷>汞>挥发性酚>非离子氨。

2019—2020 年无论是在汛期还是枯水期,所有采样点位样本 100%超标的是总氮和总磷(2020 年 2 月除外,仅一个样本超标),总氮超标倍数在 3.60~7.18,总磷超标倍数 1.83~3.77;挥发性酚每个月份均有超标,样本超标率在 60%~100%;非离子氨除 2019 年 11、12 月和 2020 年 1 月样本不超标、污染指数小于 1 外,其余月份样本超标率在 20%~100%;铜波动最大,2019 年 6 月、7 月、11 月污染指数大于 1,样本超标率 40%~100%,3 月份 1 个样本超标,其余月份样本不超标。5 种污染物污染程度为总氮>总磷>挥发性酚>非离子氨>铜。

5.3.3　2018—2020 年青石段各站点水质比较

2018 年 5—10 月青石段 5 个采样点的每种污染物平均值见表 2-5-36。由表可知,平罗黄河大桥东岸的挥发性酚、总氮和总磷含量最高,青铜峡铁桥东岸的汞含量最高,兴庆区头道墩黄河西岸的非离子氨含量最高。

表 2-5-36　2018 年青石段水质主要污染物质平均值

	挥发性酚/ (mg·L⁻¹)	总氮/ (mg·L⁻¹)	总磷/ (mg·L⁻¹)	汞/ (μg·L⁻¹)	非离子氨/ (mg·L⁻¹)
永宁铁路大桥西岸	0.009	2.529	0.512	2.31	0.017 3
青铜峡铁桥西岸	0.010	2.413	0.410	2.47	0.018 5
青铜峡铁桥东岸	0.009	2.523	0.354	2.99	0.016 6
兴庆区头道墩黄河西岸	0.009	2.693	0.665	2.50	0.039 1
平罗黄河大桥东岸	0.016	2.706	0.688	2.36	0.009 3

为方便比较各点综合污染程度轻重,对各点主要污染物年度平均值的单项污染指数做柱状堆积图,见图 2-5-20。由图可知,青石段 5 个采样站点污染程度差别不大,综合污染程度为兴庆区头道墩黄河西岸>平罗黄河大桥东岸>永宁铁路大西岸>青铜峡铁桥东岸>青铜峡铁桥西岸。

2019—2020 年青石段 5 个采样点的 5 种主要污染物 11 个月平均值见表 2-5-37。由表可知,永宁铁路大桥西岸、青铜峡铁桥西岸和平罗黄河大桥东岸

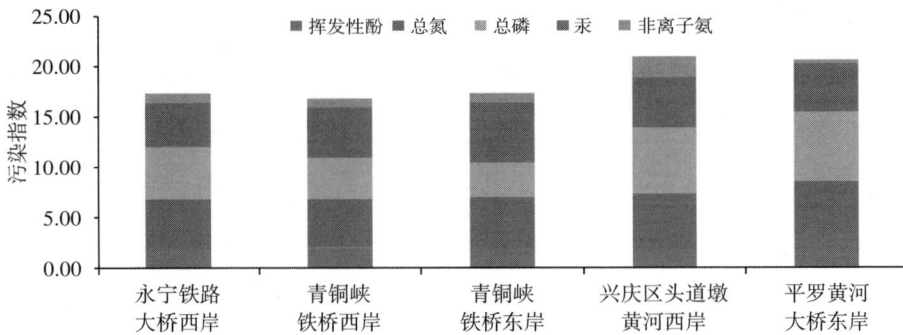

图 2-5-20 青石段各采样点污染比较

的挥发性酚含量最高,永宁铁路大桥西岸的总氮含量最高,兴庆区头道墩黄河西岸的总磷、铜和非离子氨含量最高。

表 2-5-37 2019—2020 年青石段水质主要污染物质平均值

单位:mg/L

青石段	挥发性酚	总氮	总磷	铜	非离子氨
永宁铁路大桥西岸	0.016	2.82	0.209	0.010 6	0.017 2
青铜峡铁桥西岸	0.016	2.73	0.223	0.012 2	0.021 9
青铜峡铁桥东岸	0.012	2.76	0.207	0.013 1	0.026 8
兴庆区头道墩黄河西岸	0.010	2.68	0.296	0.016 9	0.035 4
平罗黄河大桥东岸	0.016	2.71	0.254	0.013 4	0.025 6

为方便比较各点综合污染程度轻重,对各站点主要污染物年度平均值的单项污染指数做柱状堆积图,见图 2-5-21。由图可以看出,青石段 5 个采样站点综合污染程度为兴庆区头道墩黄河西岸>平罗黄河大桥东岸>青铜峡铁桥西岸>永宁铁路大西岸>青铜峡铁桥东岸。

5.4 2018—2020 年青石段水质评价小结

2018 年青石段水体均值污染指数在 1.27~1.77,综合污染指数在 16.48~23.07,污染等级为重度污染,5 月和 8 月污染最重,6 月和 9 月污染较轻;在参

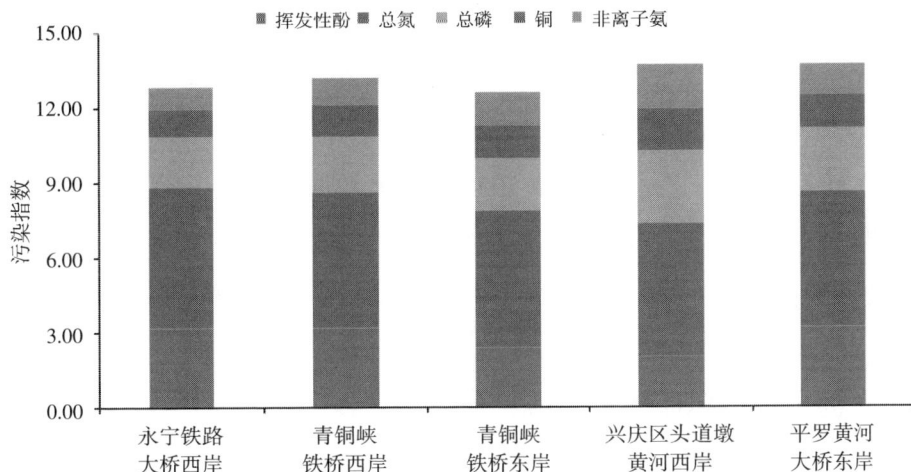

图 2-5-21　2019—2020 年青石段各采样点污染比较

与评价的 13 项水质参数中,青石段常见的污染物质是挥发性酚、总氮、总磷、汞和非离子氨,其中总氮和总磷样本 100%超标,总氮超标倍数在 4.01~6.26,总磷超标倍数 2.19~13.59,5 种污染物污染程度为总氮>总磷>汞>挥发性酚>非离子氨。5 个站点综合污染程度为兴庆区头道墩黄河西岸>平罗黄河大桥东岸>永宁铁路大桥西岸>青铜峡铁桥东岸>青铜峡铁桥西岸。

2019—2020 年,2019 年青石段水体均值污染指数在 1.14~1.61,综合污染指数在 14.77~20.97,监测的 9 个月中,污染峰值出现在 6 月份,污染最重,10 月污染最轻;下半年污染呈下降趋势,水质优于上半年,但 2019 年污染等级一直为重度污染。

2020 年青石段水体均值污染指数为 1.16、0.99,综合污染指数为 15.08、12.85,1 月、2 月分别为重度污染和中度污染。2020 年 1—2 月延续 2019 年 12 月,继续呈污染下降趋势,2020 年年初青石段水质优于 2019 年。青石段水质污染程度为 2019 年 6 月>7 月>5 月>4 月>11 月>12 月>3 月>8 月>10 月>2020 年 1 月>2020 年 2 月。从季度上来看,青石段水质污染程度为夏季>春季>秋季>冬季。

在 2019—2020 年参与评价的 13 项水质参数中,青石段水体中主要污染物质是挥发性酚、总氮、总磷,非离子氨和铜;其中无论是在汛期还是枯水期,所有采样点位样本 100%超标的是总氮和总磷(2020 年 2 月除外,仅一个样本超标),总氮超标倍数在 3.60~7.18,总磷超标倍数 1.83~3.77,5 种污染物污染程度为总氮>总磷>挥发性酚>非离子氨>铜。青石段 5 个站点综合污染程度为兴庆区头道墩黄河西岸>平罗黄河大桥东岸>青铜峡铁桥西岸>永宁铁路大西岸>青铜峡铁桥东岸。

6 黄河宁夏段总体水质总结

6.1 黄河宁夏段(青石段和卫宁段)整体水质

2018—2020 年卫宁段和青石段的综合污染指数见图 2-6-1,均值污染指数见图 2-6-2。由图可知,综合污染指数和均值污染指数的变化趋势相同。2018 年均值污染指数均>1.0,全河段 5—10 月为重度污染。比较卫宁段和青石段,青石段污染程度比卫宁段轻,且随时间推移污染程度都有所减轻;9 月份卫宁段变化最大,污染减轻较多,均值污染指数降低到 1.05,综合污染指数降低到 14.17,青石段变化较小。2019 年卫宁段和青石段的均值污染指数均>

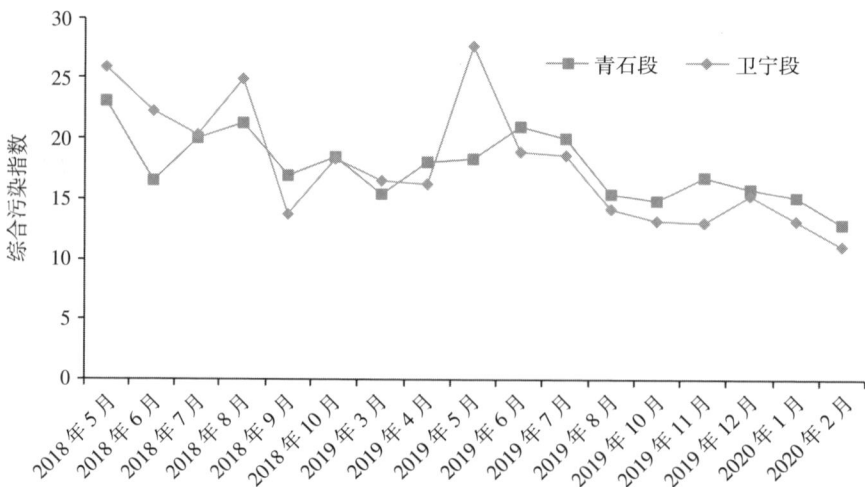

图 2-6-1　2018—2020 年黄河宁夏段均值污染指数

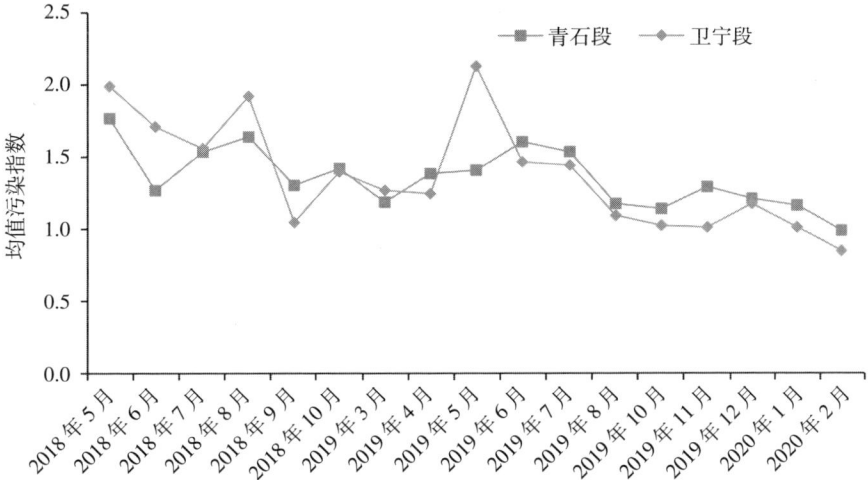

图 2-6-2 2018—2020 年黄河宁夏段综合污染指数

1.0,2020 年 1 月>1.0,2 月低于 1.0,全河段 2019 年为重度污染,甚至卫宁段 5 月为严重污染,2020 年为重度污染和中度污染。

比较卫宁段和青石段,大多数月份青石段污染程度比卫宁段重;两段水质呈现相同走势,5、6、7 月污染重于其他月份,下半年污染程度有所减轻,水质优于上半年;季节变化为夏季>春季>秋季>冬季;卫宁段变化起伏较大,青石段变化较小。

6.2 黄河宁夏段各站点水质

2018 年黄河宁夏段全河段水质监测 12 个站点,其主要污染物年均污染程度见图 2-6-3,从卫宁段和青石段水体污染物的分析可以看出,常见的污染物质,均为挥发性酚、总氮、总磷、汞和非离子氨,污染程度亦保持一致,总体上总磷和总氮所有站点样本 100%超标,在全河段常年处于较高的污染水平,9 月汛期对汞的含量影响最大,其他污染物没有明显波动。综合污染程度为中宁枣园北岸>坝上南岸>兴庆区头道墩黄河西岸>西气东输管道北岸>平罗黄河大桥东岸>坝上北岸>中宁黄河大桥南岸>永宁铁路大桥西岸>青铜峡铁桥东岸>青铜峡铁桥西岸>中宁黄河大桥北岸>西气东输管道南岸。按照断面排序,污染程度为中宁枣园断面>坝上断面>头道墩断面>西气东输管道断面>平罗黄河大桥断面>中宁黄河大桥断面>永宁铁路大桥断面>青铜峡铁桥断面。

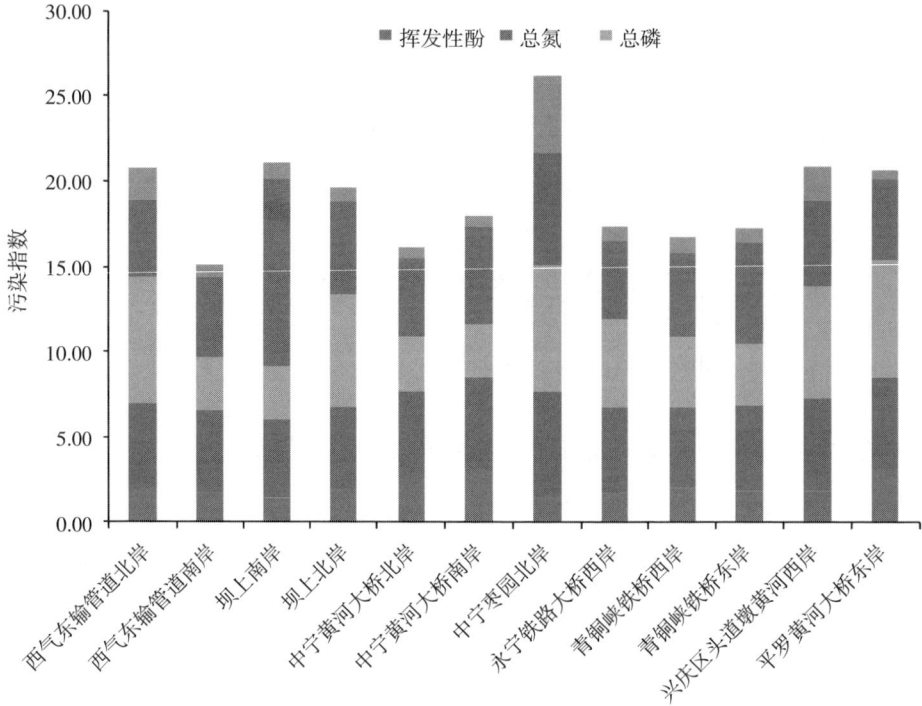

图 2-6-3 2018年黄河宁夏段各站点污染指数

2019—2020 年黄河宁夏段全河段水质监测12 个站点,其主要污染物年均污染程度见图 2-6-4,从卫宁段和青石段水体污染物的分析可以看出,主要污染物质均为挥发性酚、总氮、总磷、铜和非离子氨,污染程度亦保持一致,5 种污染物污染程度为总氮>总磷>挥发性酚>非离子氨>铜。其中在 2019 年,除总磷两个样本外,总体上总磷和总氮所有站点样本 100%超标,在全河段常年处于较高的污染水平。从全年均值来看,非离子氨在各站点的变化最大,且随气温呈现出明显的季节变化。综合污染程度为中宁枣园北岸>兴庆区头道墩黄河西岸>平罗黄河大桥东岸>青铜峡铁桥西岸>永宁铁路大桥西岸>青铜峡铁桥东岸>中宁黄河大桥南岸>坝上北岸>西气东输管道北岸>中宁黄河大桥北岸>西气东输管道南岸>坝上南岸。按照断面排序,污染程度为中宁枣园断面>头道墩断面>平罗黄河大桥断面>青铜峡铁桥断面>永宁铁路大桥断面>中宁黄河大桥断面>西气东输管道断面>坝上断面。

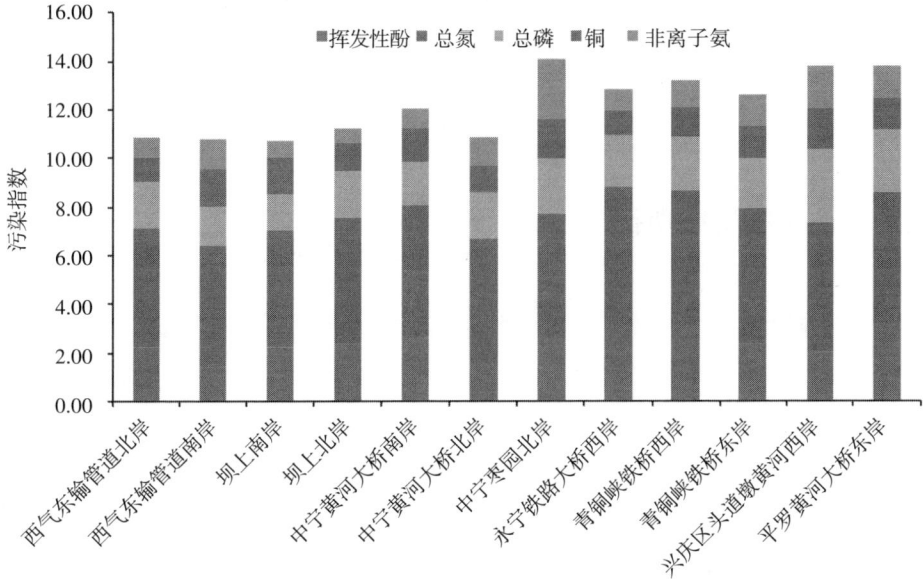

图 2-6-4　2019-2020 年黄河宁夏段各站点污染指数

第三部分　水生生物资源评价

7　水生生物资源现状与评价

7.1　浮游植物

7.1.1　浮游植物的种类组成

黄河卫宁段、青石段浮游植物种类调查结果见表 3-7-1。8 个监测点 17 次调查共发现 8 门 47 种浮游植物,其中蓝藻门 12 种、隐藻门 1 种、甲藻门 2 种、金藻门 1 种、黄藻门 1 种、硅藻门 13 种、裸藻门 2 种、绿藻门 15 种,绿藻门、硅藻门、蓝藻门种类数占比为 31.91%、27.66%、25.53%。

表 3-7-1　黄河卫宁段、青石段浮游植物种类

	种(属)	种类数	百分比
硅藻门	小环藻 *Cyclotella stelligera*	13	27.66%
	直链藻 *Melosira granulata*		
	等片藻 *Diatoma elongatum*		
	针杆藻 *Synedra acus*		
	脆杆藻 *Fragilaria construens*		
	舟形藻 *Nevicula radiosa*		
	异极藻 *Gomphonema constrictum*		
	桥弯藻 *Cymbella cymbiformis*		
	布纹藻 *Gyrosigma acuminatum*		

	种（属）	种类数	百分比
硅藻门	菱形藻 *Nitzschia* sp.	13	27.66%
	波缘藻 *Cymatopleura* sp.		
	羽纹藻 *Pinnularia* sp.		
	星杆藻 *Asterionella* sp.		
隐藻门	隐藻 *Cryptomonas* sp.	1	2.12%
甲藻门	薄甲藻 *Glenodinium* sp.	2	4.25%
	角甲藻 *Ceratium* sp.		
黄藻门	黄丝藻 *Tribonema* sp.	1	2.12%
蓝藻门	束球藻 *Gomphosphaeria* sp.	12	25.53%
	平列藻 *Merismpedia* sp.		
	席藻 *Phormidium* sp.		
	颤藻 *Oscillatoria* sp.		
	鞘丝藻 *Lyngbya* sp.		
	棒胶藻 *Rhabdogloea* sp.		
	尖头藻 *Raphidiopsis* sp.		
	螺旋藻 *Spirulina* sp.		
	长孢藻 *Dolichospermum* sp.		
	拟鱼腥藻 *Anabaenopsis* sp.		
	束丝藻 *Aphanizomenon* sp.		
裸藻门	裸藻 *Euglena* sp.	2	4.25%
	囊裸藻 *Trachelomonas* sp.		
绿藻门	小球藻 *Chlorella* sp.	15	31.91%
	月牙藻 *Selenastrum* sp.		
	纤维藻 *Ankistrodesmus* sp.		
	卵囊藻 *Oocystis* sp.		
	四角藻 *Tetraedron* sp.		

续表

	种(属)	种类数	百分比
绿藻门	栅藻 *Scenedesmus* sp.	15	31.91%
	空星藻 *Coelastrum* sp.		
	衣藻 *Amydomonas* sp.		
	四鞭藻 *Carteria* sp.		
	盘星藻 *Pediastrum* sp.		
	拟新月藻 *Closteriopsis* sp.		
	绿梭藻 *Chlorogonium* sp.		
	鼓藻 *Cosmarium* sp.		
	新月藻 *Closterium* sp.		
	十字藻 *Crucigenia* sp.		

　　浮游植物种类数量变化情况见图 3-7-1、表 3-7-2。柳树村浮游植物种类数量范围为 3~20 种,上大湾为 2~14 种,石空为 3~19 种,枣园为 3~20 种,青铜峡坝下为 0~16 种,永宁杨和镇为 0~12 种,头道墩为 2~16 种,陶乐渡口为 2~

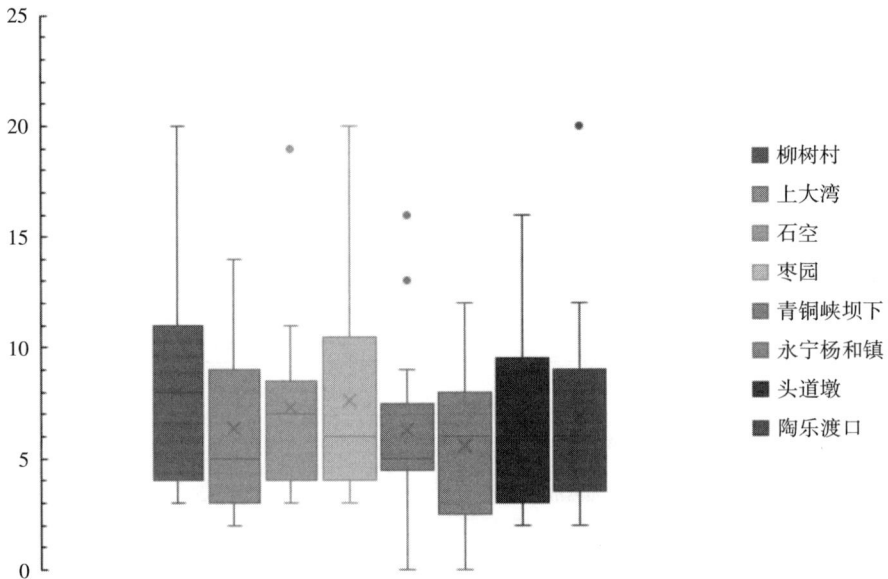

图 3-7-1　浮游植物种类数量空间分布

20 种。

除 2018 年 9 月青铜峡坝下、永宁杨和镇未检出浮游植物外,2019 年 7 月柳树村、枣园和陶乐渡口种类数量最多为 20 种,2018 年 9 月上大湾、陶乐渡口种类数量最小,为 2 种。各监测点平均种类数量范围是 6~8 种,平均种类相差不大,共有种类较多。

表 3-7-2　各监测点浮游植物种类数量

单位:种

时间	柳树村	上大湾	石空	枣园	青铜峡坝下	永宁杨和镇	头道墩	陶乐渡口
2018 年 6 月	6	6	7	8	5	7	6	8
2018 年 7 月	11	13	11	10	7	11	10	8
2018 年 8 月	11	5	9	11	4	7	8	7
2018 年 9 月	3	2	4	4	0	0	3	2
2018 年 10 月	11	11	8	12	7	7	10	12
2019 年 3 月	4	2	3	5	4	3	4	3
2019 年 4 月	5	5	4	4	5	3	5	5
2019 年 5 月	8	4	6	3	2	2	3	5
2019 年 6 月	10	7	11	6	13	9	7	5
2019 年 7 月	20	14	19	20	16	12	16	20
2019 年 8 月	13	8	8	13	5	9	12	7
2019 年 9 月	8	9	7	8	9	6	7	10
2019 年 10 月	8	9	8	10	6	7	9	10
2019 年 11 月	8	5	6	3	8	5	3	6
2019 年 12 月	3	3	4	4	5	3	2	4
2020 年 1 月	4	3	5	5	6	2	3	3
2020 年 2 月	3	2	4	3	5	2	3	3
平均	8	6	7	8	6	6	7	7

7.1.2 浮游植物数量动态及多样性

浮游植物密度与生物量随时间变化情况见图 3-7-2、图 3-7-3。浮游植物密度范围为 $9.58 \times 10^4 \sim 68.70 \times 10^4$ 个/L，生物量范围为 $0.064\ 0 \sim 0.571\ 3$ mg/L，浮游植物密度和生物量的峰值出现在 2019 年 6 月青铜峡坝下监测点，2019 年 3 月枣园监测点浮游植物密度最低，2019 年 5 月石空监测点浮游植物生物量最低。

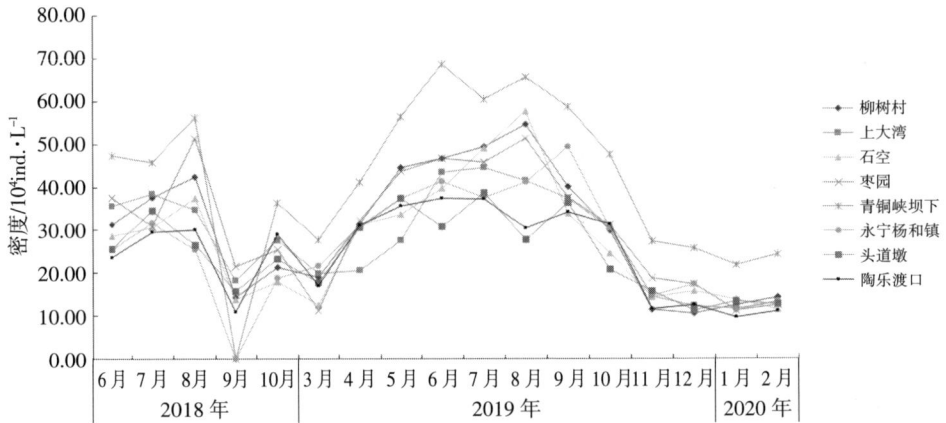

图 3-7-2　浮游植物密度时间变化

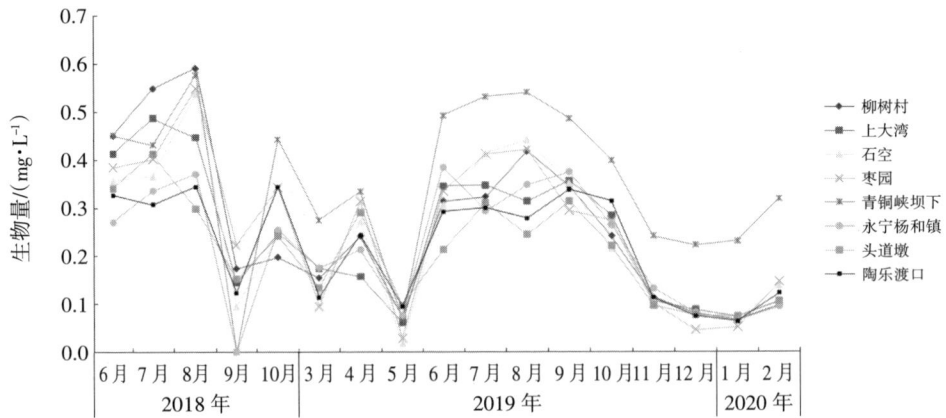

图 3-7-3　浮游植物生物量时间变化

各监测样点浮游植物密度与生物量变化情况见表 3-7-3 与图 3-7-4、图 3-7-5。浮游植物平均密度范围为 $24.65 \sim 41.87 \times 10^4$ 个/L，平均生物量范围为

0.213 2~0.356 0 mg/L,其中青铜峡坝下浮游植物平均密度和平均生物量最高,头道墩最低。

表 3-7-3　各监测点浮游植物平均密度、生物量与多样性指数

	平均密度/(10⁴个·L⁻¹)	平均生物量/(mg·L⁻¹)	平均多样性指数
柳树村	30.09	0.260 6	1.051
上大湾	27.73	0.244 3	0.868
石空	27.39	0.243 2	0.931
枣园	30.97	0.260 0	0.967
青铜峡坝下	41.87	0.356 0	0.929
永宁杨和镇	26.35	0.219 8	0.798
头道墩	24.65	0.213 2	0.850
陶乐渡口	24.83	0.223 5	0.882

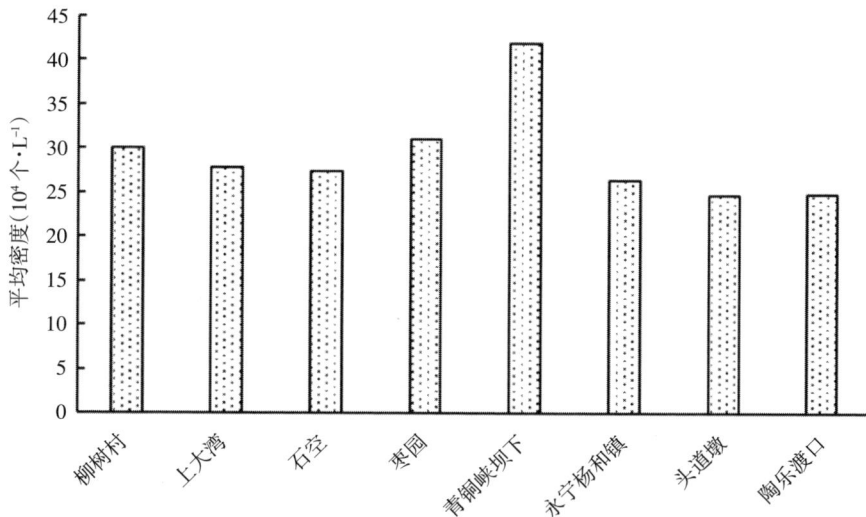

图 3-7-4　浮游植物平均密度空间分布

浮游植物的多样性指数随时间变化情况见图 3-7-6。浮游植物多样性指数变化范围为 0.151~1.647,2019 年 7 月柳树村多样性指数最高,2019 年 12 月头道墩最低。

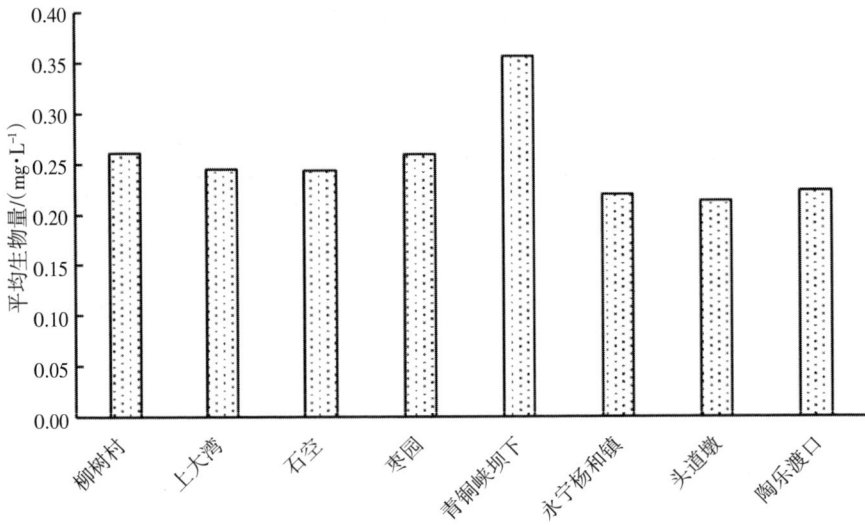

图 3-7-5　浮游植物平均生物量空间分布

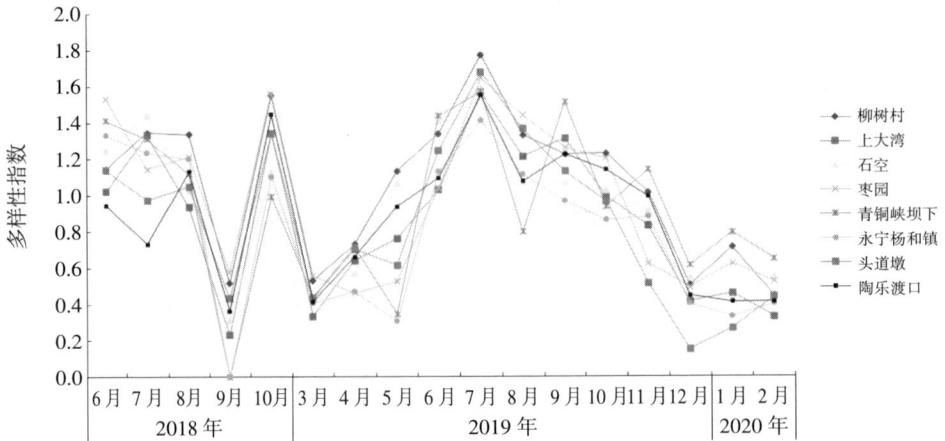

图 3-7-6　浮游植物多样性指数时间变化

　　各监测样点浮游植物多样性指数变化情况见图 3-7-7。浮游植物平均多样性指数为 0.798~1.051,其中柳树村的平均多样性指数最大,永宁杨和镇最小。总体来看,在黄河各监测点中硅藻门种类占有较大的优势,具有代表性的优势种为小环藻、等片藻、直链藻、针杆藻。

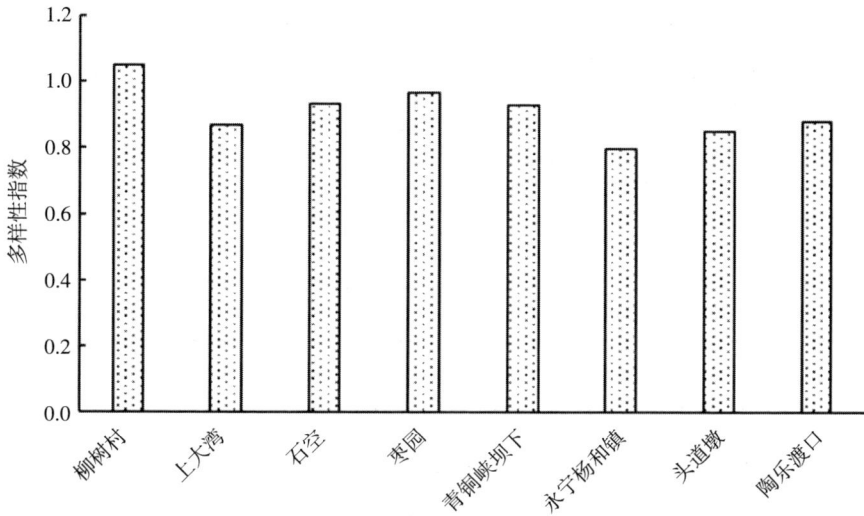

图 3-7-7 浮游植物平均多样性指数空间分布

7.2 浮游动物

7.2.1 浮游动物的种类组成

黄河卫宁段、青石段浮游动物种类调查结果见表 3-7-4。8 个监测点 17 次调查共发现 4 类 14 种浮游动物,其中原生动物 1 种、轮虫 8 种、枝角类 3 种、

表 3-7-4 黄河卫宁段、青石段浮游动物种类

	种(属)	种类数	百分比
原生动物	砂壳虫 *Difflugia* sp.	1	7.14%
轮虫	角突臂尾轮虫 *Brachionus angularis*	8	57.14%
	萼花臂尾轮虫 *B. calyciflorus*		
	壶状臂尾轮虫 *B. urceus*		
	矩形臂尾轮虫 *B. leydigi*		
	腔轮虫 *Lecane luna*		
	晶囊轮虫 *Asplanchna* sp.		
	异尾轮虫 *Trichocera* sp.		
	多肢轮虫 *Polyarthra* sp.		

续表

	种（属）	种类数	百分比
枝角类	大型溞 *Daphnia magna*	3	21.42%
	低额溞 *Simocephalus* sp.		
	尖额溞 *Alona* sp.		
桡足类	剑水蚤 *Cyclops* sp.	2	14.28%
	无节幼体 *Nauplius*		

桡足类 2 种，轮虫占比 57.14%，桡足类占比 14.28%。

浮游动物种类数量变化情况见图 3-7-8、表 3-7-5。大柳树浮游动物种类数量范围为 0~5 种，上大湾为 1~6 种，石空为 0~5 种，枣园为 0~6 种，青铜峡坝下为 0~6 种，永宁杨和镇为 0~5 种，头道墩为 0~5 种，陶乐渡口为 1~5 种。

除 2018 年月柳树村、青铜峡坝下，2019 年 3 月石空、枣园、青铜峡坝下、头道墩，2019 年 4 月青铜峡坝下、永宁杨和镇，2019 年 11 月头道墩未检出浮游动物外，2019 年 8 月青铜峡坝下监测点浮游动物种类数量最多，为 6 种。多个

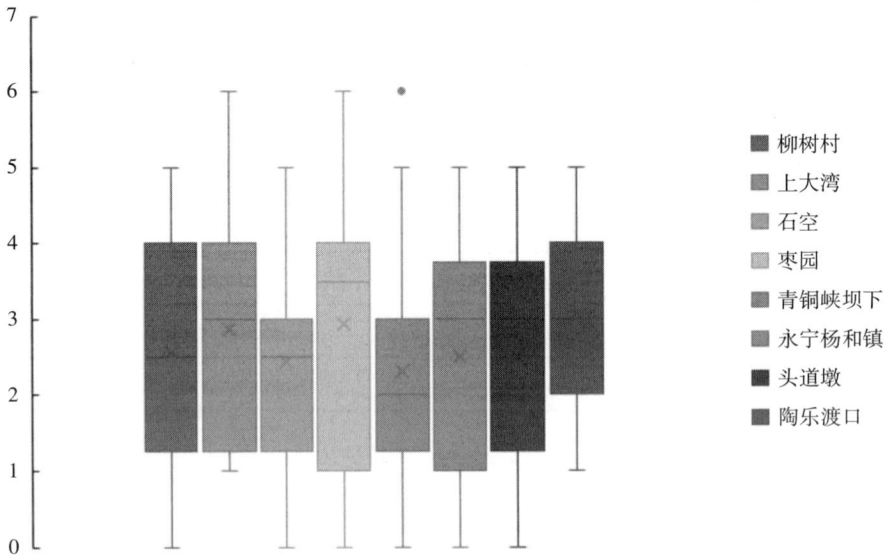

图 3-7-8　浮游动物种类数量空间分布

表 3-7-5 黄河卫宁段、青石段浮游动物种类数量

单位:种

时间	柳树村	上大湾	石空	枣园	青铜峡坝下	永宁杨和镇	头道墩	陶乐渡口
2018 年 6 月	3	2	4	5	2	5	4	4
2018 年 7 月	2	3	2	3	1	4	5	4
2018 年 8 月	4	4	4	5	2	3	3	4
2018 年 9 月	0	3	2	2	0	2	3	3
2018 年 10 月	4	6	5	6	2	4	2	5
2019 年 3 月	1	2	0	0	0	1	0	1
2019 年 4 月	1	1	1	1	0	0	1	1
2019 年 5 月	3	3	2	2	2	1	2	2
2019 年 6 月	2	2	3	4	2	4	3	3
2019 年 7 月	4	4	3	4	3	3	4	3
2019 年 8 月	5	5	4	4	6	3	3	4
2019 年 9 月	4	4	3	4	2	3	4	5
2019 年 10 月	3	4	3	4	4	3	3	3
2019 年 11 月	2	1	2	1	5	1	0	3
2019 年 12 月	2	1	1	1	3	1	2	2
2020 年 1 月	1	1	1	1	3	2	1	2
平均	3	3	2	3	2	3	3	3

监测点在其他时段均出现了最低 1 种的调查结果。各监测点浮游动物种类数量变化范围为 1~6 种,平均种类数 2~3,各点之间差异不大。

7.2.2 浮游动物的数量动态及多样性

浮游动物密度及生物量随时间变化情况见图 3-7-9、图 3-7-10。浮游动物密度范围为 10~375 个/L,生物量范围为 0.000 3~2.501 5 mg/L。浮游植物密度峰值出现在 2019 年 7 月陶乐渡口监测点, 生物量的峰值出现在 2019 年 7 月

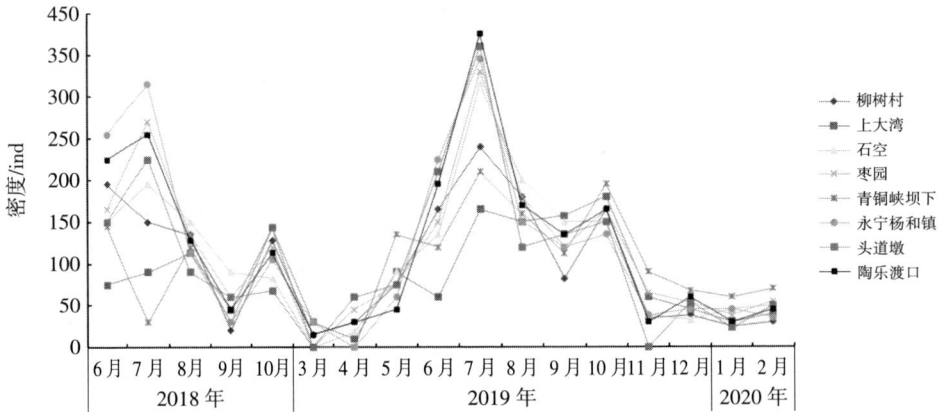

图 3-7-9　浮游动物密度时间变化

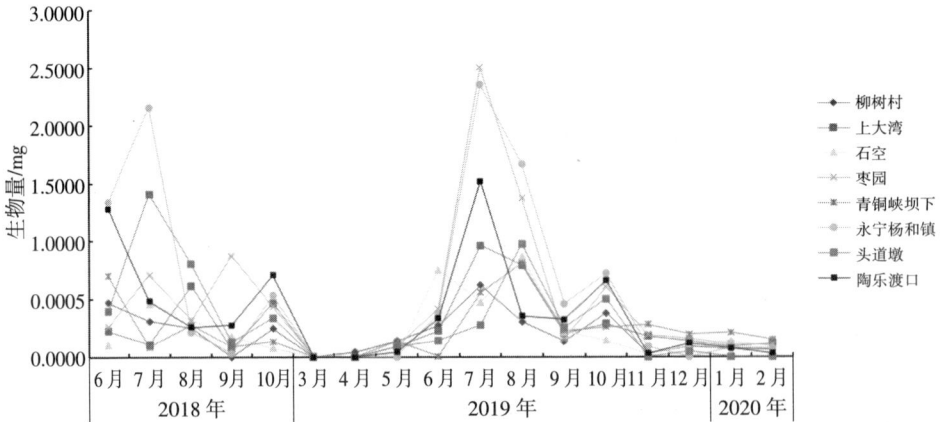

图 3-7-10　浮游动物生物量时间变化

枣园监测点。

各监测样点浮游动物密度与生物量变化情况见表 3-7-6 与图 3-7-11、图 3-7-12。浮游动物平均密度范围为 87~121 个/L,平均生物量范围为 0.202 5~ 0.596 1 mg/L,其中陶乐渡口的浮游动物平均密度最大,上大湾最小;永宁杨和镇平均生物量最高,柳树村最小。

浮游动物多样性指数随时间变化情况见图 3-7-13。浮游动物多样性指数范围为 0~1.451,2019 年 8 月青铜峡坝下浮游动物多样性指数最大。

各监测点浮游动物多样性指数变化情况见图 3-7-14。浮游动物平均多

表 3-7-6　各监测点浮游动物平均密度、生物量与多样性指数

	平均密度/(个·L⁻¹)	平均生物量/(mg·L⁻¹)	平均多样性指数
柳树村	100	0.202 5	0.726
上大湾	87	0.269 7	0.681
石空	111	0.233 7	0.664
枣园	119	0.490 3	0.597
青铜峡坝下	99	0.243 6	0.637
永宁杨和镇	120	0.596 1	0.606
头道墩	108	0.317 1	0.464
陶乐渡口	121	0.383 8	0.753

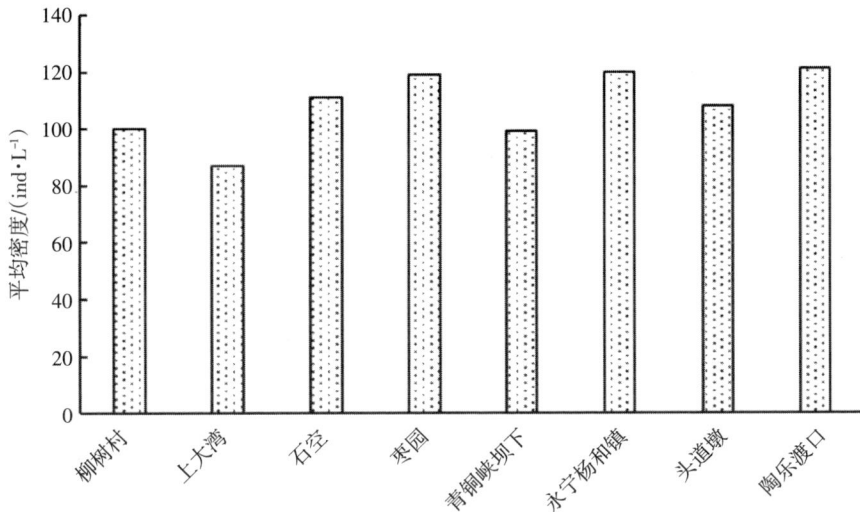

图 3-7-11　浮游动物平均密度空间分布

样性指数为 0.464~0.753，其中陶乐渡口的平均多样性指数最大，头道墩最小，总体来看，黄河卫宁段、青石段中原生动物砂壳虫、桡足类无节幼体为优势种类。

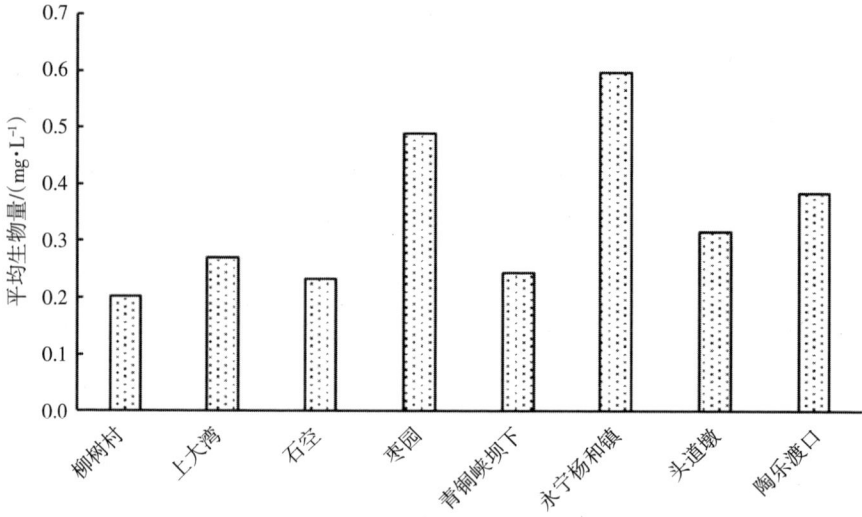

图 3-7-12　浮游动物平均生物量空间分布

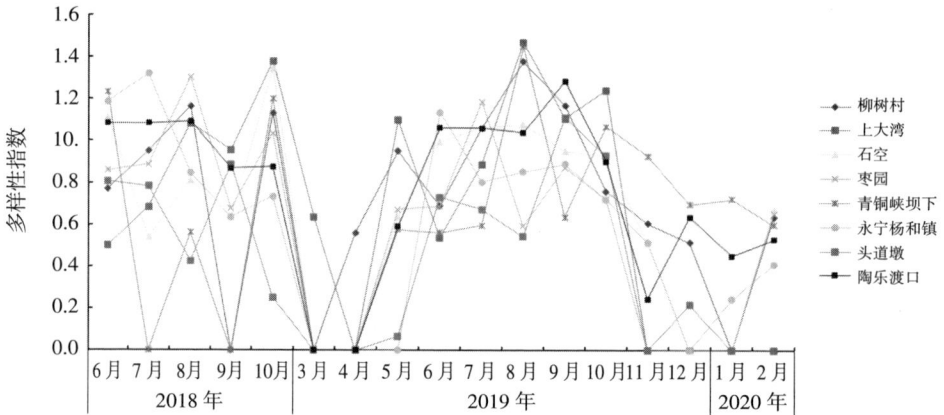

图 3-7-13　浮游动物多样性指数时间变化

7.3　底栖动物

7.3.1　底栖动物的种类组成

黄河卫宁段、青石段底栖动物调查结果见表 3-7-7。8 个监测点 17 次调查共发现 3 门 15 种底栖动物,其中环节动物门 4 种、软体动物门 3 种、节肢动物门 8 种,节肢动物门占比 53.3%,环节动物门和软体动物门各占 26.7%、20%。

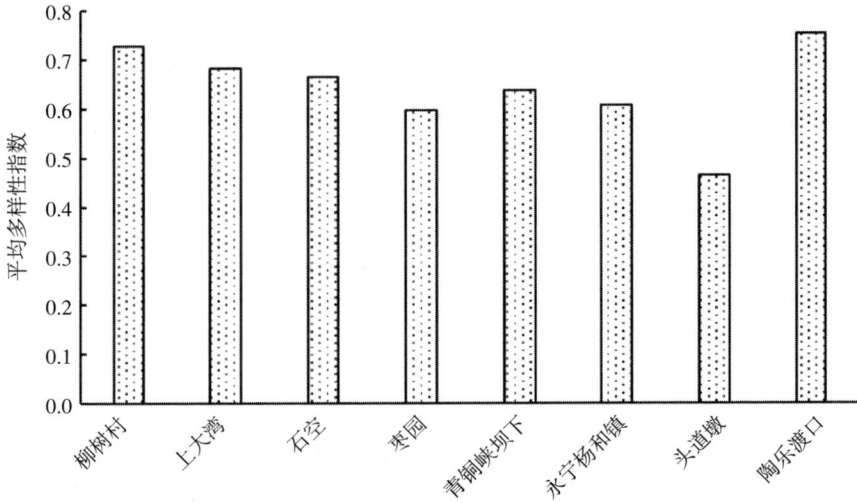

图 3-7-14　浮游动物平均多样性指数空间分布

表 3-7-7　黄河卫宁段、青石段底栖动物种类

种(属)		种类数	百分比
环节动物门	霍甫水丝蚓 *Limmodrilus hoffmeisteri*	4	26.7%
	苏氏尾鳃蚓 *Branchiura sowerbyi*		
	八目石蛭 *Erpobdella octoculata*		
	宽身舌蛭 *Glossiphonia lata*		
软体动物门	中华圆田螺 *Cipangopaiudian chinensis*	3	20%
	狭萝卜螺 *Radix lagotis*		
	背角无齿蚌 *Anodonta woodiana*		
节肢动物门	钩虾 *Gammarus* sp.	8	53.3%
	秀丽白虾 *Palaemon modestus*		
	中华小长臂虾 *Palaemonetes sinensis*		
	日本沼虾 *Macrobrachium nipponense*		
	划蝽 *Sigara* sp.		
	龙虱 *Dytiscus* sp.		
	隐摇蚊 *Cryptochironomus* sp.		
	多足摇蚊 *Polypedilum* sp.		

底栖动物种类数量变化见图 3-7-15、表 3-7-8。大柳树底栖动物种类数量范围为 3~8 种,上大湾为 2~8 种,石空为 3~11 种,枣园为 2~7 种,青铜峡坝下为 3~10 种,永宁杨和镇为 1~7 种,头道墩为 0~8 种,陶乐渡口为 3~9 种。

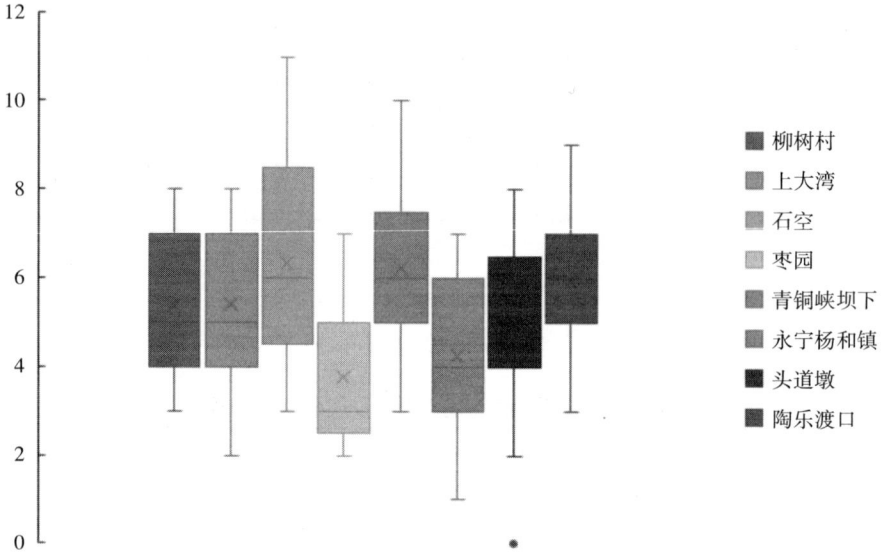

图 3-7-15　各监测点底栖动物种类数量的变化

表 3-7-8　黄河卫宁段、青石段底栖动物种类数量

单位:种

时间	柳树村	上大湾	石空	枣园	青铜峡坝下	永宁杨和镇	头道墩	陶乐渡口
2018 年 6 月	6	7	6	4	6	3	6	6
2018 年 7 月	7	7	8	3	9	6	5	9
2018 年 8 月	7	8	9	5	8	3	7	6
2018 年 9 月	4	2	6	2	6	1	0	5
2018 年 10 月	6	7	11	2	10	4	7	8
2019 年 3 月	3	5	3	2	4	2	4	3
2019 年 4 月	3	4	4	3	4	5	5	4
2019 年 5 月	7	7	5	6	5	6	7	7
2019 年 6 月	5	7	7	6	5	4	6	6

时间	柳树村	上大湾	石空	枣园	青铜峡坝下	永宁杨和镇	头道墩	陶乐渡口
2019 年 7 月	8	5	6	4	7	7	5	8
2019 年 8 月	8	8	9	7	9	4	8	7
2019 年 9 月	6	4	7	4	7	7	5	6
2019 年 10 月	5	6	9	3	6	6	6	7
2019 年 11 月	5	5	7	5	7	6	5	6
2019 年 12 月	4	4	5	3	5	4	2	5
2020 年 1 月	4	3	3	3	5	3	4	5
2020 年 2 月	3	3	3	2	3	3	2	3
平均	5	5	6	4	6	4	5	6

除 2018 年 9 月头道墩监测点未检出底栖动物外,2018 年 10 月石空监测点底栖动物数量最多，为 11 种。各监测点底栖动物的种类数量变化范围为 2~11 种,平均种类数 4~6 种,各点之间差异不大。

7.3.2 底栖动物的数量动态及多样性

底栖动物密度与生物量随时间变化情况见图 3-7-16、图 3-7-17,除 2018 年 9 月头道墩监测点没有采集到底栖动物外,底栖动物密度范围为 21~

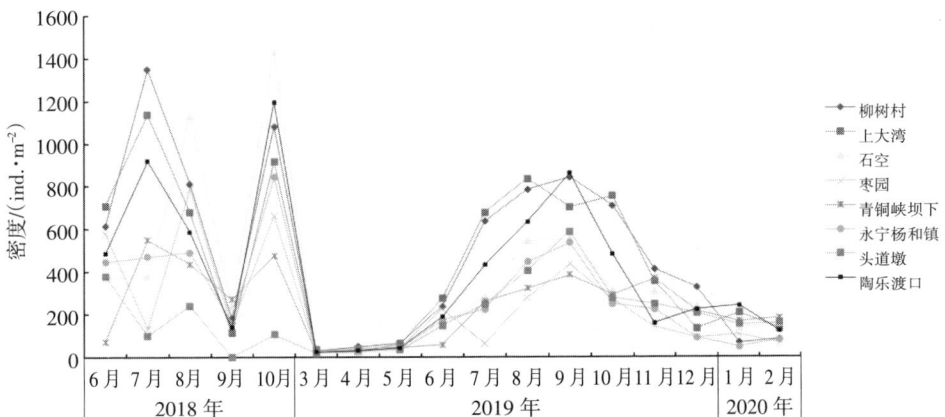

图 3-7-16 底栖动物密度时间变化

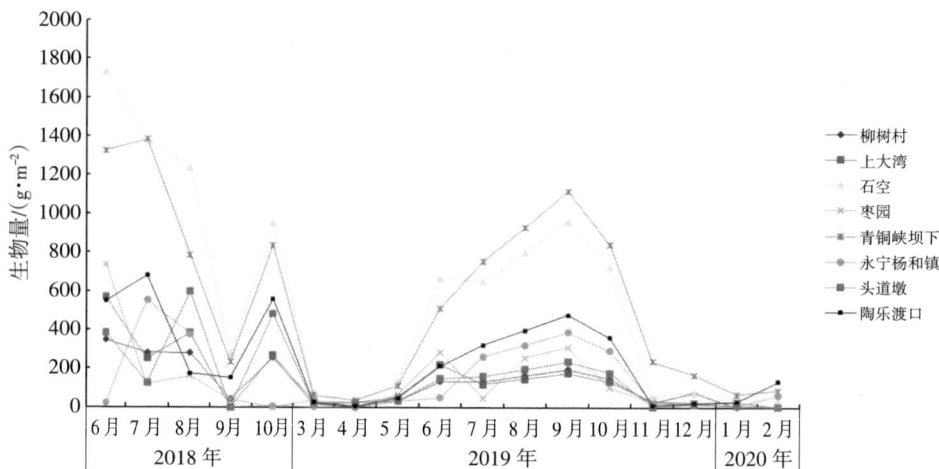

图 3-7-17 底栖动物生物量时间变化

1 430个/m²,生物量范围为 0.1~1 735.2 g/ m²。底栖动物密度峰值出现在 2018 年 10 月,生物量的峰值出现在 2018 年 6 月,且均为石空监测点。

各监测样点底栖动物密度与生物量变化情况见图表 3-7-9 与图 3-7-18、图 3-7-19。底栖动物的平均密度范围是 242.24~487.12 个/m²,平均生物量为 126.1~578.7 g/ m²。其中底栖动物平均密度最大的监测点是柳树村,平均生物量最大的监测点是石空。

表 3-7-9 各监测点底栖动物平均密度、生物量和多样性指数

	平均密度/(个·L⁻¹)	平均生物量/(mg·L⁻¹)	多样性指数
柳树村	487.12	126.1	1.069
上大湾	456.18	144.8	0.929
石空	370.59	578.7	1.249
枣园	242.24	130.8	0.653
青铜峡坝下	244.24	557.7	1.334
永宁杨和镇	268.71	142.5	0.786
头道墩	197.18	154.4	0.989
陶乐渡口	398.00	244.9	1.136

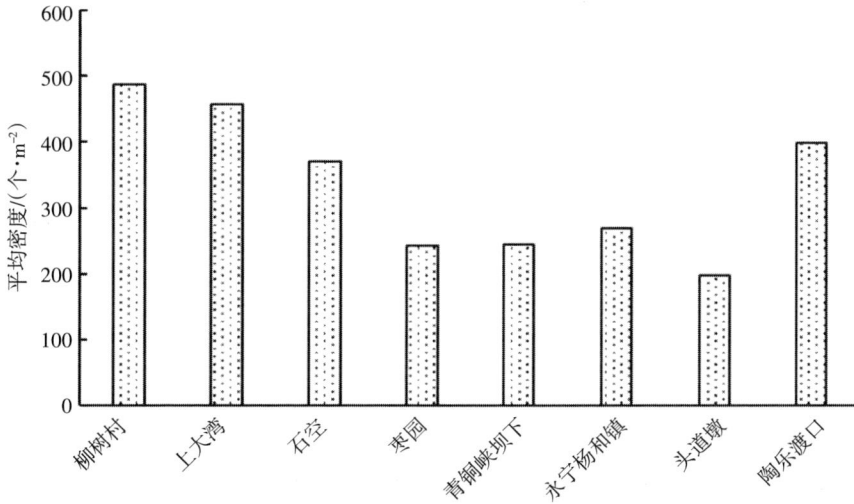

图 3-7-18　底栖动物平均密度空间分布

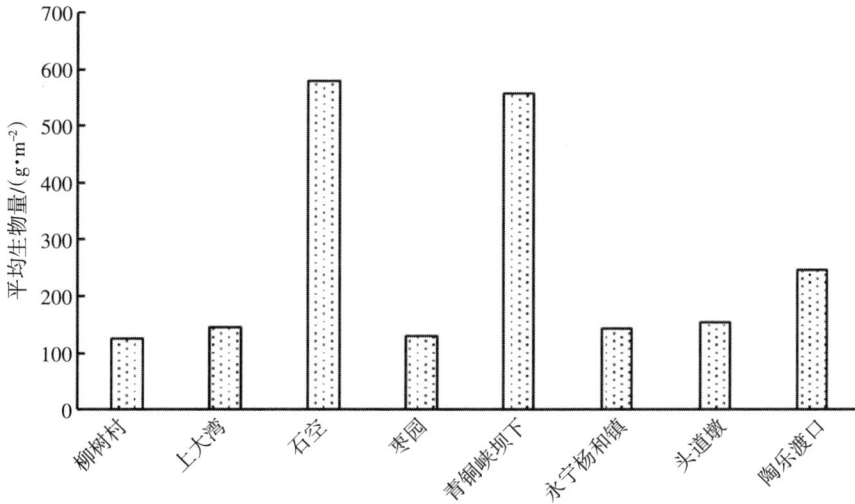

图 3-7-19　底栖动物平均生物量空间分布

底栖动物多样性指数随时间变化情况见图 3-7-20。多样性指数范围为 0~1.778,2018 年 10 月青铜峡坝下最大,2019 年 3 月枣园最小。

各监测点底栖动物多样性指数变化情况见图 3-7-21。底栖动物平均多样性指数为 0.653~1.334,其中青铜峡坝下的平均多样性指数最大,枣园最小。黄河各监测点的优势种类主要为环节动物门寡毛类、节肢动物门摇蚊类,具有代

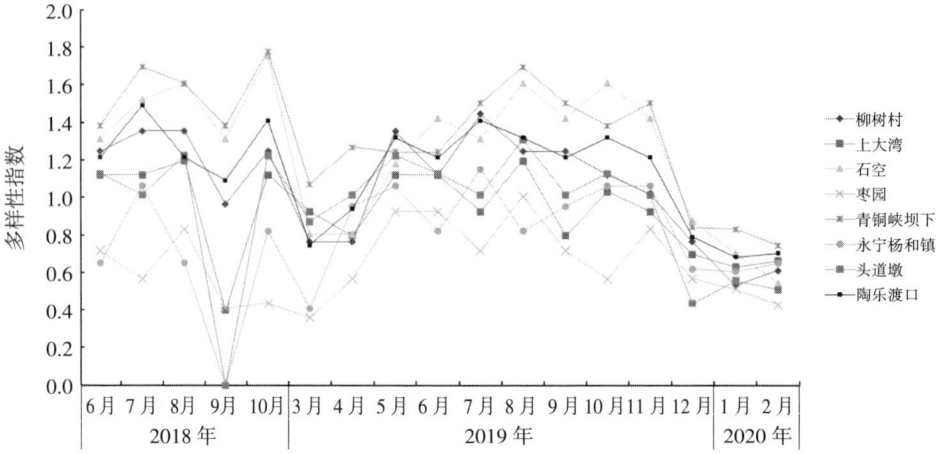

图 3-7-20 底栖动物多样性指数时间变化

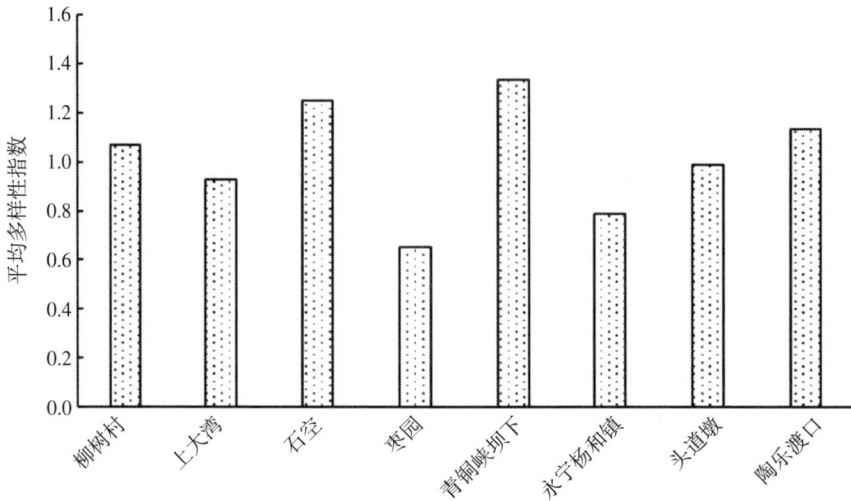

图 3-7-21 底栖动物平均多样性指数空间分布

表性的优势种类为霍甫水丝蚓、多足摇蚊。

7.4 水生植物及河岸带植物

7.4.1 水生植物种类组成

将黄河各监测点分为柳树村—上大湾、石空—枣园、青铜峡坝下—陶乐渡口三个河段,各河段水生植物种类组成详情见表 3-7-10。在调查过程中,共发现 3 类 39 种水生植物,其中浮水植物 13 种、挺水植物 12 种、沉水植物 14 种。

表 3-7-10　各河段水生植物种类组成

类别	种(属)名	柳树村—上大湾	石空—枣园	青铜峡坝下—陶乐渡口
浮水植物	苹 *Marsilea quadrifolia*	+	+	+
	槐叶苹 *Salvinia natans*	+	+	+
	细叶满江红 *Azolla filiculoides*		+	+
	菱 *Trapa* sp.	+	+	+
	水芹 *Oenanthe javanica*	+		
	芡实 *Euryale ferox*	+		
	莲 *Nelumbo nucifera*			+
	睡莲 *Nymphaea teragona*			+
	凤眼蓝 *Eichhornia crassipes*			+
	浮萍 *Lemna minor*	+	+	+
	紫萍 *Spirodela polyrrhiza*		+	
	芜萍 *Wolffia arrhiza*			+
	荇菜 *Nymphoides peltatum*	+	+	+
挺水植物	菖蒲 *Acorus calamus*	+	+	+
	芦苇 *Phragmites australis*	+	+	+
	菰 *Zizania latifolia*		+	+
	荆三棱 *Scirpus yagara*		+	+
	水葱 *Scirpus validus*	+	+	+
	荸荠 *Eleocharis dulcis*		+	+
	鸭舌草 *Monochoria vaginalis*			+
	黑三棱 *Sparganium stoloniferum*			+
	野慈姑 *Sagittaria trifolia*	+		+
	喜旱莲子草 *Alternanthera philoxeroides*			+
	蕹菜 *Ipomoea aquatica*		+	+

类别	种（属）名	柳树村—上大湾	石空—枣园	青铜峡坝下—陶乐渡口
沉水植物	眼子菜 *Potamogeton distinctus*	+		+
	穿叶眼子菜 *Potamogeton perfoliarus*			+
	微齿眼子菜 *Potamogeton maackianus*		+	+
	篦齿眼子菜 *Potamogeton pectinatus*		+	+
	菹草 *Potamogeton crispus*	+	+	+
	角果藻 *Zannichellia palustris*		+	+
	黑藻 *Hydrilla verticillata*		+	+
	苦草 *Vallisneria natans*			+
	龙舌草 *Ottelia alismoides*			+
	小茨藻 *Najas minor*			+
	大茨藻 *Najas marina*			+
	狸藻 *Utricularia vulgaris*			+
	金鱼藻 *Ceratophyllum demersum*	+	+	+
	穗状狐尾藻 *Myriophyllum spicatum*		+	+

7.4.2 水生植物群落类型及优势种类

黄河各监测点水生维管束植物群落类型及优势种类,见表3-7-11。各监测点沿岸主要分布常见被子植物中的菖蒲、芦苇等。

表 3-7-11 各河段水生维管束植物群落类型及优势种类

	主要群落类型	优势种类
柳树村	芦苇—菖蒲群落	菖蒲、芦苇
上大湾	芦苇—菖蒲群落	菖蒲、芦苇
石空	柽柳—芦苇群落	柽柳、芦苇
枣园	菖蒲—拂子茅群落	菖蒲、拂子茅

	主要群落类型	优势种类
青铜峡坝下	柽柳—芦苇群落	柽柳、芦苇、菖蒲、拂子茅
永宁杨和镇	柽柳—芦苇群落	柽柳、菖蒲、芦苇
头道墩	芦苇—菖蒲群落	芦苇、菖蒲
陶乐渡口	芦苇—菖蒲群落	芦苇、菖蒲

7.4.3　河岸带植物多样性

对各监测点内植物科、属、种分布进行统计,见表 3-7-12,柳树村样点分布有 4 科 11 属 11 种植物,上大湾样点分布有 9 科 21 属 24 种植物,石空样点分布有 7 科 11 属 11 种植物,枣园样点分布有 4 科 6 属 6 种植物,青铜峡坝下样点分布有 5 科 8 属 8 种植物,永宁杨和镇样点分布有 5 科 8 属 8 种植物,头道墩样点分布有 5 科 8 属 9 种植物,陶乐渡口样点分布有 8 科 11 属 13 种植物。

表 3-7-12　各监测点植物类群多样性比较

样点	科	属	代表物种
柳树村	4	11	芦苇、虎尾草、乳苣、稗、拂子茅、雾冰藜、苦豆子、小藜、蓼子朴、白茎盐生草、碱蓬
上大湾	9	21	大车前、虎尾草、芦苇、酸膜叶蓼、乳苣、水芹、长芒棒头草、灰绿藜、角果碱蓬、苍耳、藜、柽柳、垂柳、碱蓬、盐地碱蓬、蓼子朴、香蒲、苣荬菜、拂子茅、蒲公英、扁秆藨草、车前、罔草、狼把草
石空	7	11	苦豆子、酸膜叶蓼、稗、苍耳、柽柳、节节草、乳苣、香蒲、苦马豆、芦苇、拂子茅
枣园	4	6	芦苇、酸膜叶蓼、苦苣菜、荻、拂子茅、碱蓬
青铜峡坝下	5	8	垂柳、芦苇、白茎盐生草、柽柳、地肤、猪毛菜、酸膜叶蓼、藜
永宁杨和镇	5	8	旱柳、长苞香蒲、头状穗莎草、狗尾草、扁秆藨草、酸膜叶蓼、芦苇、稗
头道墩	5	8	水莎草、碱蓬、头状穗莎草、苍耳、紫花苜蓿、酸膜叶蓼、芦苇、稗草、扁秆藨草
陶乐渡口	8	11	西伯利亚蓼、稗草、头状穗莎草、齿果酸模、朝天委陵菜、灰绿藜、小藜、苍耳、苘麻、蒺藜、旱柳、酸膜叶蓼、芦苇

7.5 鱼类

7.5.1 鱼类的种类组成

黄河鱼类调查结果见表3-7-13。3个调查断面共发现8科29种鱼类,鲤科18种,鲇科3种,胡子鲇科2种,鳅科2种,塘鳢科1种,鳉科1种,虾虎鱼科1种,胡瓜鱼科1种。鲤科鱼类占比62.07%,鲇科10.34%,胡子鲇科、鳅科各占6.90%,其他鱼类占比均为3.45%。

表3-7-13　黄河卫宁段、青石段鱼类种类

	种(属)	种数	百分比
鲤科	鲤 *Cyprinus carpio*	18	62.07%
	鲫 *Carassius auratus*		
	草鱼 *Ctenopharyngodon idellus*		
	瓦氏雅罗鱼 *Leuciscus waleckii*		
	赤眼鳟 *Squaliobarbus curriculus*		
	大鼻吻鮈 *Rhinogobio nasutus*		
	麦穗鱼 *Pseudorasbora parva*		
	黄河鮈 *Gobio huanghensis*		
	棒花鮈 *Gobio rivuloides*		
	棒花鱼 *Abbottina rivularis*		
	中华鳑鲏 *Rhodeus sinensis*		
	高体鳑鲏 *Rhodeus ocellatus*		
	鳘 *Hemiculter leucisculus*		
	花鳍 *Hemibarbus maculates*		
	鲢 *Hypophthalmichthys molitrix*		
	鳙 *Aristichthys nobilis*		
	翘嘴鲌 *Culter alburnus*		
	红鳍鲌 *Chanodichthys erythropterus*		
鲇科	兰州鲇 *Silurus lanzhouensis*	3	10.34%
	鲇 *S.asotus*		
	大口鲇 *S.meridionalis*		

续表

	种（属）	种数	百分比
胡子鲶科	胡子鲶 *Clarias fuscus*	2	6.90%
	革胡子鲶 *C.gariepinus*		
鳅科	泥鳅 *Misgurnus anguilicaudatus*	2	6.90%
	大鳞副泥鳅 *Paramisgurnus dabryanus*		
塘鳢科	小黄黝鱼 *Micropercops swinhonis*	1	3.45%
虾虎鱼科	波氏吻虾虎鱼 *Rhinogobius cliffordpopei*	1	3.45%
鳉科	青鳉 *Oryzias latipes*	1	3.45%
胡瓜鱼科	池沼公鱼 *Hypomesus olidus*	1	3.45%

黄河宁夏段各月渔获种类情况见图 3-7-22。其中 2018 年 7 月、2019 年 7 月、2019 年 8 月渔获种类最高，为 22 种。2019 年 3 月和 201 年 11 月渔获种类最少，为 9 种。黄河宁夏段各月渔获中，均见鲤科、鲶科鱼类，鳅科、塘鳢科、鳉科、虾虎鱼科鱼类较为常见，胡子鲶科和胡瓜鱼科鱼较为少见。

2018 年 10 月、2019 年 7 月、2019 年 8 月、2019 年 10 月采集到鲤科鱼类的种类最多，为 14 种；2018 年 6 月采集到鲶科鱼类的种类数最多，为 3 种；

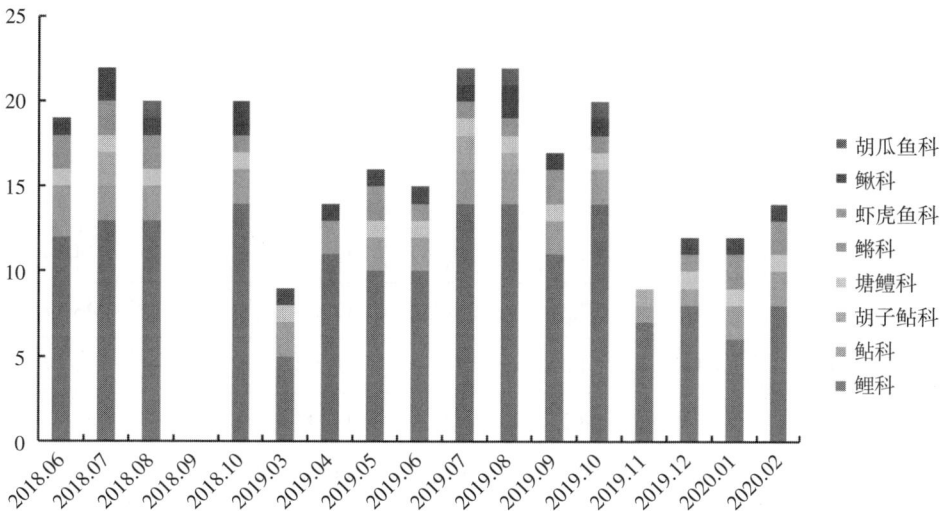

图 3-7-22　黄河宁夏段渔获种类组成

2018 年 7 月、2019 年 7 月采集到胡子鲇科鱼类的种类最多,为 2 种;2018 年 7 月、2019 年 9 月采集到鳅科鱼类的种类最多,为 2 种。

7.5.2 鱼类的数量动态

黄河渔获情况见表 3-7-14 与图 3-7-23、图 3-7-24。共从 3 个河段获鱼 33 770 尾,生物量共计 2 565.70 kg。青铜峡坝下断面的渔获量最多,占总个体数的 45.94%,占总生物量的 61.60%,陶乐渡口断面次之,中卫高滩最少。青铜

表 3-7-14　黄河渔获物个体数与生物量

	中卫高滩		青铜峡坝下		陶乐渡口	
	个体数/尾	生物量/kg	个体数/尾	生物量/kg	个体数/尾	生物量/kg
2018 年 6 月	414	20.32	1 214	60.51	947	49.71
2018 年 7 月	553	25.57	1 026	83.81	831	44.72
2018 年 8 月	368	19.41	1 157	76.81	541	31.8
2018 年 9 月	0	0	0	0	0	0
2018 年 10 月	771	30.72	1 296	86.33	1207	51.07
2019 年 3 月	379	17.54	609	57.93	567	23.47
2019 年 4 月	476	25.97	724	39.61	439	27.17
2019 年 5 月	457	27.38	675	45.58	480	32.14
2019 年 6 月	483	21.43	955	106.7	574	24.89
2019 年 7 月	647	24.85	1 061	111.2	718	36.73
2019 年 8 月	411	23.91	959	206.59	667	30.44
2019 年 9 月	553	24.47	1 376	138.05	678	34.59
2019 年 10 月	657	27.21	1 279	127.21	779	43.17
2019 年 11 月	431	24.32	934	99.98	627	31.37
2019 年 12 月	569	28.33	742	114.89	566	47.53
2020 年 1 月	348	29.67	862	117.88	433	41.96
2020 年 2 月	311	27.75	644	107.31	375	35.70

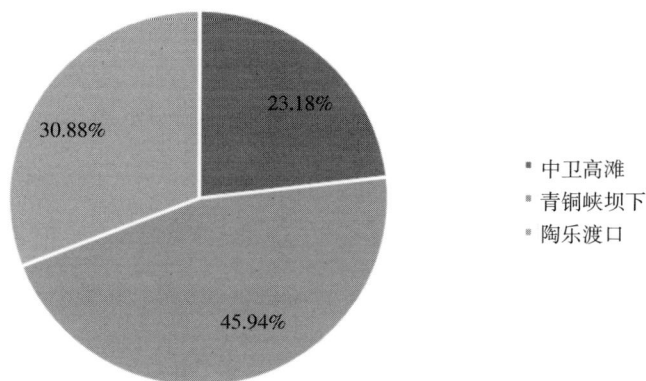

图 3-7-23　各断面鱼类个体数占比

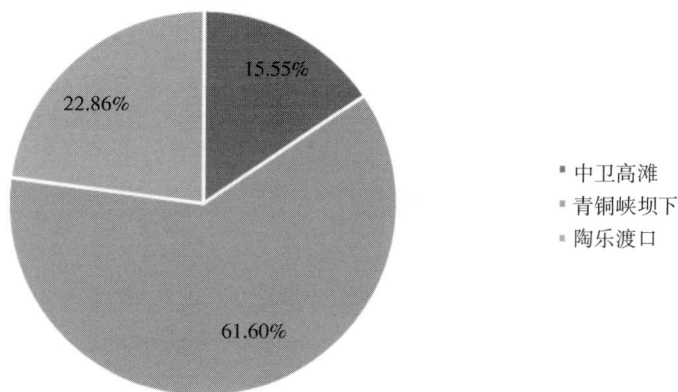

图 3-7-24　各断面鱼类生物量占比

峡坝下断面渔获生物量一直处于较高水平,中卫高滩和陶乐渡口渔获水平较为接近。

黄河渔获随时间变化情况见图 3-7-25、图 3-7-26。中卫高滩断面获鱼 7 828 尾,总计 398.85 kg;其中 2018 年 10 月获鱼数量、生物量均为该断面最高,为 771 尾、30.72 kg;2020 年 2 月获鱼数量最低,2019 年 3 月生物量最低;青铜峡坝下获鱼 15 513 尾, 总计 1 580.39 kg, 其中 2019 年 9 月获鱼尾数最多,为 1 376 尾;2019 年 8 月生物量最高,为 206.59 kg;2019 年 12 月获鱼数量最低,2019 年 4 月生物量最低。陶乐渡口断面获鱼 10 429 尾,总计 586.46 kg,其中 2018 年 10 月获鱼数量、生物量均为该断面最高,为 1 207 尾、51.07 kg;

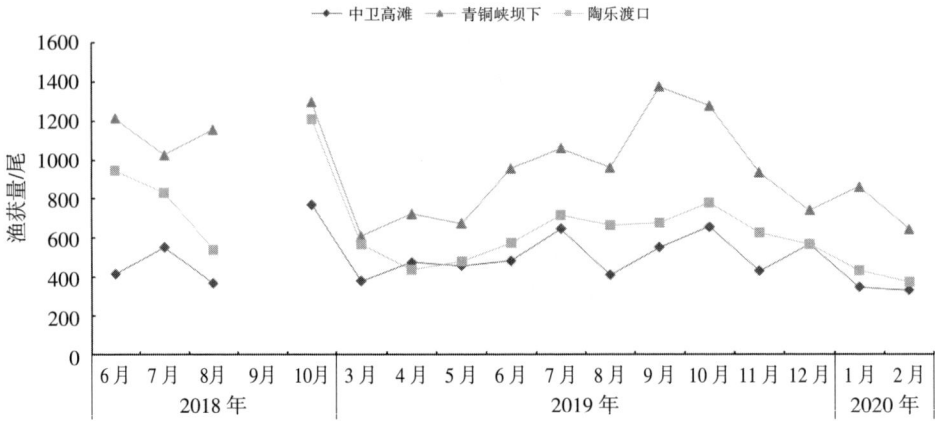

图 3-7-25　渔获尾数时间变化

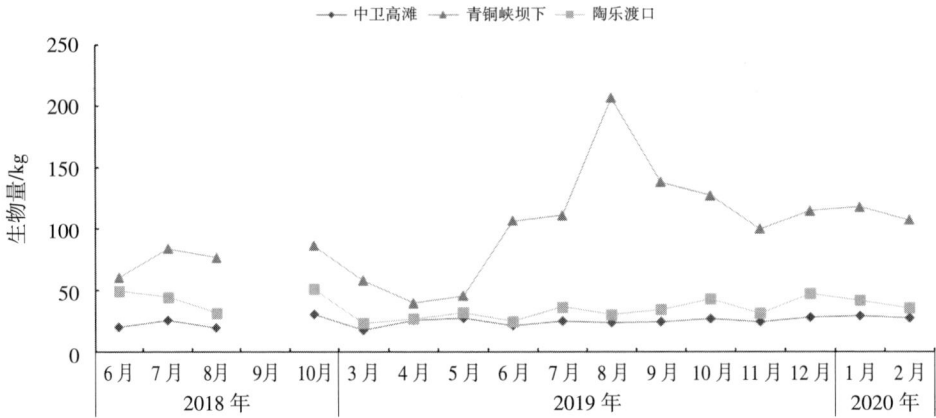

图 3-7-26　各渔获生物量时间变化

2020 年 2 月获鱼数量最低,2019 年 3 月生物量最低。

7.5.3　鱼类的多样性及常见种类

黄河鱼类多样性指数见表 3-7-15、图 3-7-27。三个调查断面的多样性指数范围为 0.673~1.673。其中 2019 年 4 月青铜峡坝下断面的多样性指数最高,2019 年 3 月中卫高滩断面最低。各断面平均多样性为 1.067、1.239、1.442,中卫高滩断面最低,青铜峡坝下断面最高。

青铜峡坝下渔获中常见鲤、鲫、大鼻吻鮈、小黄黝鱼、瓦氏雅罗鱼,陶乐渡口渔获中常见鲤、鲫及瓦氏雅罗鱼,中卫高滩渔获中常见鱼类则为鲤、鲫。

表 3-7-15　各断面鱼类多样性指数

	中卫高滩	青铜峡坝下	陶乐渡口
2018 年 6 月	1.371	1.614	1.313
2018 年 7 月	1.347	1.521	1.471
2018 年 8 月	1.114	1.577	1.441
2018 年 9 月	无	无	无
2018 年 10 月	1.075	1.633	1.51
2019 年 3 月	0.673	1.542	1.357
2019 年 4 月	1.023	1.673	1.132
2019 年 5 月	0.936	1.579	1.427
2019 年 6 月	1.211	1.438	1.043
2019 年 7 月	1.087	1.372	1.14
2019 年 8 月	1.077	1.637	1.243
2019 年 9 月	1.148	1.471	1.352
2019 年 10 月	1.075	1.633	1.511
2019 年 11 月	0.971	1.457	0.997
2019 年 12 月	0.943	1.386	1.369
2020 年 1 月	0.844	1.537	1.524
2020 年 2 月	0.961	1.434	1.243

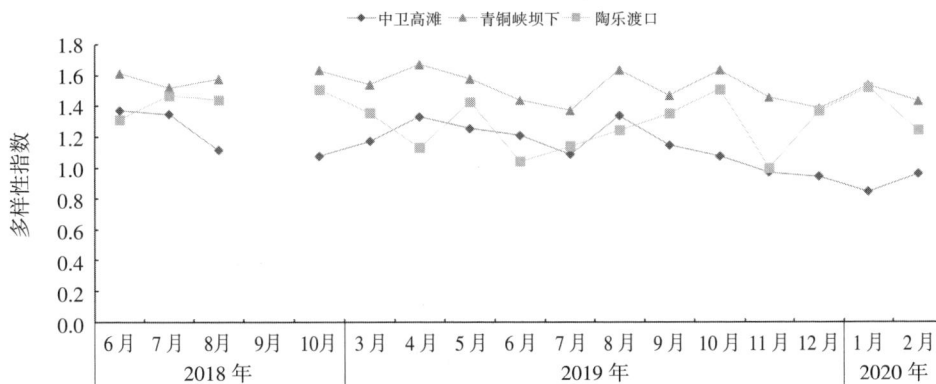

图 3-7-27　各断面渔获多样性指数变化

7.5.4 鱼类的生态类型

鱼类生态类群的组成及其变化与其栖息的水域环境密切相关，进行黄河鱼类生态学的研究对渔业资源的科学管理有重要的指导意义。此次黄河卫宁段、青石段的鱼类资源调查主要是对鱼类的栖息习性、摄食习性、繁殖习性和洄游习性进行了调查研究，有助于资源评估、预测渔获量、建立有效的补偿措施，使水域鱼类生产力始终保持在符合客观规律的变动范围内。

调查期间，黄河渔获物生态类型见图3-7-28。

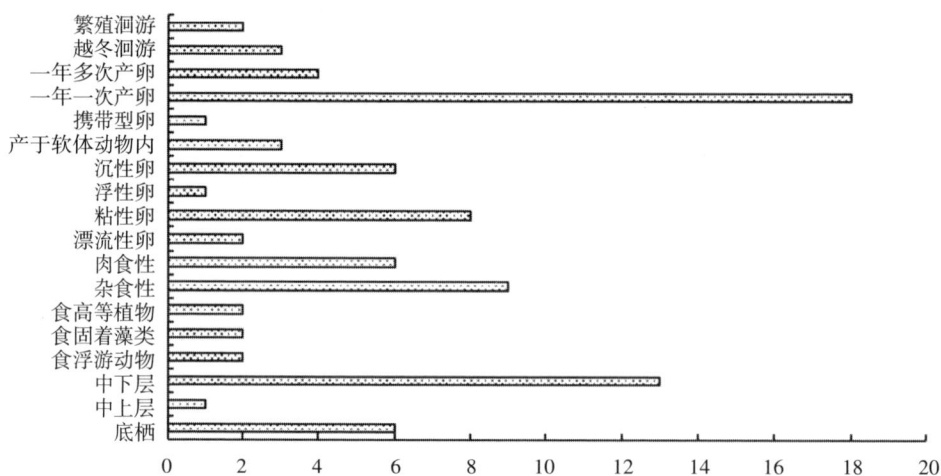

图 3-7-28 黄河宁夏段鱼类生态类型

具体分类情况如下：

根据鱼类的栖息习性，将黄河宁夏段渔获物分为底栖栖息性鱼类、中上层栖息性鱼类和中下层栖息性鱼类。

（1）底栖性鱼类有大鼻吻鮈、棒花鱼、鲇、兰州鲇、小黄黝鱼、波氏吻虾虎鱼。

（2）中上层栖息性鱼类有瓦氏雅罗鱼。

（3）中下层栖息性鱼类有草鱼、赤眼鳟、中华鳑鲏、高体鳑鲏、鳌、花鳕、麦穗鱼、黄河鮈、棒花鮈、鲤鱼、鲫鱼、池沼公鱼、青鳉。

根据鱼类的摄食习性，将黄河宁夏段渔获物分为食浮游生物、固着藻类和植物碎屑、高等植物、杂食性和肉食性鱼类。

(1)食浮游动物鱼类有池沼公鱼、青鳉。

(2)食固着藻类、植物碎屑鱼类有中华鳑鲏、高体鳑鲏。

(3)食高等植物鱼类有草鱼、赤眼鳟。

(4)杂食性鱼类有泥鳅、瓦氏雅罗鱼、鳌、麦穗鱼、黄河鲂、棒花鲂、棒花鱼、鲤鱼、鲫鱼。

(5)肉食性鱼类有花鳕、大鼻吻鲂、鲇、兰州鲇、小黄黝鱼、波氏吻虾虎鱼。

根据鱼类产的卵的类型分为：产漂流性卵、黏性卵、浮性卵、沉性卵、卵于软体动物体内和携带性卵的鱼类。根据 1 年内产卵次数分为一次产卵类型和多次产卵类型。

(1)卵的类型

① 产漂流性卵的鱼类有草鱼、黄河鲂。

② 产黏性卵的鱼类有鳌、花鳕、麦穗鱼、鲤鱼、鲫鱼、鲇、兰州鲇、波氏吻虾虎鱼。

③ 产浮性卵的鱼类有赤眼鳟。

④ 产沉性卵的鱼类有泥鳅、瓦氏雅罗鱼、棒花鲂、大鼻吻鲂、棒花鱼、池沼公鱼。

⑤ 产卵于软体动物体内的鱼类有中华鳑鲏、高体鳑鲏、小黄黝鱼。

⑥ 产携带型卵的鱼类有青鳉。

(2)产卵次数

① 一年内 1 次产卵的鱼类有草鱼、瓦氏雅罗鱼、赤眼鳟、中华鳑鲏、高体鳑鲏、鳌、麦穗鱼、黄河鲂、棒花鲂、大鼻吻鲂、棒花鱼、鲫鱼、鲇、兰州鲇、小黄黝鱼、波氏吻虾虎鱼、池沼公鱼。

② 一年内多次产卵的鱼类有泥鳅、花鳕、鲤鱼、青鳉。

根据鱼类的会有习性分为越冬洄游、繁殖洄游。

(1)越冬洄游有鳌、鲤鱼、鲇。

(2)繁殖洄游有草鱼、瓦氏雅罗鱼。

7.5.5 鱼类的区系特点

通过对种类组成和区系成分的分析，并综合相邻省区鱼类区系组成与成分资料,黄河鱼类区系的特点主要有以下三个方面。

(1)区系的古老性。古老性是宁夏鱼类区系的主要特点,在种类上以鲤科和鳅科为主，在成分上以晚第三纪早期区系复合体和其他起源较早的复合体成分为主,土著种更是这样。宁夏鱼类,特别是土著种,大部分是已有上新世、中新世,甚至渐世化石纪录的属种。区系的古老是由于从蒙古南部到内蒙古和宁夏这一广大地区自白垩纪起已成大湖区等内陆水系,老第三纪尚有些湖,至第三纪中后期因受喜马拉雅造山运动的影响，气候才变为大陆性很强的干寒高原，这里鱼类区系被孤立也较早，很可能部分是后套始新世鱼类区系的后裔。宁夏鱼类区系的古老性得以保持可能因为宁夏地区水系与南、北、东侧早已隔绝，当黄河在中新世末自黑山峡流出陇中盆地时，先入当时陕北盆地环县,而后转流到较为低陷的银川盆地与后套盆地,但当其自山峡间的河曲、保德一带流出时,该处已被喜马拉雅造山运动显著抬高成山,致使此处河道落差很大水流湍急,因之黄河平原区系很多鱼类都未能溯游分布到河套地区;在陇西黄河水系和高山峡谷缓流中生活的裂腹鱼亚科的一些鱼类也未能分布到银川盆地。西吉彩鲫这一鲫的变种在宁夏的孤立分布便是区系古老性的见证。

(2)种类的简单性与成分的复杂性。宁夏鱼类区系种类的简单性与成分的复杂性并存。宁夏鱼类的种类少,仅有 42 种,其中土著种仅 29 种,属 3 目 4 科,且以鲤科鱼类为主体,更无特产属种,体现了种类的简单性。成分的复杂性表现在宁夏鱼类有中国淡水鱼类主要 8 个区系复合体中的 7 个区系复合体成分。区系成分复杂的原因既与宁夏地处中国淡水鱼类分布区划 5 个区中的 3 个区交汇边缘有关,更主要的是自 20 世纪中期以来人为的物种引入。宁夏自 20 世纪 60 年代以来人为引入的物种最保守的统计有 13 种，是宁夏本地种 45%,可能实际上已超过 1/2。物种入侵的趋势目前尚无法遏制。

(3)明显的地域分异与过渡性。宁夏鱼类区系在自治区南北不同地域的不同水系中的种类数、区系成分及种群数量都有极大的差异。宁夏的水系都属黄河水系,但南部泾河水系和渭河支流的葫芦河水系与黄河干流相比,鱼类种类少、种群数量小;宁夏中部若干在本区汇入黄河干流的支流由于水量小水质差等原因,鱼类的种类更少,数量极少;宁夏鱼类无论是种类和数量都集中于黄河干流及其附属水体。区系的过渡性主要体现在两个方面。从地域位置和物种成分上看,整个黄河流域在中国淡水鱼类分布区划中的华西区、宁蒙区和华东区之中,主要在陇西亚区、河套亚区和河海亚区范围内,而宁夏地处中段并且在这三个亚区(也是三个区)交汇的过渡地域,其物种成分也是古北界和东洋界两界兼有的成分占优势,区系复合体成分更体现了东西南北的混杂。从与相邻上下河段鱼类种类对比来看,宁夏黄河干流鱼类不仅与同属一个鱼类地理亚区的内蒙古黄河干流有许多相同种类,而且与属不同鱼类地理区的甘肃黄河干流也有不少相同土著种类,如似鲇高原鳅、达里湖高原鳅、背斑高原鳅、北方花鳅、瓦氏雅罗鱼、黄河雅罗鱼、赤眼鳟、麦穗鱼、刺鮈、黄河鮈、北方铜鱼、圆筒吻鮈、大鼻吻鮈、鲤鱼、鲫鱼、鲇、兰州鲇、黄鱼和波氏吻虾虎鱼等 19 种。仅上述与甘肃黄河干流相同的 19 种土著鱼类就占宁夏土著鱼类的 65%,足以说明宁夏鱼类区系在中国淡水鱼类分布区划中华西区与宁蒙区间的过渡地位。此外,宁夏南部泾河等水系在中国淡水鱼类分布区划中应属华东区河海亚区,宁夏鱼类区系亦能体现河套亚区向河海亚区过渡甚至宁蒙区向华东区过渡的特征。

7.5.6 鱼类群落结构及资源量评价

据记录,20 世纪 80 年代黄河宁夏段天然鱼类共有 4 科 27 种,其中鲇科 1种,鲤科 17 种,鳅科 8 种,塘鳢科 1 种,鲤科鱼类占比 61.5%,鳅科 30.7%。2014年,有调查发现黄河鱼类品种趋向单一化,主要的经济鱼类从原来的鲤、鲫、瓦氏雅罗鱼、赤眼鳟、北方铜鱼、大鼻吻鮈退化为鲤、鲫、兰州鲇和瓦氏雅罗鱼,多种土著鱼类种群可能已经灭绝,鮈亚科鱼类濒临灭绝。

本次调查共发现 6 科 22 种鱼类,中卫高滩断面的渔获中鲤鱼占比 37%,

鲫鱼占 24%,瓦氏罗雅鱼占 21%,鲇占 8%,其他鱼类占 2%;青铜峡坝下断面的渔获中,鲤鱼占总渔获量的 31%,鲫鱼占 20%,瓦氏雅罗鱼占 12%,大鼻吻鮈占 18%,鲇占 11%,其他鱼类占 8%;陶乐渡口断面的渔获中,鲤鱼占总渔获量的 29%,鲫鱼占 23%,瓦氏雅罗鱼占 13%,小黄黝鱼占 10%,鲇占 8%,泥鳅占 9%,其他鱼类占 7%。

本次调查结果显示,鲤、鲫、瓦氏雅罗鱼、鲇为黄河渔获的主要组成,这基本与前人调查结果相符。但鮈亚科种类,如大鼻吻鮈、黄河鮈等在各段均有采集记录,且青铜峡坝下断面大鼻吻鮈的数量较多。同时,该断面也曾采集到赤眼鳟、棒花鮈等鱼类。

本次调查中,共获渔获 2 394.92 kg,平均年捕获量为 1 915.94 kg,相比前人调查结果,黄河渔获量已有较大提升。参考《宁夏回族自治区统计年鉴》及其他资料发现,2002—2018 年黄河宁夏段天然渔获量由 200 t/a 提升至 429 t/a。与 2014 年对比,2018 年黄河渔获量中鲇、瓦氏雅罗鱼和其他鱼类生物量分别提高 27.83%、45.16%和 292.79%,濒危物种大鼻吻鮈全年可见,种群数量显著增加。这主要是因为近年来黄河宁夏段严格执行禁渔期制度,为鱼类提供了良好的生长、繁殖条件,同时逐年增加增殖放流力度,补充了野生种群数量,使渔获量增加。

7.6 黄河宁夏段水生生物评价

本次水生生物资源调查于 2018 年 6 月开始,2020 年 2 月结束。在项目预设点位和河段对浮游植物、浮游动物、底栖动物、水生植物、河岸带植物、鱼类进行了 17 次资源调查。经过广泛调查,共计发现浮游植物 47 种,浮游动物 14 种,底栖动物 15 种,水生植物 39 种,河岸带植物 86 种,鱼类 23 种。由图 3-7-29 可知,相较 2014 年对黄河宁夏段的水生生物资源调查结果,本次调查发现的水生生物种类数量有较大提升。

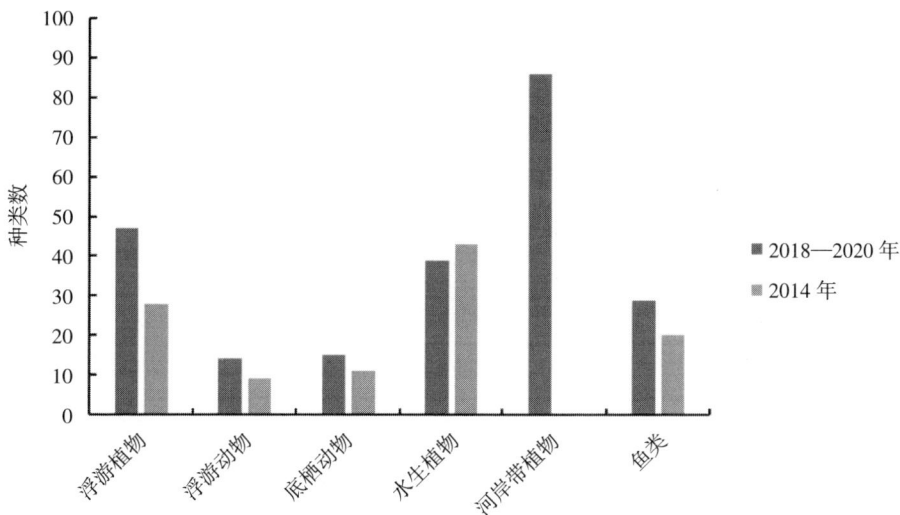

图 3-7-29 两次调查结果中水生生物种类数量的对比

由图 3-7-30、图 3-7-31 可知，本次调查中浮游植物的平均密度为 30.179 7×10⁴ 个/L，基本与 2014 年调查的结果相差不大，但平均生物量为 0.259 5 mg/L，明显低于前期调查结果，这说明了黄河宁夏段浮游植物的个体趋向小型化，也意味着项目实施区域水环境情况较为稳定，给浮游植物的生长繁殖提供了充足条件。因此，生长周期短、繁殖速度快的小型浮游植物抑制了大型浮游植物的生长繁殖，最终导致小型浮游植物在水域生态环境中的占有

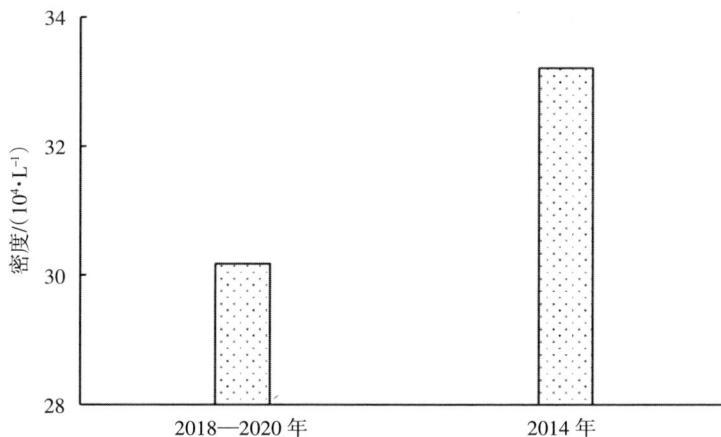

图 3-7-30 两次调查中浮游植物密度的对比

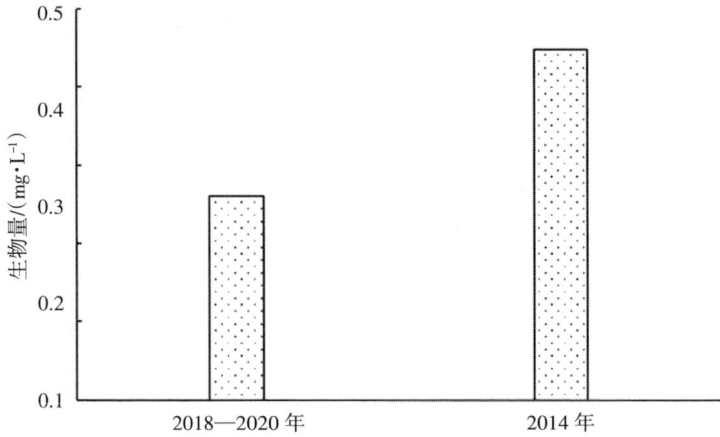

图 3-7-31　两次调查中浮游植物生物量的对比

比例上升。

由图 3-7-32、图 3-7-33 可知,浮游动物以桡足类为优势,平均密度为 112 个/L,平均生物量为 0.358 5 mg/L,均高于 2014 年调查的结果。而且出现了多种臂尾轮虫和大型枝角类物种,浮游动物群落结构趋于完整,这也从另一角度表明了项目实施区域内水环境质量的稳定。

由图 3-7-34、图 3-7-35 可知,在本次调查中,底栖动物平均密度 333 个/m²,平均生物量 259.971 g/m²,远远高于 2014 年调查结果。本次调查中背角无齿

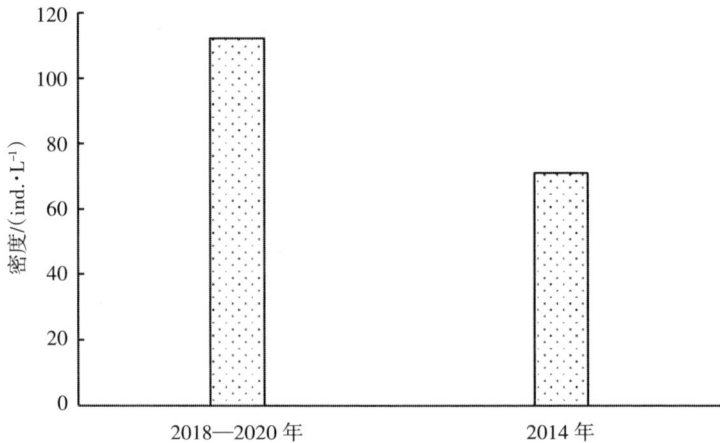

图 3-7-32　两次调查中浮游动物密度的对比

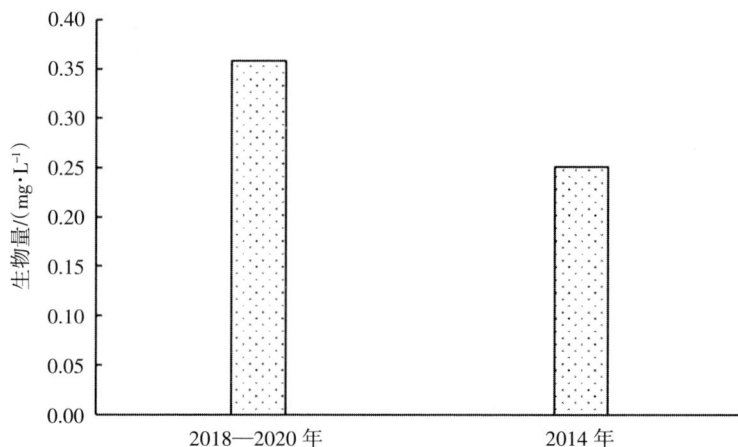

图 3-7-33　两次调查中浮游动物生物量的对比

蚌、中华圆田螺等大型软体动物在各监测点均有发现。这是因为河道内水流稳定对淤泥扰动作用较小,河岸带水生植物较为丰富,底质内营养充足等因素促进了大型软体动物建立稳定的种群。

由图 3-7-29 可知,两次调查中水生植物的种类数量差异不大,且优势种类均为菖蒲和芦苇。此外,本次调查中也关注了河岸带植物的分布情况,由图 3-7-36 可知,黄河宁夏段布有 24 科 57 属 86 种维管植物,包含蕨类植物 1 科 1 属 1 种。被子植物 23 科 56 属 85 种, 其中双子叶植物 18 科 40 属 61 种,单

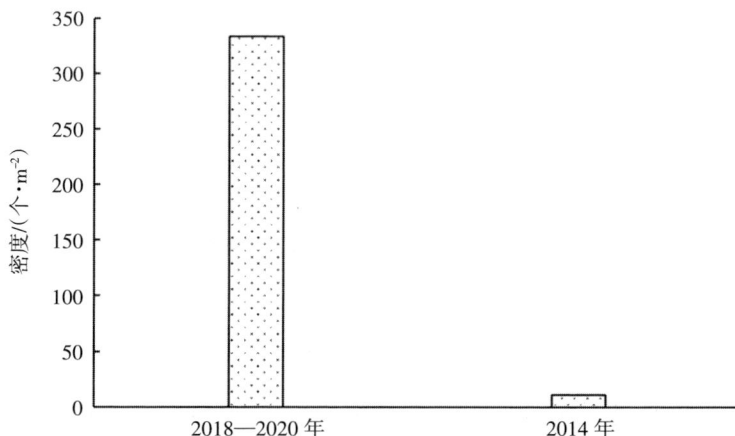

图 3-7-34　两次调查中底栖动物密度的对比

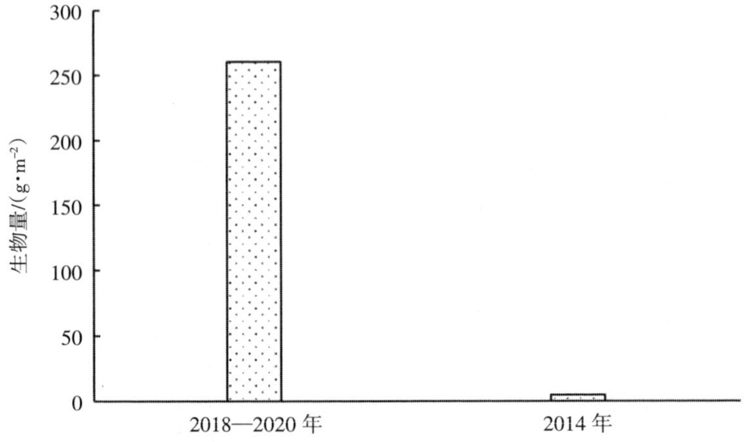

图 3-7-35　两次调查中底栖动物生物量的对比

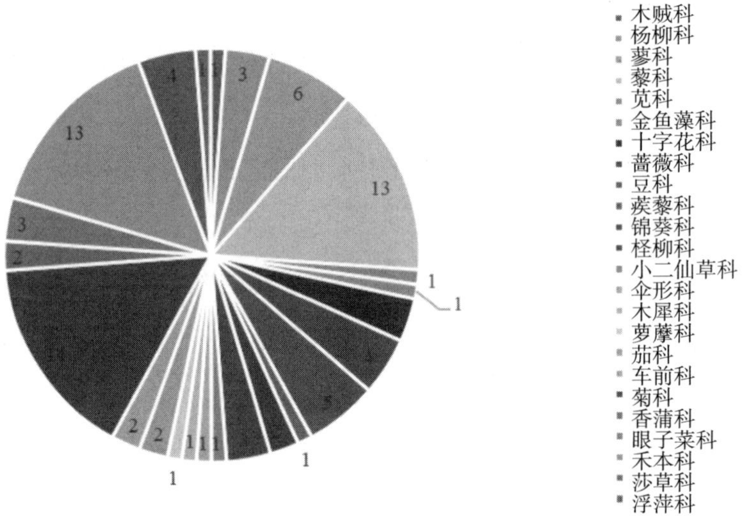

图 3-7-36　河岸带植物种类分布

子叶植物 5 科 16 属 24 种,以芦苇和酸膜叶蓼为主要优势种类。

从 1982 年宁夏黄河水系渔业资源调查至今,黄河宁夏段所报道的土著鱼类共 27 种,其中包含国家二级保护鱼类 1 种(北方铜鱼),省(区)级重点保护鱼类 4 种(兰州鲇、北方铜鱼、铜鱼、黄河鲤鱼)。2014 年的调查结果显示,黄河宁夏段鱼类群落结构和资源组成发生了很大变化,主要的经济鱼类从原来的鲤、鲫、瓦氏雅罗鱼、赤眼鳟、北方铜鱼、大鼻吻鮈退化为鲤、鲫、兰州鲇和瓦氏雅罗鱼,多种土著鱼类种群可能已经灭绝,鮈亚科鱼类濒临灭绝,赤眼鳟等鱼类少见。

由图 3-7-37、图 3-7-38、图 3-7-39 可知,本次调查发现鱼类的种类、数量均高于 2014 年调查结果。黄河宁夏段的渔获主要为鲤、鲫、瓦氏雅罗鱼、鲇,这基本与 2014 年调查结果相符。但此次调查中,鮈亚科种类,如大鼻吻鮈、黄河鮈等在各段均有采集记录,且青铜峡坝下断面大鼻吻鮈的数量较多。同

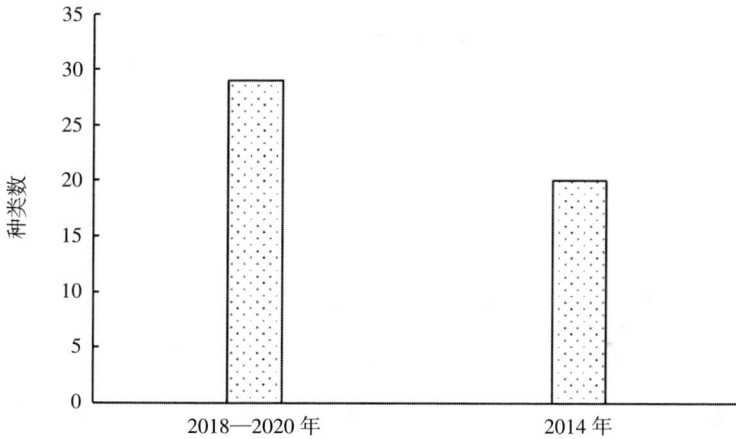

图 3-7-37　两次调查渔获种类数对比

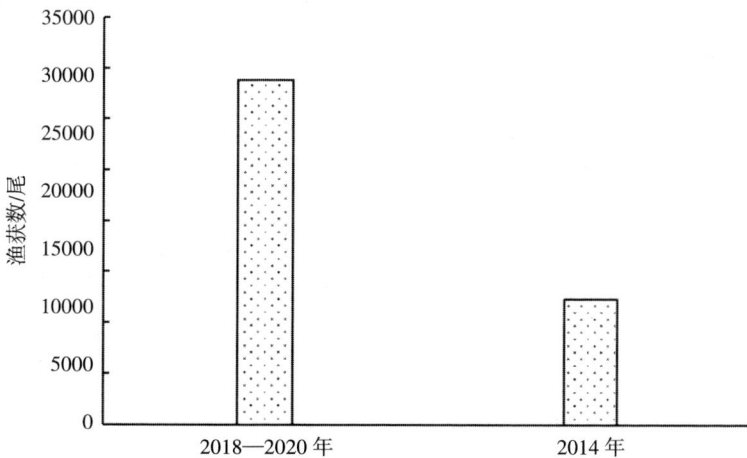

图 3-7-38　两次调查渔获尾数对比

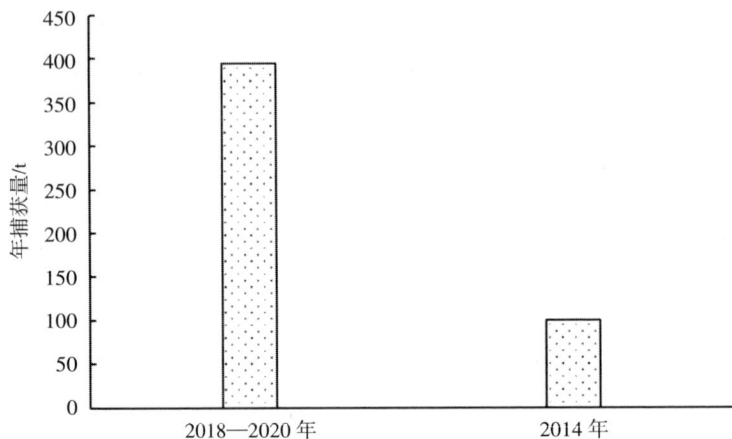

图 3-7-39　两次调查年捕获量对比

时,该断面也曾采集到赤眼鳟、棒花鮈等鱼类。黄河宁夏段渔获中鲇、瓦氏雅罗鱼和其他鱼类生物量分别提高 27.83%、45.16%和 292.79%,总捕获量达到 394 t/a。

　　黄河 2014 年、2018—2020 年水生生物资源特征数据见表 3-7-16。从本次调查结果来看,黄河宁夏段水生生物资源量相较 2014 年有了长足的发展。浮游植物小型化、浮游动物群落结构完整性增强、大型软体动物的出现、河岸带植物多样性较高、鱼类种类和捕获量增加等现象,均表明了黄河宁夏段水环境情况稳定、良好的发展。因此,认为黄河二期防洪工程在运行期内没有对黄河水生生物造成不利影响。

表 3-7-16　两次调查结果对比

调查类别		调查年份	
		2018—2020	2014
浮游植物	种类数(种)	47	28
	优势门类	硅藻门	硅藻门
	平均密度/(10^4 个·L^{-1})	30.179 7	33.21
	平均生物量/(mg·L^{-1})	0.259 5	0.447

调查类别		调查年份	
		2018—2020	2014
浮游动物	种类数（种）	14	9
	优势门类	桡足类	桡足类
	平均密度/(个·L⁻¹)	112	71
	平均生物量/(mg·L⁻¹)	0.358 5	0.251
底栖动物	种类数	15	11
	优势门类	环节动物门、节肢动物门	节肢动物门
	平均密度/(个·m⁻²)	333	11
	平均生物量/(g·m⁻²)	259.971	4.385
水生植物	种类数/种	39	43
	优势种类	菖蒲、芦苇	菖蒲、芦苇
河岸带植物	种类数/种	86	无记录
	优势种类	芦苇、酸膜叶蓼	无记录
鱼类	种类数/种	29	20
	优势门类	鲤科	鲤科
	渔获数/尾	33 790	12 302
	年捕获量	>300 t	>100 t

参考文献

[1] 林秋奇,胡韧,段舜山,等.广东省大中型供水水库营养现状及浮游生物的响应[J].生态学报,2003(6):1101–1108.

[2] 陈家长,孟顺龙,尤洋,等.太湖五里湖浮游植物群落结构特征分析[J].生态环境学报,2009,18(4):1358–1367.

[3] 刘伟龙,胡维平,陈永根,等.西太湖水生植物时空变化[J].生态学报,2007(1):159–170.

[4] 李艳蓉,马杰,邱小琮.宁夏太阳山国家湿地公园湖泊中的浮游植物群落物种多样性研究[J].湿地科学,2021,19(3):375–383.

[5] 吴玉霖,傅月娜,张永山,等.长江口海域浮游植物分布及其与径流的关系[J].海洋与湖沼,2004(3):246–251.

[6] 袁永锋,李引娣,张林林,等.黄河干流中上游水生生物资源调查研究[J].水生态学杂志,2009,30(6):15–19.

[7] 周琼,苟金明,邱小琮,等.黄河干流宁夏段浮游植物群落结构及其影响因子研究[J].环境污染与防治,2022,44(10):1362–1367.

[8] 石伟,段杰仁,王晓奕,等.清水河浮游植物群落结构及多样性研究[J].宁夏农林科技,2022,63(3):31–37.

[9] 郑灿,段杰仁,石伟,等.星海湖浮游植物群落结构及与水环境因子的关系[J].水产学杂志,2020,33(1):46–52.

[10] 邱小琮,赵红雪,孙晓雪.宁夏沙湖浮游植物与水环境因子关系的研究

[J].环境科学,2012,33(7):2265-2271.

[11] 邱小琮,赵红雪,孙晓雪,等.鸣翠湖浮游植物群落结构及富营养化特征[J].湖北农业科学,2011,50(22):4590-4595.

[12] 邱小琮,赵红雪.宁夏沙湖浮游植物群落结构及多样性研究[J].水生态学杂志,2011,32(1):20-26.

[13] 王保栋.黄海和东海营养盐分布及其对浮游植物的限制[J].应用生态学报,2003(7):1122-1126.

[14] 吴洁,虞左明.西湖浮游植物的演替及富营养化治理措施的生态效应[J].中国环境科学,2001(6):61-65.

[15] Reynolds C S. Variability in the provision and function of mucilage in phytoplankton: facultative responses to the environment[J]. Hydrobiologia, 2007,578(1):37-45.

[16] Newton G M. Estuarine Ichthyoplankton Ecology in Relation to Hydrology and Zooplankton Dynamics in salt-wedge Estuary[J]. Marine & Freshwater Research, 1996,47(2):99-111.

[17] Merrell J R, Stoecker D K. Differential grazing on protozoan microplankton by developmental stages of the calanoid copepod Eurytemora affinis Poppe [J]. Journal of Plankton Research, 1998,20(2):125-36.

[18] 杨宇峰,黄祥飞.浮游动物生态学研究进展[J].湖泊科学,2000(1):81-89.

[19] 郑小燕,王丽卿,盖建军,等.淀山湖浮游动物的群落结构及动态[J].动物学杂志,2009,44(5):78-85.

[20] 郭沛涌,沈焕庭,刘阿成,等.长江河口浮游动物的种类组成、群落结构及多样性[J].生态学报,2003(5):892-900.

[21] 洪松,陈静生.中国河流水生生物群落结构特征探讨[J].水生生物学报,2002(3):295-305.

[22] 石伟,段杰仁,邱小琮,等.清水河流域浮游动物种群结构及多样性研究

[J].湖北农业科学,2021,60(6):100-104.

[23] 贺树杰,苟金明,尹娟,等.黄河干流宁夏段浮游动物群落结构及其与水环境因子的关系[J].水电能源科学,2022,40(10):18,66-69.

[24] WETZEL R G. Limnology[M]. San Diego, California, USA: Academic press,2001.

[25] 赵睿智,赵红雪,邱小琮.黑河干流浮游动物与水环境因子关系的多元分析[J].水生态学杂志,2020,41(6):81-88.

[26] 邱小琮,赵红雪,孙晓雪.沙湖浮游动物与水环境因子关系的多元分析[J].生态学杂志,2012,31(4):896-901.

[27] 邱小琮,赵红雪,孙晓雪.鸣翠湖轮虫群落特征及其与水环境因子的关系[J].宁夏大学学报(自然科学版),2012,33(1):62-68.

[28] 李斌,白维东,赵睿智,等.阅海湖浮游生物群落结构特征研究[J].宁夏农林科技,2016,57(11):59-63.

[29] 李继龙,王国伟,杨文波,等.国外渔业资源增殖放流状况及其对我国的启示[J].中国渔业经济,2009,27(3):111-123.

[30] 金显仕,邓景耀.莱州湾渔业资源群落结构和生物多样性的变化[J].生物多样性,2000(1):65-72.

[31] 陈光荣,钟萍,张修峰,等.惠州西湖浮游动物及其与水质的关系[J].湖泊科学,2008(3):351-356.

[32] 徐兆礼,陈亚瞿.东黄海秋季浮游动物优势种聚集强度与鲐鲹渔场的关系[J].生态学杂志,1989(4):13-15,19.

[33] 何斌源,范航清,王瑁,等.中国红树林湿地物种多样性及其形成[J].生态学报,2007(11):4859-4870.

[34] 简永兴,李仁东,王建波,等.鄱阳湖滩地水生植物多样性调查及滩地植被的遥感研究[J].植物生态学报,2001(5):581-587,641-642.

[35] 李峰,谢永宏,杨刚,等.白洋淀水生植被初步调查[J].应用生态学报,

2008(7):1597–1603.

[36] 赵萌,王秀琳,秦秀英,等.密云水库水生生物调查[J].中国水产科学,
　　 2001(1):53–58,81.

[37] 陈秀粉,夏炜,潘保柱,等.长江中游宜昌至武汉段底栖动物群落结构特
　　 征研究[J].北京大学学报(自然科学版),2017,53(5):973–981.

[38] 波鲁茨基 E B,王乾麟,陈受忠,等.长江三峡水库库区水生生物调查和
　　 渔业利用的规划意见[J].水生生物学集刊,1959(1):1–32.

[39] 郑丙辉,张远,李英博.辽河流域河流栖息地评价指标与评价方法研究
　　 [J].环境科学学报,2007(6):928–936.

[40] 段杰仁,石伟,邱小琮,等.清水河流域河岸带植物群落结构及多样性[J].
　　 安徽农业科学,2020,48(19):73–76.

[41] 戴纪翠,倪晋仁.底栖动物在水生生态系统健康评价中的作用分析[J].
　　 生态环境,2008,17(5):2107–2111.

[42] 毕春娟,陈振楼,许世远,等.长江口潮滩大型底栖动物对重金属的累积
　　 特征[J].应用生态学报,2006(2):309–314.

[43] 龚志军,谢平,唐汇涓,等.水体富营养化对大型底栖动物群落结构及多
　　 样性的影响[J].水生生物学报,2001(3):210–216.

[44] 韩洁,张志南,于子山.渤海中、南部大型底栖动物的群落结构[J].生态
　　 学报,2004(3):531–537.

[45] 胡朋成,苟金明,邱小琮,等.黄河干流(宁夏段)大型底栖动物和鱼类群
　　 落结构特征[J].水产学杂志,2022,35(4):38–46.

[46] 包洪福.南水北调中线工程对丹江口库区生物多样性的影响分析[D].
　　 哈尔滨:东北林业大学,2013.

[47] Konsowa A H, Mageed A A, Eladel H M, et al. Effects of zooplankton
　　 Grazing on Phytoplankton succession in the River Nile, Egypt: an enclosures
　　 study[J]. Egyptian Journal of Aquatic Biology and Fisheries, 2007,11(3):

89–103.

[48] Chen Y, Zheng G, Zhu Q. A Preliminary Study of the Zooplankton in the Changjiang Estuary Area[J]. Donghai Marine Science, 1985.

[49] 赵睿智,王晓奕,赵红雪,等.星海湖水生生物群落结构及鱼产力评估[J]. 渔业现代化,2018,45(3):34–40.

[50] 段杰仁,石伟,邱小琮,等.宁夏太阳山国家湿地公园植物群落结构及多样性[J].中南农业科技,2022,43(3):70–73.

[51] 吴振斌,陈德强,邱东茹,等.武汉东湖水生植被现状调查及群落演替分析[J].重庆环境科学,2003(8):54–58,62.

[52] 罗良国,赵天成,刘汝亮,等.宁夏引黄灌区农田排水沟渠水生植物物种多样性[J].农业环境科学学报,2013,32(12):2436–2442.

[53] 唐文家,赵霞,张妹婷.青海省黑河上游水生生物的调查研究[J].大连海洋大学学报,2012,27(5):477–482.

[54] 唐文家,崔玉香,赵霞.青海省澜沧江水系水生生物资源的初步调查[J]. 水生态学杂志,2012,33(6):20–28.

[55] 郭劲松,王红,龙腾锐.水资源水质评价方法分析与进展[J].重庆环境科学,1999(6):1–3,9.

[56] 李名升,张建辉,梁念,等.常用水环境质量评价方法分析与比较[J].地理科学进展,2012,31(5):617–624.

[57] 毛兴华.常用水质评价方法的选择 [J].水科学与工程技术,2006(1): 21–23.

[58] 赵臻彦,徐福留,詹巍,等.湖泊生态系统健康定量评价方法[J].生态学报,2005(6):1466–1474.

[59] 薛巧英.水环境质量评价方法的比较分析 [J].环境保护科学,2004(4): 64–67.

[60] 孟伟,张远,郑丙辉.水环境质量基准、标准与流域水污染物总量控制策

略[J].环境科学研究,2006(3):1-6.

[61] 周启星,罗义,祝凌燕.环境基准值的科学研究与我国环境标准的修订[J].农业环境科学学报,2007,149(1):1-5.

[62] 孟伟,刘征涛,张楠,等.流域水质目标管理技术研究(Ⅱ)——水环境基准、标准与总量控制[J].环境科学研究,2008(1):1-8.

[63] Liu Y, Wang T, Yang J. Evaluating the Quality of Mine Water Using Hierarchical Fuzzy Theory and Fluorescence Regional Integration [J]. Mine water and the environment, 2019, (2):38.

[64] 郑灿,杨子超,邱小琮,等.宁夏引黄灌区排水沟水环境质量及其影响因素[J].水土保持通报,2018,38(6):74-79,87.

[65] 欧阳虹,孙旭杨,邱小琮,等.宁夏太阳山湿地水生生态系统健康评价[J].环境监测管理与技术,2022,34(4):38-42,48.

[66] 吴岳玲,郭琦,邱小琮,等.星海湖水生生态系统健康评价[J].水力发电,2020,46(5):1-4,66.

[67] 欧阳虹.太阳山湿地水生生态系统健康评价[D].银川:宁夏大学,2021.

[68] 孙旭杨,赵增锋,尹娟,等.宁夏太阳山湿地水质现状与富营养化评价[J].水土保持通报,2021,41(2):298-305.

[69] 雷兴碧,冯玉雪,赵红雪,等.基于水质指数的宁夏沙湖综合水质状态研究[J].中国农村水利水电,2021(1):54-60.

[70] 吴岳玲,李世龙,邱小琮,等.清水河流域水质综合分析与评价[J].环境监测管理与技术,2021,33(2):40-45.

[71] 梁德华,蒋火华.河流水质综合评价方法的统一和改进[J].中国环境监测,2002(2):63-66.

[72] 李世龙,雷兴碧,邱小琮,等.银川阅海湖水生生态系统健康评价[J].南水北调与水利科技(中英文),2020,18(3):168-173,200.

[73] 邱小琮,赵红雪,尹娟,等.爱伊河水环境因子分析与水质综合评价[J].

中国农村水利水电,2014(12):52-55.

[74] 邱小琮,张维江,尹娟,等.宁夏鸣翠湖水质因子分析[J].湖北农业科学, 2011,50(15):3062-3065.

[75] 尹亮,邱小琮,尹娟,等.鸣翠湖水环境因子分析与水质评价[J].湖北农 业科学,2015,54(18):4455-4459.

[76] 王世强,郭琦,邱小琮,等.太阳山湖群叶绿素 a 变化及与总氮、总磷关系 [J].环境科学与技术,2021,44(9):31-36.

[77] 李建军,冯慕华,喻龙.辽东湾浅水区水环境质量现状评价[J].海洋环境 科学,2001(3):42-45.

[78] 杨子超,李延林,邱小琮,等.沙湖叶绿素 a 的时空分布特征及其与环境 因子的关系[J].水生态学杂志,2020,41(2):77-82.

[79] 邱小琮,赵红雪,孙晓雪.沙湖叶绿素 a 与环境因子的灰关联分析[J].安 徽农业科学,2010,38(35):20266-20267.

[80] 邱小琮,王德全,尹娟,等.宁夏农业面源污染及其影响因子解析[J].水 土保持学报,2012,26(5):190-194.

[81] 郭伟,赵仁鑫,张君,等.内蒙古包头铁矿区土壤重金属污染特征及其评 价[J].环境科学,2011,32(10):3099-3105.

[82] 孙涛,张妙仙,李苗苗,等.基于对应分析法和综合污染指数法的水质评 价[J].环境科学与技术,2014,37(4):185-190.

[83] 李延林,邱小琮.沙湖的水环境容量和污染物总量控制[J].水土保持通 报,2019,39(5):272-277.

[84] 赵增锋,冯娜,邱小琮,等.宁夏太阳山湿地水环境重金属分布特征及污 染评价[J].生态与农村环境学报,2022,38(2):168-175.

[85] 曹占琪,苟金明,邱小琮,等.黄河宁夏段水体重金属时空分布特征及健 康风险评价[J].环境监测管理与技术,2022,34(5):33-38.

[86] 赵增锋,石伟,邱小琮,等.清水河流域水体中 5 种重金属的分布特征及

健康风险评价[J]. 环境监测管理与技术,2021,33(3):35-40.

[87] 李世龙,赵增锋,邱小琼,等. 宁夏清水河流域重金属分布特征及风险评价[J]. 灌溉排水学报,2020,39(7):128-137.

[88] 李延林,郑灿,邱小琼,等. 宁夏引黄灌区排水沟重金属分布特征及风险评估[J]. 中国农村水利水电,2019(5):65-70.

[89] 王世强,赵增锋,邱小琼,等. 清水河干流水质空间分布特征及季节性变化[J]. 西南农业学报,2021,34(2):386-391.

[90] 郑金秀,高少波,池仕运,等. 金沙江下游水生态状况评价及保护战略[J]. 环境科学与技术,2014,37(9):174-179+204.

[91] 李陆嫔. 我国水生生物资源增殖放流的初步研究[D]. 上海:上海海洋大学,2011.

[92] 张俊友. 广润河流域水生生物资源调查与水生态环境评价[D]. 武汉:华中农业大学,2005.

[93] 秦伯强,高光,朱广伟,等. 湖泊富营养化及其生态系统响应[J]. 科学通报,2013,58(10):855-864.

[94] 赵永宏,邓祥征,战金艳,等. 我国湖泊富营养化防治与控制策略研究进展[J]. 环境科学与技术,2010,33(3):92-98.

[95] 欧阳虹,王世强,邱小琼,等. 富营养化评价方法在宁夏清水河流域的适用性研究[J]. 水文,2021,41(6):53-59.

[96] 李延林,郑灿,邱小琼,等. 宁夏腾格里湖水质及富营养化现状分析与评价[J]. 科学技术与工程,2019,19(15):309-315.

[97] 全为民,沈新强,严力蛟. 富营养化水体生物净化效应的研究进展[J]. 应用生态学报,2003(11):2057-2061.

[98] 郭沛涌,林育真,李玉仙. 东平湖浮游植物与水质评价[J]. 海洋湖沼通报,1997(4):37-42.

[99] 张国华,曹文宣,陈宜瑜. 湖泊放养渔业对我国湖泊生态系统的影响[J].

水生生物学报,1997(3):271-280.

[100]刘建康,谢平.揭开武汉东湖蓝藻水华消失之谜[J].长江流域资源与环境,1999(3):85-92.

[101]郭卫东,章小明,杨逸萍,等.中国近岸海域潜在性富营养化程度的评价[J].台湾海峡,1998(1):64-70.

[102]邱东茹,吴振斌.富营养化浅水湖泊沉水水生植被的衰退与恢复[J].湖泊科学,1997(1):82-88.

[103]邹景忠,董丽萍,秦保平.渤海湾富营养化和赤潮问题的初步探讨[J].海洋环境科学,1983(2):41-54.

[104]刘锦霞,张平卿.宁夏沙湖自然保护区水生生物调查与分析[J].新疆环境保护,2000(2):105-106.

[105]孙红玲,高振宏,王淑琴.银川市鸣翠湖水生生物资源调查[J].现代农业科技,2009(21):320-321.

附　录

附录 I　鱼类名录

鲤科

    1. 鲤　　　　　　*Cyprinus carpio*

    2. 鲫　　　　　　*Carassius auratus*

    3. 草鱼　　　　　*Ctenopharyngodon idellus*

    4. 瓦氏雅罗鱼　　*Leuciscus waleckii*

    5. 赤眼鳟　　　　*Squaliobarbus curriculus*

    6. 大鼻吻鮈　　　*Rhinogobio nasutus*

    7. 麦穗鱼　　　　*Pseudorasbora parva*

    8. 黄河鮈　　　　*Gobio huanghensis*

    9. 棒花鮈　　　　*Gobio rivuloides*

    10. 棒花鱼　　　*Abbottina rivularis*

    11. 中华鳑鲏　　*Rhodeus sinensis*

    12. 高体鳑鲏　　*Rhodeus ocellatus*

    13. 鳘　　　　　*Hemiculter leucisculus*

    14. 花鳕　　　　*Hemibarbus maculates*

15. 鲢　　　　　　*Hypophthalmichthys molitrix*

16. 鳙　　　　　　*Aristichthys nobilis*

17. 翘嘴鲌　　　　*Culter alburnus*

18. 红鳍鲌　　　　*Chanodichthys erythropterus*

鲇科

1. 兰州鲇　　　　*Silurus lanzhouensis*

2. 鲇　　　　　　*S.asotus*

3. 大口鲇　　　　*S.meridionalis*

胡子鲇科

1. 胡子鲇　　　　*Clarias fuscus*

2. 革胡子鲇　　　*C.gariepinus*

鳅科

1. 泥鳅　　　　　*Misgurnus anguilicaudatus*

2. 大鳞副泥鳅　　*Paramisgurnus dabryanus*

塘鳢科

1. 小黄黝鱼　　　*Micropercops swinhonis*

虾虎鱼科

1. 波氏吻虾虎鱼　*Rhinogobius cliffordpopei*

鳉科

1. 青鳉　　　　　*Oryzias latipes*

胡瓜鱼科

1. 池沼公鱼　　　*Hypomesus olidus*

附录Ⅱ　浮游植物名录

蓝藻门

1. 色球藻　　　　*Chroocaoccus* sp.

2. 束球藻　　　　*Gomphosphaeria* sp.

3. 平列藻　　　　*Merismpedia* sp.

4. 席藻　　　　　*Phormidium* sp.

5. 颤藻　　　　　*Oscillatoria* sp.

6. 鞘丝藻　　　　*Lyngbya* sp.

7. 棒胶藻　　　　*Rhabdogloea* sp.

8. 尖头藻　　　　*Raphidiopsis* sp.

9. 螺旋藻　　　　*Spirulina* sp.

10. 长孢藻　　　　*Dolichospermum* sp.

11. 拟鱼腥藻　　　*Anabaenopsis* sp.

12. 束丝藻　　　　*Aphanizomenon* sp.

隐藻门

1. 隐藻　　　　　*Cryptomonas* sp.

甲藻门

1. 薄甲藻　　　　*Glenodinium* sp.

2. 角甲藻　　　　*Ceratium* sp.

金藻门

    1. 棕鞭藻　　　　　*Ochromonas* sp.

黄藻门

    1. 黄丝藻　　　　　*Tribonema* sp.

硅藻门

    1. 小环藻　　　　　*Cyclotella* sp.

    2. 直链藻　　　　　*Melosira* sp.

    3. 等片藻　　　　　*Diatoma* sp.

    4. 针杆藻　　　　　*Synedra* sp.

    5. 脆杆藻　　　　　*Fragilaria* sp.

    6. 舟形藻　　　　　*Nevicula* sp.

    7. 异极藻　　　　　*Gomphonema* sp.

    8. 桥弯藻　　　　　*Cymbella* sp.

    9. 布纹藻　　　　　*Gyrosigma* sp.

    10. 菱形藻　　　　　*Nitzschia* sp.

    11. 波缘藻　　　　　*Cymatopleura* sp.

    12. 羽纹藻　　　　　*Pinnularia* sp.

    13. 星杆藻　　　　　*Asterionella* sp.

裸藻门

    1. 裸藻　　　　　　*Euglena* sp.

    2. 囊裸藻　　　　　*Trachelomonas* sp.

绿藻门

    1. 小球藻　　　　　*Chlorella* sp.

    2. 月牙藻　　　　　*Selenastrum* sp.

    3. 纤维藻　　　　　*Ankistrodesmus* sp.

    4. 卵囊藻　　　　　*Oocystis* sp.

5. 四角藻　　　*Tetraedron* sp.

6. 栅藻　　　　*Scenedesmus* sp.

7. 空星藻　　　*Coelastrum* sp.

8. 衣藻　　　　*Amydomonas* sp.

9. 四鞭藻　　　*Carteria* sp.

10. 盘星藻　　*Pediastrum* sp.

11. 拟新月藻　*Closteriopsis* sp.

12. 绿梭藻　　*Chlorogonium* sp.

13. 鼓藻　　　*Cosmarium* sp.

14. 新月藻　　*Closterium* sp.

15. 十字藻　　*Crucigenia* sp.

附录Ⅲ　浮游动物名录

原生动物

　　1. 砂壳虫　　　　　*Difflugia* sp.

轮虫

　　1. 角突臂尾轮虫　　*Brachionus angularis*

　　2. 萼花臂尾轮虫　　*B. calyciflorus*

　　3. 壶状臂尾轮虫　　*B. urceus*

　　4. 矩形臂尾轮虫　　*B. leydigi*

　　5. 月形腔轮虫　　　*Lecane luna*

　　6. 晶囊轮虫　　　　*Asplanchna* sp.

　　7. 异尾轮虫　　　　*Trichocera* sp.

　　8. 多肢轮虫　　　　*Polyarthra* sp.

枝角类

　　1. 大型溞　　　　　*Daphnia magna*

　　2. 低额溞　　　　　*Simocephalus* sp.

　　3. 尖额溞　　　　　*Alona* sp.

桡足类

　　1. 剑水蚤　　　　　*Cyclops* sp.

　　2. 无节幼体　　　　*Nauplius*

附录Ⅳ　底栖动物名录

环节动物门 Annelida

    1. 霍甫水丝蚓　　*Limmodrilus hoffmeisteri*

    2. 苏氏尾鳃蚓　　*Branchiura sowerbyi*

    3. 八目石蛭　　　*Erpobdella octoculata*

    4. 宽身舌蛭　　　*Glossiphonia lata*

软体动物门 Mollusca

    1. 中华圆田螺　　*Cipangopaiudian chinensis*

    2. 狭萝卜螺　　　*Radix lagotis*

    3. 背角无齿蚌　　*Anodonta woodiana*

节肢动物门 Arthropoda

    1. 钩虾　　　　　*Gammarus* sp.

    2. 秀丽白虾　　　*Palaemon modestus*

    3. 中华小长臂虾　*Palaemonetes sinensis*

    4. 日本沼虾　　　*Macrobrachium nipponense*

    5. 划蝽　　　　　*Sigara* sp.

    6. 龙虱　　　　　*Dytiscus* sp.

    7. 隐摇蚊　　　　*Cryptochironomus* sp.

    8. 多足摇蚊　　　*Polypedilum* sp.

附录 V　水生植物名录

1. 蘋　　　　　　*Marsilea quadrifolia*

2. 槐叶蘋　　　　*Salvinia natans*

3. 细叶满江红　　*Azolla filiculoides*

4. 普通狸藻　　　*Utricularia vulgaris*

5. 金鱼藻　　　　*Ceratophyllum demersum*

6. 穗状狐尾藻　　*Myriophyllum spicatum*

7. 喜旱莲子草　　*Alternanthera philoxeroides*

8. 蕹菜　　　　　*Ipomoea aquatica*

9. 菱　　　　　　*Trapa* sp.

10. 水芹　　　　*Oenanthe javanica*

11. 芡实　　　　*Euryale ferox*

12. 莲　　　　　*Nelumbo nucifera*

13. 睡莲　　　　*Nymphaea teragona*

14. 荇菜　　　　*Nymphoides peltatum*

15. 浮萍　　　　*Lemna minor*

16. 紫萍　　　　*Spirodela polyrrhiza*

17. 芜萍　　　　*Wolffia arrhiza*

18. 菖蒲　　　　*Acorus calamus*

19. 芦苇　　　　*Phragmites australis*

20. 菰 *Zizania latifolia*

21. 荆三棱 *Scirpus yagara*

22. 水葱 *Scirpus validus*

23. 荸荠 *Eleocharis dulcis*

24. 鸭舌草 *Monochoria vaginalis*

25. 凤眼蓝 *Eichhornia crassipes*

26. 水烛 *Typha angustifolia*

27. 黑三棱 *Sparganium stoloniferum*

28. 野慈姑 *Sagittaria trifolia*

29. 眼子菜 *Potamogeton distinctus*

30. 穿叶眼子菜 *Potamogeton perfoliarus*

31. 微齿眼子菜 *Potamogeton maackianus*

32. 篦齿眼子菜 *Potamogeton pectinatus*

33. 菹草 *Potamogeton crispus*

34. 角果藻 *Zannichellia palustris*

35. 黑藻 *Hydrilla verticillata*

36. 苦草 *Vallisneria natans*

37. 龙舌草 *Ottelia alismoides*

38. 小茨藻 *Najas minor*

39. 大茨藻 *Najas marina*

附录 VI 河岸带植物名录

蕨类植物 Pteridophyta

木贼科 Equisetaceae

木贼属 *Equisetum*

节节草 *Equisetum ramosissimum*

被子植物 Angiospermae

双子叶植物 Dicotyledons

杨柳科 Salicaceae

杨属 *Populus*

新疆杨 *Populus alba* var. *pyramidalis*

柳属 *Salix*

垂柳 *Salix babylonica*

旱柳 *Salix matsudana*

蓼科 Polygonaceae

蓼属 *Polygonum*

萹蓄 *Polygonum aviculare*

水蓼 *Polygonum hydropiper*

酸模叶蓼 *Polygonum lapathifolium*

西伯利亚蓼 *Polygonum sibiricum*

酸模属 *Rumex*

皱叶酸模 *Rumex crispus*

齿果酸模 *Rumex dentatus*

藜科 Chenopodiaceae

藜属 *Chenopodium*

藜 *Chenopodium album*

小藜 *Chenopodium ficifolium*

灰绿藜 *Chenopodium glaucum*

猪毛菜属 *Salsola*

猪毛菜 *Salsola collina*

碱蓬属 *Suaeda*

碱蓬 *Suaeda glauca*

盐地碱蓬 *Suaeda salsa*

平卧碱蓬 *Suaeda prostrate*

角果碱蓬 *Suaeda corniculata*

盐生草属 *Halogeton*

白茎盐生草 *Halogeton arachnoideus*

滨藜属 *Atriplex*

滨藜 *Atriplex patens*

中亚滨藜 *Atriplex centralasiatica*

地肤属 *Kochia*

地肤 *Kochia scoparia*

雾冰藜属 *Bassia*

雾冰藜 *Bassia dasyphylla*

苋科 Amaranthaceae

    苋属 *Amaranthus*

        反枝苋 *Amaranthus retroflexus*

金鱼藻科 Ceratophyllaceae

    金鱼藻属 *Ceratophyllum*

        金鱼藻 *Ceratophyllum demersum*

十字花科 Cruiferae

    独行菜属 *Lepidium*

        独行菜 *Lepidium apetalum*

        宽叶独行菜 *Lepidium latifolium*

    蔊菜属 *Rorippa*

        沼生蔊菜 *Rorippa islandica*

蔷薇科 Rosaceae

    委陵菜属 *Potentilla*

        朝天委陵菜 *Potentilla supina*

豆科 Leguminosae

    槐属 *Sophora*

        槐 *Sophora japonica*

    苜蓿属 *Medicago*

        紫苜蓿 *Medicago sativa*

        天蓝苜蓿 *Medicago lupulina*

    紫穗槐属 *Amorpha*

        紫穗槐 *Amorpha fruticosa*

    苦马豆属 *Swainsonia*

        苦马豆 *Swainsonia salsula*

蒺藜科 Zygophyllaceae

　　蒺藜属 *Tribulus*

　　　　蒺藜 *Tribulus terrestris*

锦葵科 Malvaceae

　　木槿属 *Hibiscus*

　　　　野西瓜苗 *Hibiscus trionum*

　　苘麻属 *Abutilon*

　　　　苘麻 *Abutilon theophrasti*

柽柳科 Tamaricaceae

　　柽柳属 *Tamarix*

　　　　柽柳 *Tamarix chinensis*

　　　　细穗柽柳 *Tamarix leptostachya*

　　　　短穗柽柳 *Tamarix laxa*

小二仙草科 Halorihagidaceae

　　狐尾藻属 *Myriophyllum*

　　　　穗状狐尾藻 *Myriophyllum spicatum*

伞形科 Umbelliferae

　　水芹属 *Oenanhe*

　　　　水芹 *Oenanthe javanica*

木犀科 Oleaceae

　　白蜡树属 *Fraxinus*

　　　　白蜡树 *Fraxinus chinensi*

萝藦科 Asclepiadaceae

　　鹅绒藤属 *Cynanchum*

　　　　鹅绒藤 *Cynanchum chinense*

茄科 Solanaceae

    枸杞属 *Lycium*

        宁夏枸杞 *Lycium barbarum*

    茄属 *Solanum*

        龙葵 *Solanum nigrum*

车前科 Plantaginaceae

    车前属 *Plantago*

        大车前 *Plantago major*

        车前 *Plantago asiatica*

菊科 Compositae

    鬼针草属 *Bidens*

        狼杷草 *Bidens tripartita*

    旋覆花属 *Inula*

        旋覆花 *Inula japonica*

        蓼子朴 *Inula salsoloides*

    苦苣菜属 *Sonchus*

        苣荬菜 *Sonchus wightianus*

        苦苣菜 *Sonchus oleraceus*

    蒲公英属 *Taraxacum*

        多裂蒲公英 *Taraxacum dissectum*

        蒲公英 *Taraxacum mongolicum*

    乳苣属 *Mulgedium*

        乳苣 *Mulgedium tataricum*

    碱菀属 *Tripolium*

        碱菀 *Tripolium pannonicum*

    苍耳属 *Xanthium*

苍耳 *Xanthium strumarium*

意大利苍耳 *Xanthium strumarium* subsp. *italicum*

蒿属 *Artemisia*

辽东蒿 *Artemisia verbenacea*

黄花蒿 *Artemisia annua*

蓟属 *Cirsium*

刺儿菜 *Cirsium setosum*

单子叶植物 Monocotyledons

香蒲科Typhaceae

香蒲属 *Typha*

小香蒲 *Typha minima*

长苞香蒲 *Typha angustata*

眼子菜科 Potamogetonaceae

眼子菜属 *Potamogeton*

丝叶眼子菜 *Potamogeton filiformis*

穿叶眼子菜 *Potamogeton perfoliatus*

眼子菜 *Potamogeton distinctus*

禾本科 Gramineae

拂子茅属 *Calamagrostis*

拂子茅 *Calamagrostis epigejos*

稗属 *Echinochloa*

稗(稗子)*Echinochloa crusgalli*

无芒稗 *Echinochloa crusgalli* var. *mitis*

湖南稗子 *Echinochloa frumentacea*

芦苇属 *Phragmites*

芦苇 *Phragmites australis*

赖草属 *Leymus*

    赖草 *Leymus secalinus*

虎尾草属 *Chloris*

    虎尾草 *Chloris virgata*

狗尾草属 *Setaria*

    金色狗尾草 *Setaria pumila*

    狗尾草 *Setaria viridis*

芨芨草属 *Achnatherum*

    芨芨草 *Achnatherum splendens*

罔草属 *Beckmannia*

    菵草 *Beckmannia syzigachne*

棒头草属 *Polypogon*

    长芒棒头草 *Polypogon monspeliensis*

荻属 *Triarrhena*

    荻 *Triarrhena sacchariflorus*

莎草科 Gyperaceae

藨草属 *Scirpus*

    水葱 *Scirpus validus*

    剑苞藨草 *Scirpus ehrenbergii*

三棱草属 *Bolboschoenus*

    扁秆藨草 *Bolboschoenus planiculmis*

莎草属 *Cyperus*

    头状穗莎草 *Cyperus glomeratus*

    水莎草 *Cyperus serotinus*

浮萍科 Lemnaceae

浮萍属 *Lemna*

浮萍 *Lemna minor*